农业微生物

NONGYE
WEISHENGWU

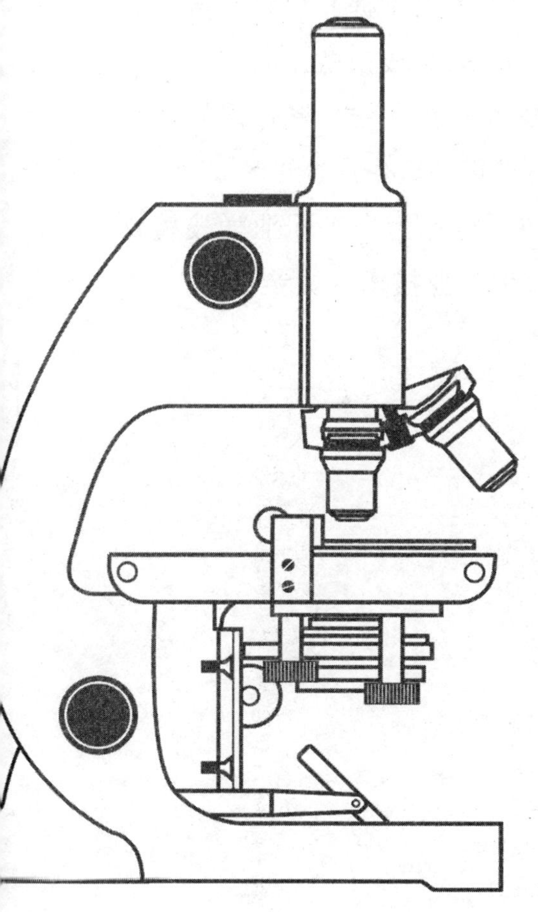

战忠玲　主编

中国农业出版社
北　京

内容简介 NEIRONG JIANJIE

本教材由全国多所学校长期从事农业微生物教学的教师共同编写而成。本教材按照“项目—任务”的体例格式进行编写，简明而系统地介绍了农业微生物的基本概念和基础知识，从微生物的形态结构、营养、代谢、生长、菌种选育到微生物在农业上的应用等方面引导学生重点掌握基础理论知识，加大了实验实训、生产实习的比例，注重培养学生的实践技能。本教材主题明确、逻辑清晰、结构完整，采用新知识、新技术和新方法，将知识与运用紧密结合，体现了职业性，突出了技能性，内容真正贴近生产。

本教材具有较强的科学性、实用性、先进性，可作为中等职业学校植物生产类、生物技术类专业学生的教材，也可供其他农业技术人员参考。

农业微生物

编审人员名单

主　编　战忠玲

副主编　叶颜春　刘松青　杜　娟

编　者（以姓氏笔画为序）

王庆银（济宁高新区职业中等专业学校）

王保川（山西省忻州市原平农业学校）

叶颜春（广西钦州农业学校）

刘松青（成都师范学院）

杜　娟（长春职业技术学院）

杨　旸（赤峰应用技术职业学院）

战忠玲（山东省济宁市高级职业学校）

徐保钦（山东省济宁市高级职业学校）

审　稿　申莉莉（中国农业科学院）

郭正兵（江苏农林职业技术学院）

N O N G Y E W E I S H E N G W U

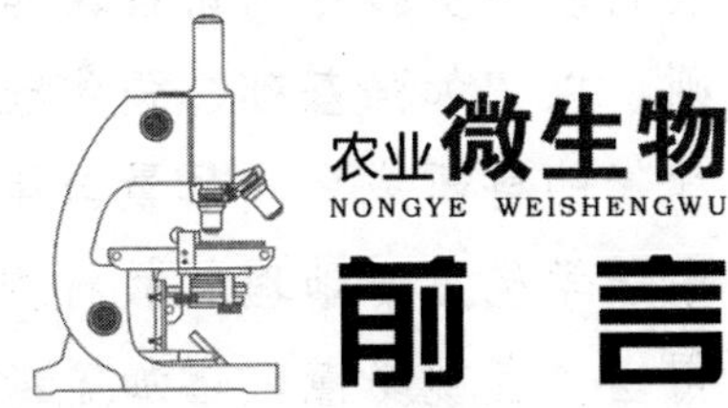

前　言

编写团队根据教育部“加快发展职业教育，建设职教高地，促进乡村振兴”的精神，为强化职业院校学生的实践能力和应岗能力，以职业教育“就业为导向，能力为本位”的教改精神为原则，结合当前农村职业教育和农业生产形势，在广泛调研的基础上编写了本教材。

农业微生物是植物生产类专业的专业基础课程，又是生物技术类专业的核心课程，是连接基础课和专业课的桥梁。因此在教材编写中，我们依据植物生产类、生物技术类专业和目前中职学生的特点，结合中等职业教育的培养目标，兼顾知识性、应用性和趣味性，按照理论知识“够用”和实践技能“先进、实用”的“能力本位”原则，确定教学内容，力图使教材体现专业特点，突出中职特色，以人为本，以服务为宗旨，着力体现实用性和实践性，使理论与实践相结合，着重培养学生的应用能力。本教材适当降低理论知识的深度和广度，以满足岗位应职能力需要为度，以掌握概念、强化应用为重点，力求应浅则浅、应深则深、精讲知识、多练技能。同时还考虑到与其他课程之间的联系和分工，尽量做到在内容上不重复、在知识上不脱节。在编写过程中，避免烦琐的理论铺垫，注重理论联系实际，突出对学生能力的培养。

本教材结合专业特点，根据中职学生的培养目标和就业方向，以“项目—任务”体例模式，简明而较系统地介绍了农业微生物的基本概念和基础知识，引导学生重点掌握课程的基础理论知识，又注重实践技能的培养，加大了实验实训、生产实习的比例。本教材主题明确、逻辑清晰、结构完整，采用新知识、新技术和新方法，知识与运用紧密结合。体现了职业性，突出了技能性，内容真正贴近生产、贴近技术。

本教材共分 8 个项目，每个项目有项目导读、项目目标、技能实训、项目小结、思考题、探究与拓展等环节，教材后还有附录，便于教师组织教学和学生自学。实践性教学以实验实训的形式安排在项目中。其中，前 4 个项目、项目七及项目六的最后一个任务为必学内容，其余内容可根据当地生产实际和各校的教学安排选择讲授。本教材在编写过程中，以“必须、够用、实用”为原则，以“加强基础、强化能力”为主旨，力求创新，努力反映新知识、新技术和新的科研成果，尽量与生产应用保持同步，尽可能拓宽学生的视野。为帮助中职学生更好地理解教材内容，在教材中努力做到图文并茂，使教材内容详略得当、直观易懂，增加了教材的直观性、可读性。

本教材由战忠玲担任主编，叶颜春、刘松青、杜娟担任副主编，徐保钦、王保川、王庆银、杨旸也参与了教材的编写。具体编写任务分工为：大部分辅文及各项目的项目目标、项目小结由战忠玲编写，项目一由王保川编写，项目二由刘松青、战忠玲编写，项目三、项目四由杜娟编写，项目五由王庆银、战忠玲编写，项目六由徐保钦、战忠玲编写，项目七、项目八由叶颜春编写，附录由杨旸编写。全书由战忠玲统稿。本教材承蒙中国农业科学院申莉莉和江苏农林职业技术学院郭正兵审稿。

本教材在编写过程中得到了国内各有关职业院校、企业领导的热情帮助，在此谨致以诚挚的谢意。同时，编者参考了许多同行的论著，限于篇幅或原作者不详，未能一一注明材料来源，在此向原作者表示诚挚的感谢。

由于编者水平有限，教材中的疏漏和不妥之处在所难免，恳请广大读者批评指正，以便我们进一步修改、完善。

编　者

2023年6月

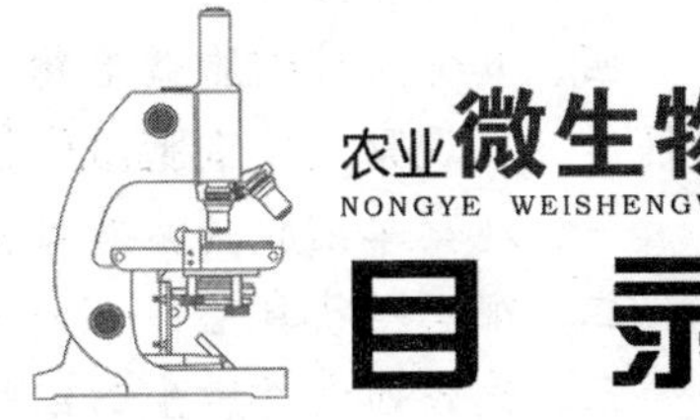

目录

项目一

认识微生物

项目导读

微生物是一把锋利的双刃剑，在给人类带来巨大利益的同时，也带来残酷的破坏。我们学习微生物的目的就在于开发微生物资源，掌握微生物生长发育规律，充分利用微生物对人类的有利方面，避开其有害方面，使之为人类社会发展服务。

项目目标

【知识目标】熟悉微生物的概念、特点、地位；了解微生物学的研究内容、研究对象和发展状况，明确农业微生物学的发展前景及方向。

【技能目标】能够查阅资料并调查微生物应用生产项目。

【情感目标】激发学生学习微生物的兴趣。

任务一　认识微生物

一、了解微生物的概念

在自然界中，除了多种多样的动物、植物以外，还有一类形体微小的生物，它们一般肉眼看不见，需借助显微镜观察，这些微小生物群被统称为微生物。

微生物引起的现象相当普遍。如人、动物和植物的传染病，馒头、面包的膨胀，酒、醋的酿造，衣物生霉，食物变坏，肥料沤制，抗生素、疫苗的应用等。微生物的作用非常大，没有微生物的活动，地球上的生命几乎不会存在。

二、认识微生物的特点

微生物和其他生物一样，具有一切生命活动的共同特点，如新陈代谢、生长繁殖、遗传变异等。但是，也具有与一般生物不同的特点：

1. 形体微小，结构简单 微生物的个体都相当微小，通常以微米（μm）或纳米（nm）为单位。细菌的直径一般为0.5～1.0 μm，一般肉眼看不见，必须借助显微镜将它们放大几百倍乃至上千倍才能看清。至于病毒，就更小了，只有用高级电子显微镜将其放大几万倍乃至十几万倍才能看清。

微生物结构简单，大多数是单细胞个体，如细菌；少数是简单的多细胞；还有的为非细胞形态，如病毒、亚病毒等，是没有细胞结构的大分子生物。

2. 种类繁多，分布广泛 微生物的种类繁多，据统计，目前已发现的微生物约有15万种。真核微生物约12万种，细菌近两万种，病毒有5 000多种，古菌500多种。更多的微生物资源还有待我们去发掘。

微生物在自然界分布广泛，高至12 000 m的高空，深至10 000 m的海底，温度高达90 ℃以上的温泉和终年积雪的高山，还有岩石、矿井、沙漠中，都有微生物的存在。其中，微生物在耕种的土壤中含量比较高，每克土壤中含有几亿到几十亿个微生物。

3. 吸收多、转化快 微生物的表面积大，必然具有强的接受环境信息、物质和能量交换的能力，为微生物生物量的积累和代谢产物的生产提供了充分的基础。例如，在适宜条件下大肠杆菌每小时可消耗其自身重量2 000倍的糖，乳酸菌每小时可产生其自身重1 000倍的乳酸，同样重量的酵母菌24 h可生产50万kg蛋白质。

微生物的高效率的吸收、转化能力具有极大的应用价值，在自然界和人类实践中能更好地发挥其超小型“活的化工厂”的作用。

4. 生长旺、繁殖快 微生物具有极高的生长和繁殖速度，是高等动植物无法比拟的。如在适宜的条件下大肠杆菌细胞分裂一次仅需20 min，24 h就能繁殖72代。细菌的繁殖速度比植物的繁殖速度快500倍、比动物快2 000倍。将微生物的快速繁殖能力应用在工业发酵上可以大大提高生产效率，在科学研究中可以缩短科研周期。

但是，也必须注意有害微生物对人、畜和农作物的不利影响。

5. 容易培养 微生物容易培养，能在常温常压下利用简单的营养物质完成生产。微生物生产具有许多优点：设备简单、原料广泛、成本低廉、不受地理和季节等自然条件的限制。这一点对工业规模化管理比较有利。

6. 容易变异 微生物个体微小，对外界环境敏感，当环境发生剧烈变化时，有一部分会发生变异以适应新的环境，这有利于进行诱变育种。

三、了解微生物的地位

微生物不是生物界的一个独立类群。现代生物学观点认为，整个生物界可以分为非细胞生物和细胞生物两大类。非细胞生物主要是病毒，细胞生物又包括原核生物和真核生物两个进化发展阶段的生物。

1969年魏泰克（Whittaker）提出了五界分类学说，将具有细胞结构的生物分为原核生物界（细菌、放线菌和蓝细菌等）、原生生物界（包括大部分藻类和原生动物）、真菌界（酵母菌和霉菌等）以及植物界和动物界。在此基础上，1977年我国学者王大相等提出将所有生物分为六界：病毒界、原核生物界、原生生物界、真菌界、植物界和动物界。微生物包括前面四界（图1－1）。

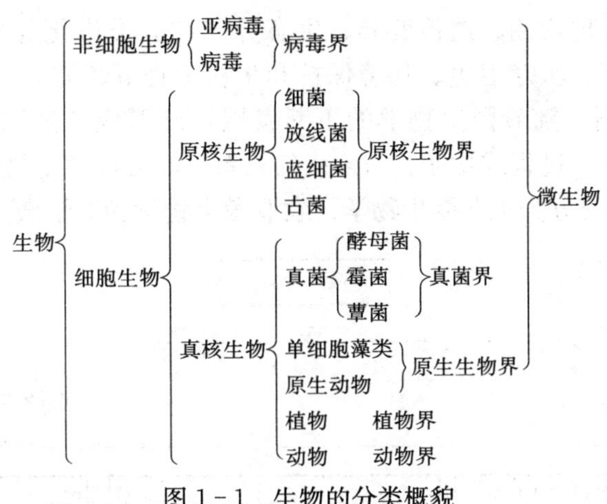

图 1-1 生物的分类概貌

四、了解微生物的分类和命名

1. 微生物的分类 微生物的分类单元和动植物一样，分为界、门、纲、目、科、属、种 7 个基本等级。在两个主要分类单元之间，还有亚门、亚纲、亚目、亚种等亚级。种以下还可分为亚种、变种、菌株和型等非正式的类群单位。

2. 微生物的命名 目前，在国际上对生物进行命名统一采用的命名法是"双名法"，是由瑞典植物学家林奈创立的。"双名法"规定由两个拉丁字或拉丁化字组成一个学名，属名在前，种名在后；属名第一个字母要大写，是描述微生物形态或生理特征的；种名则需小写，是特征性形容词，是说明微生物次要特征的；完整的学名在种名后面需加上首次定名人的名字、现定名人的姓和定名年份，首次定名人名加圆括号；属名和种名用斜体字，定名人一律用正体字。例如，金黄色葡萄球菌（*Staphylococcus aureus* Rosenbach 1884），第一个是葡萄球菌的属名，第二个是种名（金黄色的意思），第三个是命名人姓，第四个是命名年份，第三个、第四个也可省略。

微生物的中文名称，有的是按学名译出的，有的是按照我国习惯重新命名的，一般由一个定名的形容词和一个属名或属名简化名词（在后）构成，如黑曲霉、枯草杆菌、圆褐固氮菌等。在生产实践中，在鉴定一个菌种之前往往用其菌株的名称来代替，可采用编号、代称或编号与代称合在一起的方法，如"5406""鲁保 1 号"等。这些大多数是选育单位根据自己的习惯命名的，目的是对具有不同形状的菌株暂时加以区别。

任务二 解析微生物学及其发展

一、微生物学的概念及分科

1. 微生物学的概念 微生物学是研究微生物及其生命活动规律和应用的科学，包括微生物的形态结构、生理代谢、遗传变异、生态分布和分类进化等生命活动的基本规律，并将其应用于工业发酵、医疗卫生、环境保护和生物工程等领域。

2. 微生物学的分科 随着微生物学的不断发展，已形成了基础微生物学和应用微生物学。按照微生物种类、过程或功能、与疾病的关系等，可将微生物学分为许多分支学科。按照应用范围分科，主要分为工业微生物学、农业微生物学和医学微生物学等（图 1－2）。

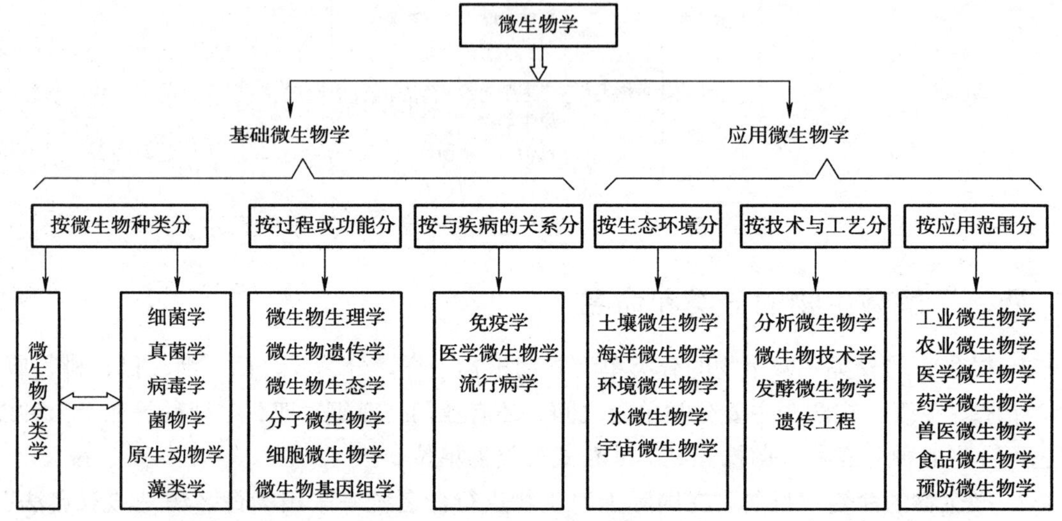

图 1－2 微生物学

二、了解微生物学的发展概况

从微生物学的发展史来看，人类对微生物的认识是从微生物的应用开始的。随着显微镜的发明、微生物的发现、灭菌技术的运用和纯培养技术的建立，微生物学在逐步发展，各国学者不断探究微生物的活动规律，有目的地开发利用有益微生物，控制、消灭有害微生物。根据各个历史时期微生物学的发展特点，把微生物学的发展历史分为 5 个时期，即史前期、初创期、奠基期、发展期和成熟期。

1. 史前期（1676 年以前） 1676 年以前人类未见到微生物个体，只是自发地与微生物频繁地打交道，并根据自己的经验在实践中开展利用有益微生物和防治有害微生物的活动，长期停留在低水平的应用阶段。四五千年前我国在“龙山文化”时期能用谷物制酒，发明了制曲酿酒工艺；两千年前，我国已能利用微生物制醋、酱；一千多年前已有“种痘”预防天花的技术。

2. 初创期（1676—1861 年） 显微镜的发明揭开了微生物世界的奥秘。1676 年荷兰人列文・虎克用自制的能放大 160 倍的简单显微镜，从雨水、牙垢、血液、污水及各种有机质渗出液中观察到微小生物。随着显微镜技术的发展，微生物形态学有了较快的进步。这一时期也被称为“形态学时期”。

3. 奠基期（1862—1896 年） 微生物学作为一门学科，是在 19 世纪中期才发展起来的。以法国人巴斯德（L. Pasteur）（1822—1895 年）和德国人柯赫（Robert Koch）

(1843—1910年）为代表的科学家研究了微生物的生理活动，并将其与生产和预防疾病联系起来，为微生物学奠定了理论和技术基础。人们发明了接种减毒疫苗预防鸡霍乱病和牛、羊炭疽病，并首次制成狂犬疫苗，用于防治狂犬病，发现了免疫的原理及制造疫苗的原则和方法。人们又创造了加温灭菌法，并得出发酵和传染病都是微生物引起的结论。抗生素的不断发现也为医药生产奠定了工业基础。这一时期，一系列微生物学的分支学科也相继建立，如细菌学、真菌学、病毒学、免疫学、植物病理学、酿造学等。

4. 发展期（1897—1952年）　1897年，德国人布里奇纳（E. Brichner）用酵母菌无细胞滤液进行酒精发酵取得成功，建立了现代酶学，从而开创了微生物生物化学研究的新时代。1929年英国细菌学家费莱明（A. Fleming）发现青霉素能抑制细菌生长。1944年，美国土壤微生物学家瓦克斯曼（Waksman）等找到了链霉素、氯霉素、四环素、金霉素等数百种抗生素。除医学应用外，抗生素还被广泛用于动植物病害及杂草防治和食品保藏等方面。

1935年斯坦利（W. Stanley）得到烟草花叶病毒结晶。1937年博尔登（F. Bordon）等证实该结晶为核蛋白，核蛋白由核酸与蛋白质组成，只有核酸具有侵染能力；1939年考什（G. Kausche）等第一次用电子显微镜观察了棒状的烟草花叶病毒。这些发现不仅为病毒病的治疗指明了途径，还为探索生命的本质和起源提供了线索。

1941年比德尔（G. Beadle）和塔图姆（E. Tatum）分离并研究了脉孢菌的一系列生化突变型，将遗传学和生物化学紧密结合起来，不仅促进了微生物遗传学和微生物生理学的建立，还促进了分子遗传学的形成。1944年艾弗里（O. Avery）等通过细菌转化实验证明了储存遗传信息的物质是脱氧核糖核酸（DNA），第一次确切地将DNA和基因的概念联系起来，开创了分子生物学的新纪元。

5. 成熟期（1953年至今）　电子显微镜的发明，同位素示踪原子的应用及生物化学、生物物理学等边缘学科的建立推动了微生物学的纵深发展，使之成为现代生物学的带头学科之一。例如，1953年提出DNA双螺旋结构模型，1972年发现并提纯了限制性内切酶，1973年将重组质粒成功转入大肠杆菌，1982年发现朊病毒，1983年发现人类免疫缺陷病毒（HIV），1984年建立PCR（聚合酶链式反应）技术，1989年发现癌基因，1997年第一个真核生物（啤酒酵母）基因组测序完成，2003年全球暴发重症急性呼吸综合征(SARS)，等等。

任务三　探究微生物学与农业的关系

微生物与农业生产关系十分密切，涉及土壤肥料、作物营养、植物保护、畜牧兽医、生态能源、农产品加工及综合利用等许多方面。研究微生物与农业生产关系的科学称为农业微生物学。

一、了解微生物对农业生产的有益作用

微生物在当代农业生产中具有十分重要的作用，促进了农业的进步。

1. 提高土壤肥力、促进作物生长 微生物是构成土壤肥力的主要因素之一。土壤中有机质分解、矿物质转化、腐殖质的形成都离不开微生物的作用。微生物还有提供直接营养的作用：根际微生物分解根周围土壤中复杂的有机质，使之成为植物营养的有效成分，供给植物必需的养料；通过固氮作用增加有效氮量；产生酸、溶解不溶性盐类使其有效化；还有一些微生物产生维生素、生长素类，促进根系发育和植物生长；分泌的抗菌类物质可抑制或杀死土壤中的有害微生物等。

2. 生产微生物肥料和农药 微生物肥料可增加土壤中氮的含量，活化土壤中的磷和钾，从而提高土壤肥力，改善作物营养条件，以达到增产的效果，如根瘤菌肥料、“5406”抗生菌肥等。有些微生物可以产生能抑制或杀死植物病原菌的物质来防治植物病虫害，如农用抗生素、苏云金杆菌菌剂、“鲁保1号”、赤霉素等。

3. 发酵食品和饲料 利用微生物发酵酿酒、制醋、制酱等在我国已有悠久的历史，利用农副产品的废弃物生产各种食用菌也是我国传统的产业。还有新型的微型藻食品、微生态食品、微生物食品添加剂等。

通过微生物把青饲料、粗饲料转化为发酵饲料，这样既提高了饲料的吸收利用效率，又改善了饲料的适口性，还可提高饲料的营养价值和延长保存时间。如应用螺旋藻、光合细菌生产的饲料蛋白质含量高、营养全面，同时具有多种生物活性物质。

4. 保护环境，提供能源 微生物可以被广泛地用于“三废”的处理，对有毒物质进行转化，使其变害为利。同时微生物也是环境污染的重要指示生物。利用微生物处理有机废弃物可生产沼气或乙醇等，沼液、沼渣还可作为生物肥料，乙醇能代替石油作为燃料，这对解决能源危机、保护生态环境和物质的良性循环有重要意义。

二、了解微生物对农业生产的有害作用

微生物在给人类带来福利的同时，也因为能引起动植物病害而给人类造成了极大的损失。据估计，我国每年由微生物引起的病害损失总产量在30%左右。有些微生物寄生于植物体内引起各种植物病害，或产生有毒物质抑制植物生长；有些微生物寄生于家畜、家禽体内，引起畜禽流行病；有些微生物产生毒素污染食品、粮食和饲料，引起人、畜中毒等。这些方面都已得到人们的重视且人们已探索出妥善解决的方法。

三、了解农业微生物学的研究对象

农业微生物学有两个主题：①对有益微生物的利用；②对有害微生物的防御和消灭。后一主题已分化为许多独立的学科，如植物病理学、动物流行病学等。农业微生物学主要研究与农业生产、农产品储藏加工及生态环境保护等有关的有益微生物的相关内容，主要包括有益微生物的形态结构、生理特征、营养特性、生长繁殖、遗传变异、生物能源以及其在农业生产过程中的作用和调控方法，从而促进农业生产的快速发展。

四、认识农业微生物学的发展前景

微生物能让土壤变得肥沃、帮助植物健康生长、有效防治动植物病虫害，在让人们获得清洁能源的同时促进生态系统的良性循环、减少环境污染等。科学家们利用农业微生物

资源结合现代工程技术实现了产业化农业即工业型微生物农业，其科学基础就是微生物学技术。农业微生物产业化对有效解决我国粮食安全、资源短缺、环境污染等问题具有重要的意义，农业微生物学的发展前景非常广阔。

1. 微生物与动植物的关系更加密切，并推动生物技术产业快速发展 微生物是生命科学的优质研究材料，微生物本身或微生物细胞的质粒常被作为基因工程的外源DNA载体，常被用来切割与拼接基因的工具酶绝大多数也来自各种微生物。如今大量的基因工程产品也主要是以微生物作为受体而进行生产，尤其是大肠杆菌、枯草芽孢杆菌和酿酒酵母等。借助微生物发酵法，人们可生产外源蛋白质药物（如人胰岛素和干扰素等）。

在许多植物的育种及基因工程中微生物早已“大显身手”，如杨树、玉米、烟草及蔬菜、水果、花卉类等的育种。但是研究的只是已知微生物种类中很少的一部分，因此，微生物的开发潜力非常大。

2. 应用有益微生物群技术，推进农产品的重大变革 当前，由于环境污染，生态资源遭到破坏，农产品质量下降，残留污染物严重危及食品安全。大量产出绿色、无公害食品是当今社会的需求，微生物技术的应用是改变这一现状的有效途径。

有益微生物群（EM）是一种新型高科技复合微生物菌剂，是由日本科学家首先发明的，由5科10属80多种有益微生物复合而成。主要有光合细菌、酵母菌、乳酸菌、放线菌等，光合细菌以光和热为能源，以有机物或有害气体（硫化氢）为原料，产生氨基酸、核酸等，这些代谢物既可以直接被植物吸收，又可作为其他微生物繁殖活动的基质。乳酸菌有很强的杀菌能力，它能抑制有害微生物的繁殖，加剧有机物的腐败分解，减轻农作物连作病害。酵母菌可以分泌激素，促进根系生长和细胞分裂，还可以为其他微生物繁殖提供所需的物质。放线菌能产生抗生素抑制病原菌的繁殖，在和光合细菌共生的条件下，放线菌的杀菌功效成倍提高。这些微生物在应用过程中各自发挥作用，并形成共存共荣的关系。

EM技术不仅在种植业方面作用明显，在养殖业方面同样作用惊人，对饲料的适口性、营养价值、动物的免疫能力等都有明显的提高作用。EM技术在修复污染河流、保护环境方面更是效果显著。EM技术将为我国高产、优质、低耗、高效地发展农业以及净化环境和提高人民健康水平作出难以估量的贡献。

3. 微生物农药、肥料、能源等多方面广泛开发应用 微生物农药包括微生物杀虫剂、杀菌剂、除草剂和微生物生长调节剂等。其中微生物杀菌剂的应用前景非常广阔，增值潜力大，或能成为未来重要的商业化生物农药。

微生物肥料具有环保、节能降耗、活化土壤养分、增强作物根系活力等特点。施用复合微生物肥料能够使农产品品质明显改善、产量显著增加等。传统农业的变革、农产品安全的保障都离不开微生物肥料。

微生物可能会成为未来的能源主角，如微生物可以把木质纤维素降解成葡萄糖，再发酵生成乙醇，产甲烷菌把可再生资源转化成甲烷等。这些生物质能源的广泛应用可显著改善我国的能源结构和环境污染现状。

随着我国科技的发展和实现产业化战略方针的实施，农业微生物领域必将在微生物制剂、生物医药、微生物食品以及微生物新材料等方面涌现出更多的高新技术，为推动农业变革、人们生活水平的提高和可持续发展提供保证。

技能实训

实训　调查当地微生物类生产企业

利用现有资源查阅资料，调查当地微生物类生产企业（规模与经济效益），并进行考核评价（表1-1）。

表1-1　微生物类企业调查考核评价

项目	考核要点	学生自评	学生互评	教师评分	综合得分
职业素养（20分）	团队合作良好，安全意识强；学习态度端正，完成规定任务；沟通协作能力强，吃苦耐劳				
操作过程（40分）	准备工作：选择当地微生物类企业，5人一组，明确调查目标，制订调查方案和计划，设计调查表格 操作过程：①实地调查、访问，收集资料、填写表格；②资料整理、汇总、分析；③撰写调查报告，包括企业名称、地址、性质、规模、工艺流程、投入产出比值、年总产值、工人待遇、废料处理方法及社会荣誉等				
实训结果（40分）	准备工作准确、全面，目标明确，方法适宜，调查方案符合实际，能科学客观分析问题，并提出建议，具有可行性 能在规定时间内完成调查任务，调查结果基本准确				
教师评语					

项目小结

本项目介绍了微生物的概念、作用、地位以及微生物在农业生产中的重要性，阐述了微生物的特点、分类、命名、微生物学的研究内容和任务以及农业微生物学的研究对象，简述了微生物学的发展史，指明了农业微生物的发展前景，并设计了调查项目，让学生学会调查微生物应用生产项目的方法。该项目的重点是对微生物概念的掌握和理解，熟悉微生物的特点，了解微生物在自然界中的位置及发展前景等。

思考题

1. 什么是微生物？微生物具有哪些特点？
2. 微生物的分类地位是什么？
3. 微生物一般是如何命名的？
4. 简述微生物学的发展概况。

5. 农业微生物学的研究对象是什么？
6. 如何理解微生物对农业生产的重要性？

探究与拓展

想一想：生水能不能直接饮用？为什么？

项目二

微生物的形态

项目导读

每一个人都是一个个体，每一个个体之间都存在着差异性，有人强壮，有人瘦弱，但个体之间也存在着共性，如我们的身体结构都大致相同，都有一个嘴巴、两只眼睛、两条腿。那微生物呢？在微观世界里，微生物是怎样的呢？戈特弗里德·威廉·莱布尼茨说："世界上没有两片相同的树叶"，那对于微生物来说，是否也不存在两个相同的微生物？是否微生物也和我们人类一样有着千差万别？随着人类对微生物研究的逐渐深入，我们的生活也因此发生了很大的改变，如越来越多的有益菌被发现并被应用在了工业、农业、医药和环保等生产实践中，给我们的生活带来了巨大的经济效益、社会效益和生态效益；接下来，就让我们一起用显微镜去观察这熟悉而陌生的微观世界、感受这奇妙的微观世界吧！

项目目标

【知识目标】学习原核细胞微生物、真核细胞微生物和病毒的形态结构与特征特性。

【技能目标】掌握用多种方法观察微生物的形态结构，利用工具能识别常见的微生物种类。

【情感目标】认识对微生物形态的了解是研究其功能的基础，培养探究微观世界的兴趣。

任务一　观察原核细胞微生物

在生物界，生物存在的形式具有多样性，但是都由最基本的单位——细胞构成。根据细胞结构的不同，将其分为原核细胞和真核细胞。根据微生物的进化水平和各种性状上的明显差异，可以把微生物划分为原核细胞微生物、真核细胞微生物、非细胞微生物（病毒、亚病毒等）。

原核生物无典型的细胞结构，无核膜和核仁，遗传物质是一条不与组蛋白结合的环状

双螺旋脱氧核糖核酸（DNA）丝，不构成染色体（有的原核生物还有更小的能进出细胞的质粒 DNA）；细胞壁大多由肽聚糖构成；细胞膜没有固醇；缺乏完整的细胞器；以简单的二分裂方式繁殖，无有性繁殖；较小，能够直接进行细胞分裂。

原核生物拥有细胞的基本结构（包括细胞膜、细胞质、细胞壁、拟核）和一些特殊结构如鞭毛、芽孢等。原核生物中，除了支原体，其余的都有细胞壁。总之，原核生物的细胞结构要比真核生物的细胞结构简单得多。

原核细胞微生物是指没有真正细胞核的细胞型微生物，是一类细胞核无核膜包囊，只存在称作拟核区（或拟核）的裸露 DNA 的原始单细胞微生物，包括真细菌和古细菌两大类群，如细菌、放线菌、蓝细菌、支原体、立克次氏体、衣原体、螺旋体等。目前已发现的原核细胞微生物种类虽不甚多，但其生态分布却极其广泛，生理性能也极其复杂。本任务的内容为我们了解微生物、解决农业微生物方面的问题打下了很好的基础。

一、观察细菌

细菌是原核生物界的一大类单细胞微生物。广义上讲，细菌泛指各类原核细胞型微生物，包括细菌、放线菌、立克次氏体、衣原体、支原体、螺旋体等；而狭义的细菌则为一类形状细短、结构简单、多以二分裂方式进行繁殖的原核生物，是自然界分布最广、个体数量最多、具有典型代表性的有机体，是大自然物质循环的主要参与者，它们个体微小，形态与结构简单，具有细胞壁和原始核质，无核仁和核膜，除核糖体外无其他细胞器。

了解细菌的形态和结构对研究细菌的生理活动、致病性和免疫性以及鉴别细菌、诊断疾病和防治细菌性感染等均有重要的理论和实际意义。

（一）细菌的形态

细菌是单细胞生物，一个细胞就是一个独立的生活个体，细菌的形态极其简单，根据其外形，一般把细菌分为球菌、杆菌和螺旋菌三大类（图 2－1）。

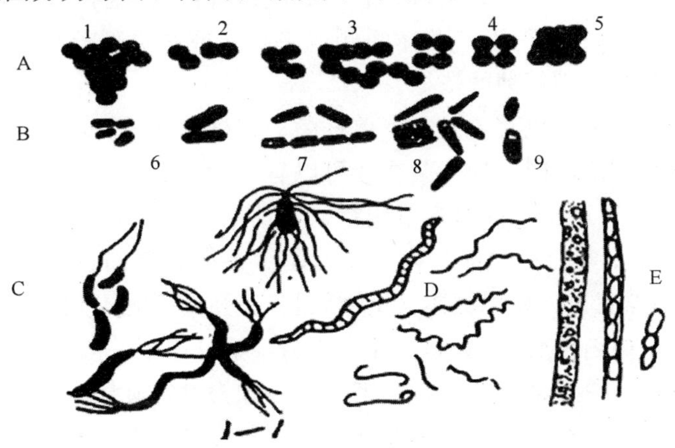

图 2－1　细菌的形态

A. 球菌　B. 杆菌　C. 螺旋菌　D. 螺旋体　E. 丝状细菌

1. 葡萄球菌　2. 双球菌　3. 链球菌　4. 四联球菌　5. 八叠球菌

6. 单杆菌　7. 链杆菌　8. 棒状杆菌　9. 芽孢杆菌

1. 球菌 球状细菌称为球菌。球菌呈球形或近似球形，其大小以细胞直径来表示，一般为0.5～2.0 μm。球菌分裂面不同，根据其分裂后子细胞排列方式的不同可将球菌分为以下几种：单球菌、双球菌、链球菌、四联球菌、八叠球菌和葡萄球菌。常见的有肺炎双球菌、化脓链球菌、金黄色葡萄球菌。

（1）单球菌。细胞沿一个平面进行分裂，子细胞分散而单独存在，如尿素微球菌。

（2）双球菌。细胞沿一个平面分裂，子细胞成双排列，如肺炎双球菌，也称肺炎链球菌，因为其有时呈短链状。

（3）链球菌。细胞沿一个平面分裂而第二次分裂面与第一次分裂面平行，子细胞呈链状排列，如乳酸链球菌。

（4）四联球菌。细胞按两个互相垂直的平面分裂，子细胞呈“田”字形排列，如四联小球菌。

（5）八叠球菌。细胞按3个互相垂直的平面进行分裂，子细胞特征性叠在一起呈立方体排列，如甲烷八叠球菌和尿素八叠球菌。

（6）葡萄球菌。细胞分裂无定向，子细胞呈葡萄状排列，如金黄色葡萄球菌，是一种分布广泛的常见致病菌。

2. 杆菌 杆状细菌称为杆菌。长而细的杆菌称为长杆菌，如柱状屈桡杆菌；短而粗的杆菌称为短杆菌，如巴氏杆菌。大多数杆菌分散存在，但也有形成链状的链杆菌和形成芽孢的芽孢杆菌，个别呈特殊的排列形式，如呈栅栏状或“v”“y”“l”字样。还有的菌体形成分枝被称为分枝杆菌（图2-1）。

各种杆菌的大小、长短、弯度、粗细差异较大。大多数杆菌中等大小，长2.0～5.0 μm，宽0.3～1.0 μm。大的杆菌如炭疽杆菌［(3.0～5.0) μm×(1.0～1.3) μm］，小的如野兔热杆菌［(0.3～0.7) μm×0.2 μm］。菌体的形态多数呈直杆状，也有的菌体微弯。菌体两端多呈钝圆形，少数两端平齐（如炭疽杆菌），也有的两端尖细（如梭杆菌）或末端膨大呈棒状（如白喉杆菌）。菌体两侧或平行、或中央部分较粗如梭状，或有一处或数处突出。这些都是鉴别杆菌的依据。

不同种类排列组合情况也有差异，有单杆菌、双杆菌和链杆菌之分。不过杆菌的排列特征远不如球菌那样固定，同一种杆菌往往可以有3种形态同时存在。单杆菌有长杆菌和短杆菌（或近似球形），产芽孢杆菌多呈梭状，如枯草芽孢杆菌。

3. 螺旋菌 细胞呈弯曲状的细菌称为螺旋菌。根据其弯曲程度可将其分为弧菌（菌体略弯）、螺菌（呈螺旋状）和螺旋体（呈螺旋状）。弧菌螺旋不到一周，如霍乱弧菌，培养久了有些近杆状；螺菌螺旋2～6周，外形坚挺，如亨氏甲烷菌；螺旋体螺旋6周以上，柔软易曲，介于细菌与原生动物之间，细胞柔软，如梅毒螺旋体。也有人主张将以上3种类型各自分出为独立的类型。此外，螺旋菌中有的种类具鞭毛，有的则不具鞭毛。

此外，少数细菌为其他形状，如丝状（如浮游球衣菌）、三角形、方形和圆盘形等形态。细菌的个体形态与环境因素有关，如温度、培养时间、培养物质浓度和成分等。培养条件改变时常出现变形，短期内再给适宜条件又可恢复原状。有些菌体衰老时也易变形，但不可复原。

（二）细菌的细胞结构

细菌细胞的结构见图 2－2。我们把一般细菌都具有的结构称为一般结构，包括细胞壁、细胞膜、细胞质、内含物、间体及核区等，而把仅在部分细菌中才有的或在特殊环境条件下才形成的结构称为特殊结构，主要有糖被（包括荚膜和黏液层）、性毛、鞭毛、纤毛（也称菌毛）、芽孢等。

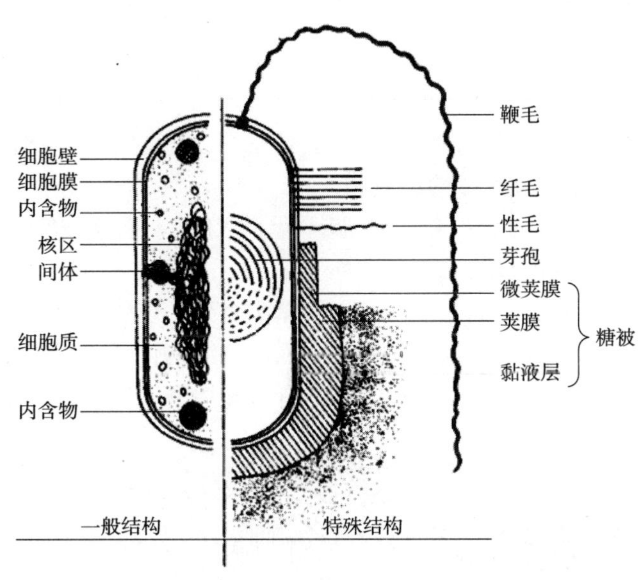

图 2－2 细菌细胞的结构

1. 细菌细胞的一般结构

（1）细胞壁。细菌的细胞壁位于菌体的最外层，是一层无色透明的薄膜。细胞壁的特点是坚韧而有弹性，具有固定菌体外形和保护菌体的作用。细胞壁的主要成分为肽聚糖，还有蛋白质、类脂质和多糖复合物等。

由于细菌细胞壁成分和结构的不同，可以用染色法进行鉴别分类。革兰氏染色法是常用的细菌鉴别染色法，方法是先用草酸铵-结晶紫染色，然后用碘液媒染，使细胞着色，再用酒精脱色，最后用番红复染。细菌经此染色可分为两大类：一类是酒精处理后不脱色，保持初染时的深紫色，称为革兰氏染色反应阳性（阳性菌），记为 G^+；另一类经酒精处理后脱去原来的颜色而染上番红的颜色红色，称为革兰氏染色反应阴性（阴性菌），记为 G^-。

如果用人工方法破坏细胞壁，再进行革兰氏染色，则所有细菌都表现为革兰氏染色反应阴性，这可以说明细胞壁在革兰氏染色中的作用。革兰氏阳性细菌与革兰氏阴性细菌细胞壁的化学成分不同。革兰氏阴性细菌细胞壁的结构有两层，成分比较复杂，革兰氏阳性细菌的细胞壁只有一层，成分较简单。

革兰氏阴性细菌细胞壁中脂类物质含量高，肽聚糖含量低（表 2－1）。因而，在革兰氏染色过程中用脂溶剂酒精处理后，革兰氏阴性细菌的细胞壁通透性增强，结晶紫-碘复合物被酒精提取出来，于是革兰氏阴性细菌细胞被脱色，用番红复染就可将其染成红色。

革兰氏阳性细菌细胞壁肽聚糖含量高，脂类含量低，用脱水剂酒精处理时，细胞被脱水引起细胞壁肽聚糖层中孔径变小，通透性降低，使结晶紫-碘复合物保留在细胞质内，细胞不被脱色仍为紫色。

表 2-1 细菌细胞壁的组成

细胞类型	肽聚糖	磷壁酸	脂多糖	脂肪	蛋白质
G^+	50%～90%	+	−	2%	10%
G^-	5%～10%	−	+	20%	60%

(2) 细胞膜。细胞膜（又称细胞质膜）是紧贴细胞壁内层、包围整个细胞、薄而柔软、具有弹性的半透膜，是选择性的透过膜。

①细胞膜的成分。细菌细胞膜约占细胞干重的 10%，含有 20%～30%的磷脂类、60%～70%的蛋白质和 2%的糖类。

②细胞膜的结构。细胞膜以磷脂双分子层为基本骨架，磷脂双分子层中有蛋白质，蛋白质或结合于双分子层表面或镶嵌于双分子层中。因此，细胞膜是由蛋白质与不连接的双层磷脂分子构成的镶嵌结构，其上有许多微孔，是具有选择性的半透性膜（图 2-3）。

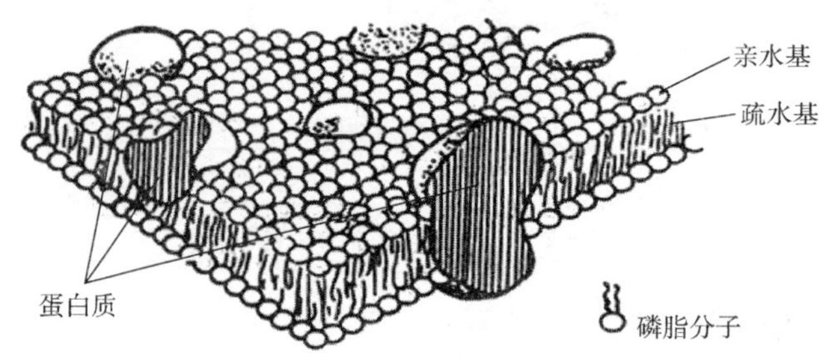

图 2-3 细胞膜结构

③细胞膜的功能。细胞膜控制物质的吸收和排出，调节体内外渗透压的平衡，并且是许多重要酶系统的活动场所。细胞膜损伤会导致细菌死亡。

(3) 细胞质。细胞膜内核质以外的物质统称为细胞质。它是一种无色透明而黏稠的胶体，主要成分是水、蛋白质、核酸和脂类等。细胞质是细菌的内在环境，具有生命物质的各种特性。它有各种酶系统，能进行合成与分解作用，使细胞内的结构物质不断更新。幼龄细菌的细胞质稠密而均匀，容易染色；老龄细菌的细胞质中形成许多颗粒，染色体不均匀。

(4) 原核。细菌细胞的核结构不完善，主要成分是脱氧核糖核酸，没有核膜、核仁，只有单个染色体，一般呈球状、棒状或哑铃状，所以说它是原核，核内的核酸是细菌传递遗传性状的物质基础。在细菌的细胞里还含有质粒，它以小型的环状 DNA 分子形式存在。附在染色体上的质粒称为附加体，它们也是遗传信息发出和传递的物质基础。

2. 细菌细胞的特殊结构 鞭毛、纤毛（菌毛）、芽孢、荚膜和黏液等是某些细菌特有的结构，是分类鉴定的依据。

(1) 鞭毛。某些细菌从菌体内长出的细长丝状物称为鞭毛，鞭毛由鞭毛蛋白构成。鞭毛非常细，在光学显微镜下要经过特殊染色才能看到。在电子显微镜下能观察到鞭毛起源

于细胞质膜内侧，细胞质区有一个颗粒状小体，此小体称为基粒。鞭毛自基粒长出穿过细胞壁延伸到细胞外。鞭毛长度是菌体长度的几倍至几十倍，而直径极小。大多数球菌不生鞭毛，杆菌有的生鞭毛，有的不生鞭毛，弧菌与螺菌都有鞭毛。根据鞭毛的数目与位置，可将具有鞭毛的细菌分为偏端鞭毛菌、两端鞭毛菌和周端鞭毛菌。鞭毛是细菌的运动器官，有鞭毛的细菌在液体中借助鞭毛运动（图 2 - 4）。

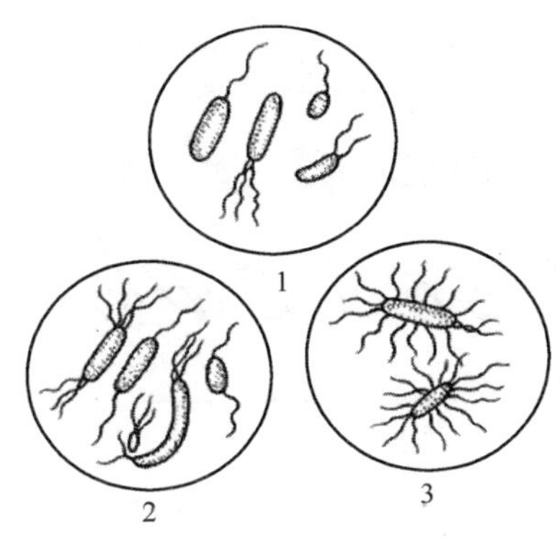

图 2 - 4 鞭毛的数目和位置

1. 偏端鞭毛菌 2. 两端鞭毛菌 3. 周端鞭毛菌

（2）纤毛（菌毛）。有些细菌表面生有不同于鞭毛的纤毛。纤毛短、细且直，数目多而不弯曲。它不是运动器官，也见于非运动的细菌中，如大肠杆菌表面生长有 0.01～1.00 μm 的纤毛。纤毛有许多类型，不同类型的功能不同。有的作为细菌接合时遗传物质的通道，称为性纤毛；有的是细菌病毒吸附的位点；有的可增强细菌附着其他细菌或物体的能力。纤毛能使大量菌体纠缠在一起漂浮于液面形成菌膜。

（3）芽孢。有的细菌生长到一定时期，细胞质失水浓缩凝结，在细胞内部逐步形成一个圆形、椭圆形或圆柱形的对不良环境条件具有较强抗性的休眠体结构，这个结构称为芽孢，也称内生孢子。

许多杆菌能形成芽孢，而球菌和螺旋菌只有少数种类能形成芽孢。能形成芽孢的杆菌称为芽孢杆菌，不能形成芽孢的杆菌称为无芽孢杆菌。细菌芽孢的位置、形状与大小是细菌种类鉴定的重要依据。有的芽孢位于细胞的一端，有的芽孢位于细胞顶端或中央与顶端之间。芽孢在中央且直径大于菌体宽度时，细胞呈梭状，如丙酮丁醇梭菌；芽孢在顶端且直径大于菌体宽度时，细胞呈鼓槌状如破伤风梭菌；芽孢直径小于菌体宽度时，细胞不变形，如常见的枯草芽孢杆菌、蜡样芽孢杆菌（图 2 - 5）。

芽孢的核心是原生质体，原生质体外是皮层，皮层外是芽孢壳。芽孢形成过程中，在菌体发生形态变化的同时还产生芽孢特有的化学物质吡啶二羧酸，简称 DPA。DPA 在芽孢中以钙盐的形式存在，占芽孢干重的 15%。芽孢形成时，DPA 很快形成，DPA 形成以后，芽孢就具有耐热性。芽孢遇到适宜的环境条件即吸收水分和养料，渐渐膨胀，外壁破裂。破裂处长出芽管，逐渐发育成新的细胞。芽孢萌发的方式有中央突出和末端突出。芽孢是细菌生活史中的一个休眠体，而不是繁殖体，因为一个细胞内一般只形成一个芽孢，一个芽孢萌发也只产生一个菌体，所以产生芽孢不是细菌的繁殖方式。

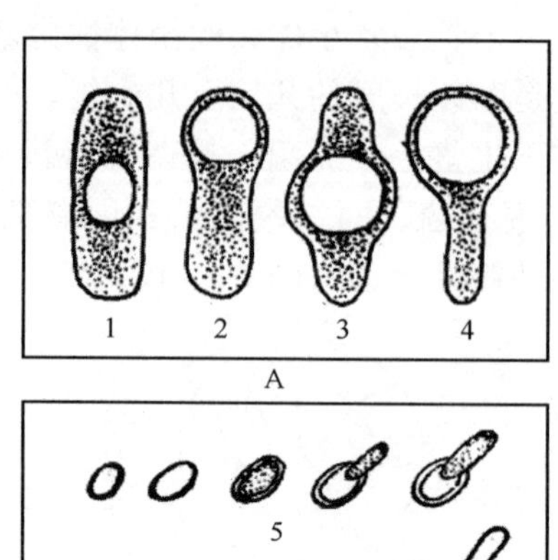

图 2－5 细菌的芽孢

A. 芽孢的类型 B. 芽孢的萌芽方式

1. 中位芽孢 2. 偏端芽孢 3. 梭状 4. 槌状 5. 末端突出 6. 中央突出

芽孢的特点是芽孢壁极厚、含水量少、通透性差，所以对高温、干燥、光线、化学药品等具有很强的抵抗力，芽孢内的代谢活动极小，呈休眠状态，在空气中能存活较长时间，在干燥情况下，经过几十年仍然保持生物学活性，在 100 ℃条件下，经过 3 h 才能被杀死。所以，芽孢对不良环境有很强的抵抗能力。

（4）荚膜和黏液。有的细菌在一定条件下细胞壁表面分泌黏液状物质，形成较厚的膜，称为荚膜。通常是一菌一膜，也有多菌共膜的。多菌共膜者称为菌胶团（图 2－6）。如果分泌的黏液状物质黏滞性较低，则称黏液，黏液扩散在菌体周围。

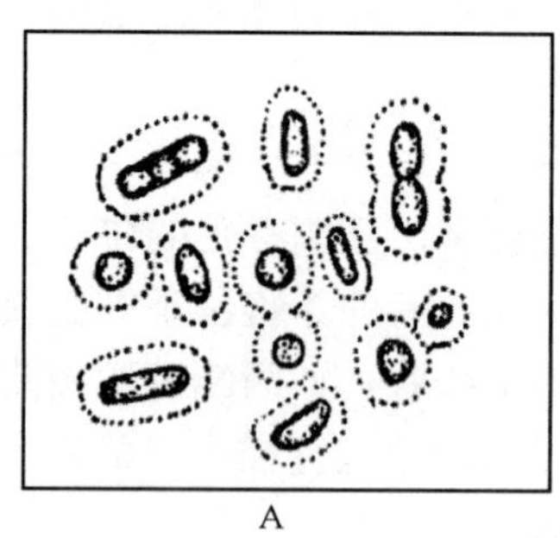

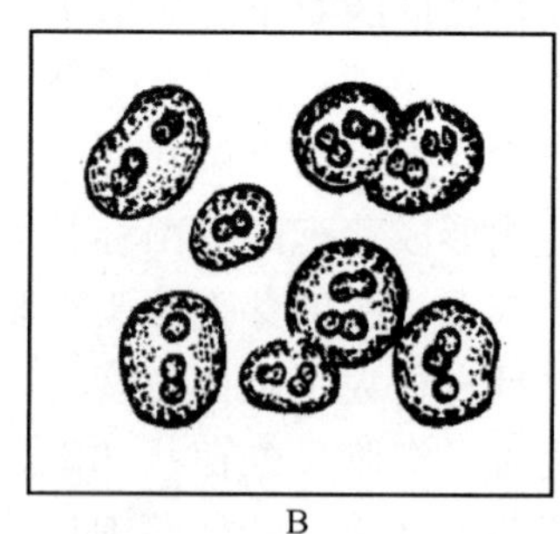

图 2－6 细菌的荚膜和菌胶团

A. 荚膜 B. 菌胶团

荚膜和黏液中的水分约占 90%，其他成分为多糖或多肽的聚合物。荚膜对细菌起着保护作用，提高了致病菌的致病性，防止被真核生物的吞噬细胞吞噬；增强了细菌的抗干燥能力；防止噬菌体的侵袭。某些细菌由于荚膜存在而具有毒性，例如具有荚膜的肺炎双球菌毒性很强，失去荚膜时则失去毒力。

能否产生荚膜是细菌种的特性，但荚膜的形成与环境条件有关。如钾细菌在含糖培养

基上形成厚的荚膜，在淀粉培养基上不形成荚膜。

（三）细菌的繁殖和菌落的形成

1. 细菌的繁殖　细菌的繁殖主要是分裂繁殖，简称裂殖，又称二分裂。分裂时菌体伸长，核质体分裂，菌体中部的细胞膜从外向中心做环状推进，然后闭合而形成一个垂直于细胞长轴的细胞质隔膜，把菌体分开，细胞壁向内生长把横隔膜分为两层，形成子细胞壁，然后子细胞形成两个菌体。

球菌分裂方向及分裂后子细胞的排列状态不同，可以形成各种形态的群体，如单球菌、双球菌、四联球菌、八叠球菌、葡萄球菌等。杆菌繁殖时，其分裂面都与长轴垂直，分裂后的杆菌排列方式也因菌种不同而形态各异，有单生、双生、短链状、长链状、“八”字形排列（图 2－7）。

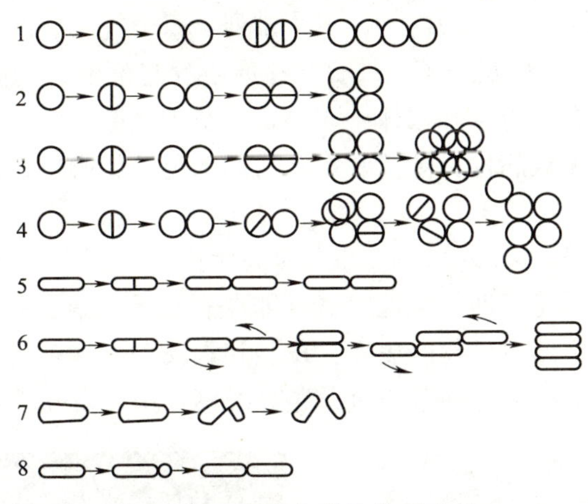

图 2－7　细菌分裂的排列示意

1. 双球菌和链球菌　2. 四联球菌　3. 八叠球菌　4. 葡萄状堆团　5. 链状杆菌
6. 栅状排列　7. 折断分裂的棒状杆菌，呈“八”字形排列　8. 出芽系列的杆菌

除无性繁殖外，经电镜观察及遗传学研究证明细菌也存在有性结合，不过细菌有性结合发生的频率极低。

2. 菌落的形成　细菌个体小，肉眼是看不到的，如果把单个或少数细菌细胞接种到适合的固体培养基上，在适宜的温度等条件下它们能迅速生长繁殖。由于细胞受到固体培养基表面或深层的限制，不像在液体培养基中那样自由扩散，生长的结果是形成一个肉眼可见的细菌群体，我们把这个细菌群体称为菌落，即由一个菌体在固体培养基上经过生长繁殖形成肉眼可见的群体结构。

不同菌种的菌落特征不同，不同生活条件下同一菌种的菌落形态也不同，所以菌落形态特征对菌种的鉴定有一定的意义。菌落特征包括菌落的大小、形态（圆形、丝状、不规则状、假根状等）、侧面观察菌落隆起程度（如扩展、苔状、低凸状、乳头状等）、菌落边缘（如边缘整齐、波状、裂叶状、圆锯齿状、有缘毛等）、菌落表面状态（如光滑、皱褶、颗粒状龟裂、同心圆环等）、表面光泽（如闪光、不闪光、金属光泽等）、质地（如油脂状、膜状、黏、脆等）、颜色与透明度（如透明、半透明、不透明等）等。

另外，菌落特征也受其他方面的影响，如产荚膜的菌落表面光滑、黏稠状，为光滑型；不产荚膜的菌落表面干燥、皱褶，为粗糙型。菌落的形态、大小有时也受培养空间的限制，如果两个菌落靠得太近，由于营养物质有限，有害代谢物质的分泌和积累使其生长受阻。因此，进行菌落形态观察时，一般以培养 3～7 d 为宜，选择分布比较稀疏而孤立的菌落进行观察。

观察试管斜面上菌苔的形态时，采用划直线接种法培养 3～5 d，观察其生长状况（良好、微弱、不生长）、菌苔形状（线状、串珠状、扩展、根状等）、菌苔隆起情况（扁平、苔状、凸起等）、表面形状、表面光滑度、透明度及颜色。液体培养时，一般培养 1～3 d，观察时注意表面生长状况（菌膜、菌环等）、浑浊程度、沉淀的形成、有无气泡、培养基有无颜色等。

（四）常见细菌类群的代表

1. 小球菌属 球形，0.5～1.0 μm，单个排列、双个排列、四联排列或者其他排列形式（图 2－8）；该类细菌一般属于 G^+；没有芽孢、没有鞭毛，不能运动，严格好氧；化能有机营养型；广泛分布在土壤和水体中，并常随灰尘飞散于空气中造成污染，在人体及动物皮肤上也常存在，无致病性；菌落常有鲜艳的颜色，如黄色、橙黄色、粉红色等，菌落较小，发亮发光。

2. 葡萄球菌属 球形，0.5～1.5 μm，葡萄状排列（图 2－9）；该类细菌属于 G^+；没有芽孢、没有鞭毛，不能运动；兼性厌氧（即在有氧及无氧条件下都能生存）；化能有机营养型；大多数生活在温血动物的皮屑、皮腺和黏膜上，许多菌株是人和动物的机会致病菌，如造成化脓性感染；菌落通常为金黄色，菌落较小，发亮发光。

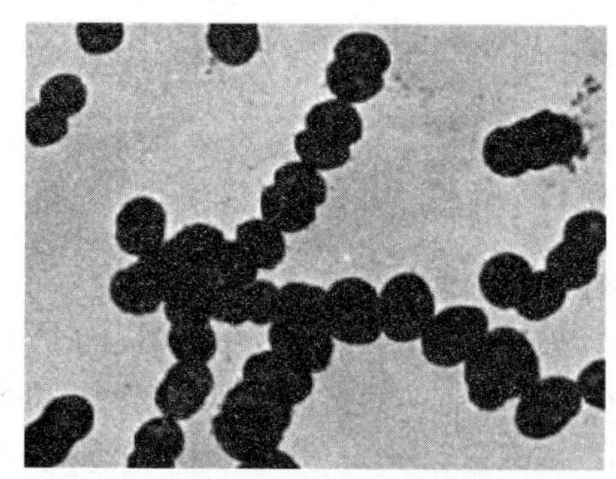

图 2－8 小球菌属形态

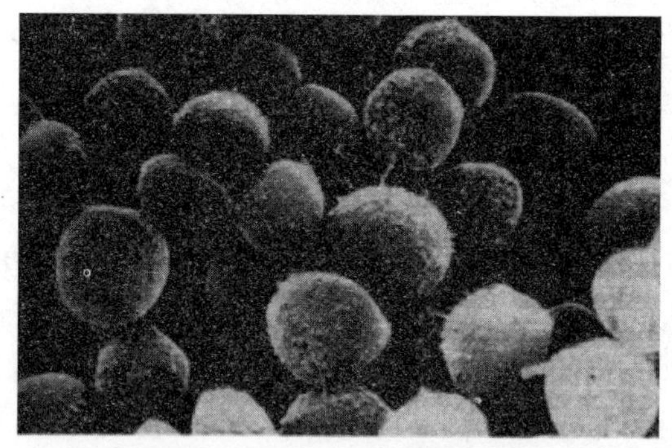

图 2－9 葡萄球菌属形态

3. 芽孢杆菌属 杆状，0.3～7.0 μm，一般为单个排列（图 2－10）；该类细菌属于 G^+；少数染色不稳定；产芽孢，但芽孢宽度不会超过菌体宽度；周生鞭毛，运动；大多数严格好氧，少数兼性厌氧；化能有机营养型；广泛分布在土壤、水体和植物等其他自然环境中，某些种可能引起人和动物疾病，如炭疽芽孢杆菌，某些种可产生杀虫蛋白，如苏云金芽孢杆菌的伴孢晶体；菌落表面较干。

4. 梭菌属 梭状，0.3～12.0 μm，通常为单个排列（图 2－11）；该类细菌属于 G^+；产芽孢，芽孢宽度大于菌体宽度；周生鞭毛，运动或不运动；大部分专性厌氧；大多数为化能有机营养型，少数为化能无机营养型（通过氧化物及无机物获得能量，并还原 CO_2

以合成细胞物质)；存在于土壤、污水和海洋沉积物中，也存在于人和其他脊椎动物的肠道中；某些种是很强的致病菌，如破伤风梭菌，某些种有很重要的应用价值，如丙酮丁醇梭菌在工业上被用来生产丙酮和丁醇。

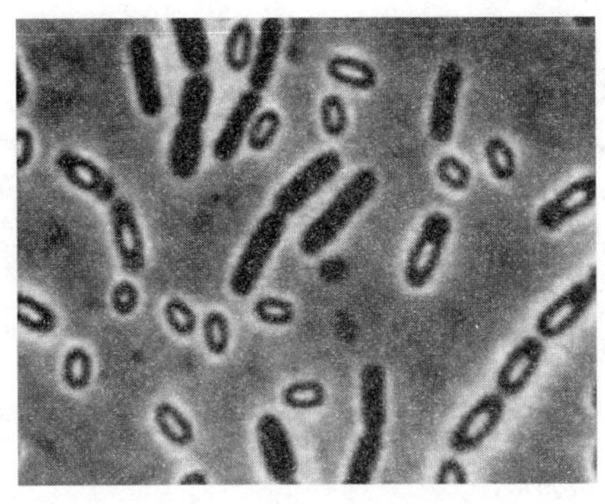

图 2-10 芽孢杆菌属形态

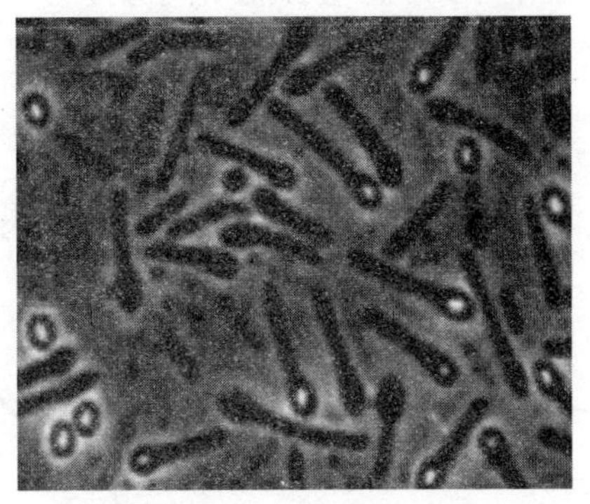

图 2-11 梭菌属形态

5. 乳杆菌属 杆状，变化较大，一般生成连续杆状（宽度<2 μm）（图 2-12）；该类细菌属于 G^+；不产芽孢；通常不运动，如运动则为周生鞭毛；厌氧或兼性厌氧；化能有机营养型，但营养要求复杂，生长需要氨基酸、多肽、核酸衍生物、维生素、盐类、脂肪酸等；广泛分布在乳制品中，也存在于温血动物的口腔、肠道中；一般无致病性；在含糖类的酵母膏培养基上生长良好，菌落无色，直径通常小于 1 mm。

6. 假单胞菌属 杆状，0.5～5.0 μm，单生（图 2-13）；该类细菌属于 G^-；没有芽孢；会运动，少数周生鞭毛；可利用的物质十分广泛；广泛分布在土壤、水体和动植物表面；许多菌能引起植物病害，如铜绿假单胞菌引起植物的枯萎病。

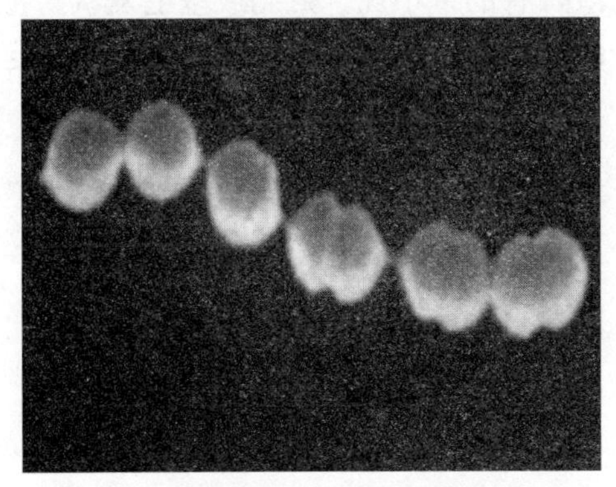

图 2-12 乳杆菌属形态

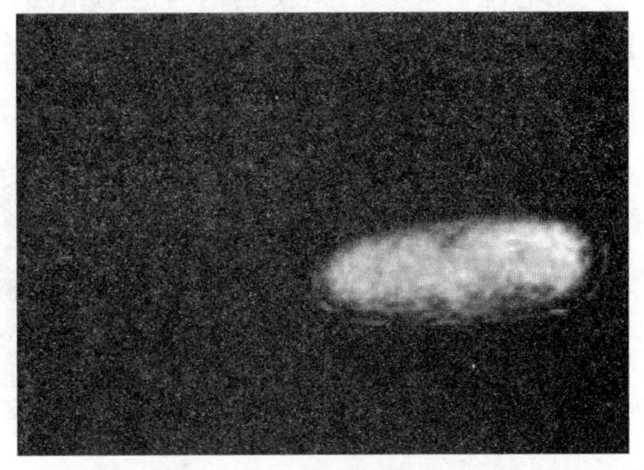

图 2-13 假单胞菌属形态

二、观察放线菌

放线菌属于原核生物，因菌落呈辐射状而得名。放线菌在自然界分布极广，在土壤、空气、水中都有存在，在富含有机物质的偏碱性土壤中特别多。绝大多数是腐生，很少寄生。放线菌在抗生素生产中非常重要，目前应用的抗生素大多数都是放线菌产生的。

（一）放线菌的一般形态

放线菌个体大多数由分枝状菌丝组成，少数为分枝的杆状细胞。菌丝比较细，与球菌的直径相似，菌丝无隔膜，且有许多核（原核），故认为是单细胞，革兰氏染色反应阳性。放线菌菌丝依形态与功能不同可分为 3 种类型（图 2－14）。

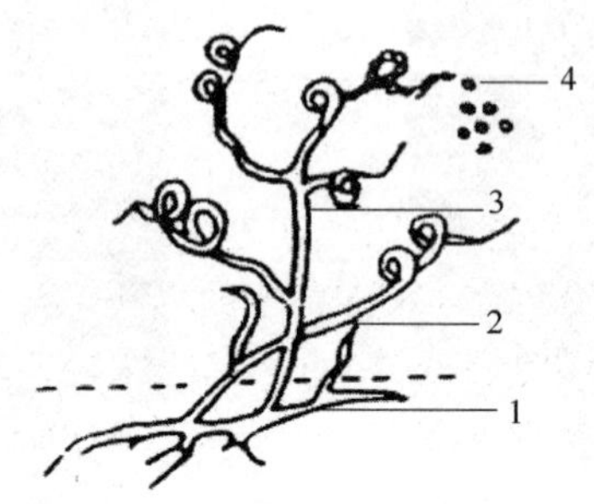

图 2－14　放线菌菌丝的形态

1. 基内菌丝　2. 气生菌丝　3. 孢子丝　4. 孢子

1. 基内菌丝　生长于培养基中吸收营养物质的菌丝，也称营养菌丝。基内菌丝一般无隔膜，有的无色，有的产生色素，可呈黄、橙、红、紫、蓝、褐、黑等不同颜色，产生的色素有的是脂溶性的，也有的是水溶性的，水溶性的可在培养基内扩散。

2. 气生菌丝　基内菌丝发育到一定阶段时，向空间长出的菌丝称为气生菌丝。气生菌丝较基内菌丝粗。

3. 孢子丝　气生菌丝发育到一定阶段时，顶端分化出可形成孢子的菌丝，称为孢子丝。孢子丝有直立、弯曲、丛生和轮生的，孢子丝的形态有直形、波曲形、螺旋形等（图 2－15）。在孢子丝上长出孢子，孢子的形状为球形、卵形、椭圆形、杆形、瓜子形等，在电镜下观察，其表面结构也不相同，有的光滑，有的带小疣、带刺或呈毛发状。孢子也常具有色素。孢子丝的着生状况、形态及孢子的形状、颜色等特征是放线菌分类鉴定的重要依据。

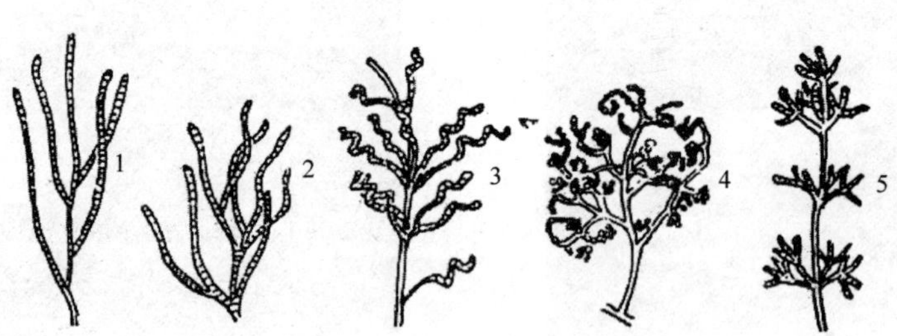

图 2－15　放线菌孢子丝形态

1. 孢子丝互生直形　2. 孢子丝丛生波曲形　3. 孢子丝松螺旋一级轮生　4. 孢子丝紧螺旋　5. 孢子丝短而直二级轮生

（二）高等放线菌链霉菌属的形态和繁殖

链霉菌是高等的放线菌。链霉菌的孢子在固体培养基上萌发形成菌丝，一部分菌丝分化为基内菌丝或营养菌丝，功能是吸收营养物质，其余菌丝为气生菌丝，功能是繁殖。气生菌丝不直接接触营养物质，营养物质可以在菌丝体内传递，这是原核生物在形态上一个很大的发展。

链霉菌的菌落干燥、坚硬而多皱，不易被接种针挑起。孢子成熟后，表面呈粉末状。链霉菌菌落的气生菌丝和背面往往有不同颜色。例如，泾阳链霉菌的气生菌丝为玫瑰粉红色到落英淡粉红色，而背面为木瓜黄到虎皮黄；吸水链霉菌产生黄色水溶性色素，使培养基呈淡黄色。

链霉菌生长到一定时期，气生菌丝上长出孢子丝。孢子丝的形态有线形（直形）、波曲形、螺旋形，着生的方式有互生、轮生、丛生。孢子丝断裂成孢子，孢子有球形、椭圆形、杆形等。孢子不仅在产生方式上与芽孢不同，并且只能耐干旱，而不像芽孢那样耐高温。

链霉菌是许多抗生素的产生菌，如链霉素由灰色链霉菌产生，土霉素由龟裂链霉菌产生，还有常用的抗肿瘤的博来霉素、丝裂霉素，抗真菌的制霉菌素，抗结核的卡那霉素，能有效防治水稻纹枯病的井冈霉素等，都是链霉菌的次生代谢产物。对放线菌的大量研究表明，抗生素主要由放线菌产生，而其中 90%由链霉菌产生。

（三）其他放线菌的形态和繁殖

放线菌没有有性繁殖，主要通过形成无性孢子进行无性繁殖，成熟的分生孢子或孢囊孢子散落在适宜环境里发芽形成新的菌丝体；另一种方式是菌丝体的无限伸长和分枝，在液体振荡培养（或工业发酵）中，放线菌每一个脱落的菌丝片段在适宜条件下都能长成新的菌丝体，也是一种无性繁殖方式。

1. 诺卡氏菌属 诺卡氏菌属又称原放线菌属。与链霉菌属不同，菌丝内有隔膜，并可断裂呈杆状或球状。一般不产生气生菌丝，以横隔分裂的方式形成孢子。有些种也产生抗生素，如抗结核菌的利福霉素。有些诺卡氏菌被用于石油脱蜡、烃类发酵，或在污水处理中分解腈类化合物。

2. 放线菌属 放线菌属菌丝较细，直径小于 1 μm，有横隔，可断裂成 V 形或 Y 形。不形成气生菌丝，不产生孢子，一般为厌氧或兼性厌氧。放线菌属多是致病菌，如引起牛的颚肿病的牛型放线菌。

3. 小单孢菌属 小单孢菌属菌丝较细，大小为 0.3～0.6 μm，无横隔，不断裂，不形成气生菌丝，只在基内菌丝上长出孢子梗，顶端着生一个球形或长圆形的孢子。很多种能产生抗生素，如产生庆大霉素的有绛红小单孢菌和棘孢小单孢菌。

4. 链孢囊菌属 链孢囊菌属的主要特点是形成孢子囊及孢囊孢子，孢子囊由气生菌丝上的孢子丝盘卷而成。这类放线菌也有不少可产生抗生素而受到重视，如可以抵制革兰氏阳性细菌、革兰氏阴性细菌、病毒和肿瘤的多霉素就是由粉红链孢囊菌产生的。

（四）放线菌的菌落

放线菌菌落由菌丝体组成，菌丝分枝相互交错缠绕形成质地致密、表面呈较紧密的绒状或坚实、干燥、多皱、体小而向外延伸的菌落。由于放线菌的基内菌丝与培养基结合牢固，所以用接种针很难挑起。幼龄菌气生菌丝尚未分化成孢子丝，则菌落表面与细菌菌落表面相似，不易区分。形成孢子丝时，在孢子丝上形成大量的分生孢子并布满菌落表面，成为表面粉末状或颗粒状的典型放线菌菌落。此外，基内菌丝、孢子常有的颜色使其培养基的正反面呈现不同的色泽。

三、观察蓝细菌

蓝细菌和藻类一样，含有叶绿素和其他光合色素，进行好氧型光合作用，因此，以前把这一类生物归为藻类植物，把蓝细菌称为蓝绿藻。后来利用现代生物技术明确了它的原核性质，并根据其细胞结构、分裂繁殖方式等将蓝绿藻划为原核生物，现称蓝细菌。

蓝细菌分布很广，常生长在土壤、岩石、树皮和水中。许多蓝细菌生长在池塘和湖泊中，并在水面形成胶质，有的甚至生活在 80 ℃的热温泉、含盐多的湖泊或其他极端环境中，也是占优势进行光合作用的生物。我国已报道能固氮的蓝细菌有三十多种，实际固氮类型可能会大大超过这个数。蓝细菌是很好的生物肥料，稻田接种自生固氮蓝细菌，施用的化肥可以减少 15%，而且蓝细菌死后菌体释放大量的铵态氮。因此，研究和应用蓝细菌对农业生产具有重要意义。

蓝细菌在生物进化过程中具有非常重要的意义。蓝细菌是原核生物，具有原核生物的基本特性。然而蓝细菌的光合作用色素系统及产氧光合作用与其他光合细菌不同，而与真核生物相近，显示出它比其他光合细菌高级，从生物进化过程来看，是从厌氧向好氧方向进化，而蓝细菌正处于一个转折阶段。

（一）蓝细菌的形态

蓝细菌的细胞一般比细菌大，直径通常为 3～10 μm，最大的可达 60 μm，如巨颤蓝细菌。根据细胞形态差异，蓝细菌可分为单细胞和丝状体两大类。单细胞类群多呈球状、椭圆状或杆状，单生或团聚体，如黏杆蓝细菌和皮果蓝细菌等属；丝状体蓝细菌是由许多细胞排列而成的群体，包括有异形胞的（如鱼腥蓝细菌属）、无异形胞的（如颤蓝细菌属）和有分枝的（如费氏蓝细菌属）。

蓝细菌细胞壁有内、外两层，外层为脂多糖层，内层为肽聚层。许多能不断地向细胞壁外分泌胶黏物质，将一群细胞或丝状体结合在一起，形成黏质糖被或鞘，呈球状或块状。细胞膜单层，很少有间体。大多数蓝细菌无鞭毛，但可以“滑行”。蓝细菌光合作用的部位称为类囊体，数量很多，以平行或卷曲的方式分布在细胞膜附近，其中含有叶绿素和藻胆素（一类辅助光合色素）。蓝细菌的细胞内含有糖原、聚磷酸盐以及蓝细菌肽等储藏物以及能固定的羧酶体，少数水生性种类中还有气泡。

在化学组成上，蓝细菌最独特之处是含有两个或多个双键组成的不饱和脂肪酸，而细菌通常只含有饱和脂肪酸和一个双键的不饱和脂肪酸。蓝细菌细胞的中心是原核所在的部位，没有色素，周围是含有色素的细胞质部分。色素会因为环境条件尤其是光照条件的变化而改变。蓝细菌是光合微生物，进行光能无机营养。

在干燥、低温和长期黑暗等条件下，可形成休眠状态的静息孢子，孢子壁厚，能抵抗不良环境，当环境适宜时可继续生长。

（二）蓝细菌的繁殖

蓝细菌主要通过无性方式繁殖，没有鞭毛，只能“滑行”。单细胞类群以裂殖方式繁殖，包括二分裂和多分裂。丝状体类群可通过单平面或多平面的裂殖方式加长丝状体，还常通过链丝段繁殖。蓝细菌以细胞分裂的方式繁殖，有些种类能形成连锁体。少数类群以

内孢子方式繁殖。有些蓝细菌由成串的细胞连成丝状，在细胞链断裂时形成片段，称为链丝段，具有繁殖功能。

（三）蓝细菌的代表属

蓝细菌种属很多，下面介绍几个常见属。

1. 微囊藻属　它是在池塘、湖泊中常见的种类。细胞一般呈球形，很小，细胞内常有空胞，无定向分裂，许多细胞密集在一起，在一个共同的胶被中，形成球形、椭圆形或长形的菌胶团，浮游在水中，夏秋两季大量繁殖，使水体变色（图 2－16）。

2. 鱼腥藻属　细胞呈球形，沿一个平面分裂，并排列成链状丝，在链状丝中有少数异形胞，链状丝外包一层或薄或厚的胶鞘。许多链状丝包在一个共同的胶被中形成一定形状的胶块，在水中大量繁殖，形成水华。鱼腥藻属有很多种类，具有固氮作用（图 2－17）。

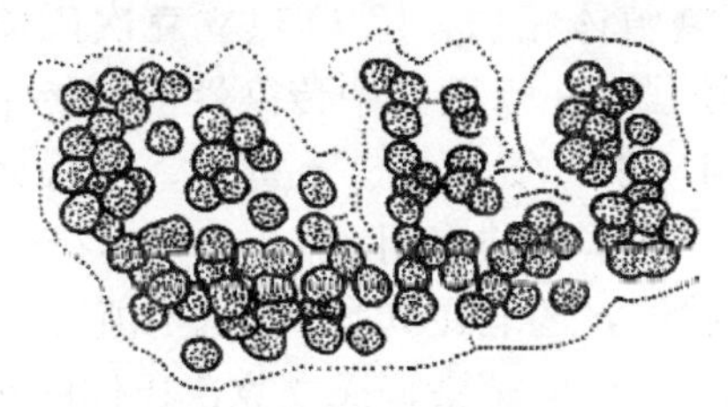

图 2－16　铜色微囊藻

图 2－17　曲鱼腥藻

3. 红萍鱼腥藻　生活在蕨类植物满江红（红萍）叶内，二者共生固氮。

4. 单歧藻属　细胞沿着一个平面分裂，排列成整齐而有平等隔膜的细胞丝，异形胞长在顶端，个体为有假分枝的丝状体，其假分枝常为单歧的，在与异形胞相接处分裂。不少种类有固氮能力（图 2－18）。

5. 颤藻属　生长于水中，因不断颤动而得名。细胞丝由饼状细胞重叠而成，不分枝，也无假分枝和异形胞（图 2－19）。

图 2－18　小单歧藻

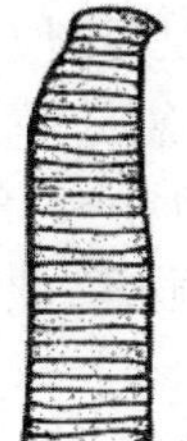

图 2－19　大颤藻

6. 念珠藻属　菌丝常不规则地弯曲于坚固的胶被中，形成胶块，细胞与鱼腥藻相似，不少种类有固氮能力。我国常见的地木耳即念珠藻的一种，雨后大量繁殖，可食用。

四、其他原核细胞微生物

（一）立克次氏体

立克次氏体是一类营严格活细胞内寄生的原核细胞型微生物，于 1907 年从洛杉矶患者身上被发现，为纪念首先发现这种微生物并在研究人的斑点伤寒时不幸感染而牺牲的美国青年医生 Howard Taylor Ricketts 而被命名为立克次氏体。立克次氏体大多是人畜共患病原体，它们以节肢动物（虱、蚤、蜱、螨等）为传播媒介，使人和某些动物感染。在多数情况下，它们是无害的微生物。

立克次氏体的很多特征介于细菌和病毒之间，为多形性微生物，在不同发育阶段及不同寄主体内可出现不同形态，如小杆状、球状或双球菌状，大小为（0.3～0.5）μm×（0.3～2.0）μm。除贝纳柯克斯体外，均不能通过细菌过滤器。不产生芽孢，不运动，具有与细菌相似的细胞结构，细胞革兰氏染色阴性。

立克次氏体通过二分裂繁殖。只具部分酶活性，只能在活的真核细胞内生长。因而在人工培养时，通常在敏感的豚鼠、兔、小鼠、大鼠以及猴体内培养，也可进行鸡胚接种和细胞培养，这一特性又与病毒相同。

立克次氏体对理化因素的抵抗力与细菌繁殖体相仿，除 Q 热立克次氏体外，一般在 56 ℃下 30 min 死亡，对低温及干燥的抗性较强。在干虱粪中传染性能保持半年左右。在 0.5%苯酚或来苏水中 5 min 即被灭活。对四环素、氯霉素、土霉素、红霉素和金霉素敏感，磺胺类药物不能抑制其生长，反而有促进其繁殖的作用。

立克次氏体不仅将病原性节肢动物作为载体，还能在其肠壁上皮细胞、唾液腺、生殖器等特定细胞内增殖，一般不引起节肢动物死亡，但感染普氏立克次氏体的虱会死亡。立克次氏体可引起一些人畜共患病，如人的斑点伤寒及猪和牛的附红细胞体病。

（二）衣原体

衣原体是能通过细菌过滤器、在宿主细胞内生长繁殖并具有特殊生活周期的原核微生物。衣原体广泛寄生于人类、哺乳动物及鸟类体内，仅少数致病。有沙眼衣原体属和鹦鹉热衣原体属，包括沙眼衣原体、性病淋巴肉芽肿衣原体、小鼠肺炎衣原体、人和脊椎动物鹦鹉热衣原体、鸟疫衣原体及多种动物衣原体。与立克次氏体不同，衣原体引起疾病不需以节肢动物为媒介。

衣原体呈球形或椭圆形，细胞结构也与细菌相似，直径为 0.2～0.3 μm，革兰氏染色阴性，不易着色。以二分裂方式进行繁殖。衣原体对热敏感，56～60 ℃条件下仅能存活 5～10 min。四环素、氯霉素、红霉素、青霉素等可抑制其生长，常用于疾病的治疗。

绝大多数衣原体可在 6～8 日龄鸡胚或鸭胚卵黄囊中生长繁殖，并可在卵黄囊膜中找到包涵体及原体和始体颗粒。此外，衣原体也可接种于小鼠、原代或传代细胞中进行培养。

（三）支原体

支原体是一类无细胞壁、能在体外营独立生活的最小的单细胞原核微生物。它首先从患胸膜肺炎的病牛中被发现，曾被称为类胸膜肺炎微生物，1967 年才正式被命名为霉形体（也称支原体）。

支原体在自然界中分布广泛，在人类、家畜、家禽、植物甚至土壤、污水中都存在。支原体大多为腐生菌或无害的共生菌，极少数是动植物的病原菌，主要引起动物疾病，如蕈状支原体引起牛、羊胸膜肺炎，鸡败血支原体引起家禽慢性呼吸道病，猪肺炎支原体引起猪地方流行性肺炎（气喘病），无乳支原体引起牛、羊无乳症等。由于支原体可通过卵黄膜进入卵黄造成垂直传播，因此防治种鸡感染尤为重要。支原体对人的致病性较弱，唯一肯定能致人患病的是肺炎支原体，可引起支原体肺炎。水稻、玉米、紫菀的黄枯病也与

支原体感染有关，但至今未见支原体引起鱼类疾病的报道。此外，由于支原体可通过除菌滤器，常常造成传代细胞污染，给细胞培养及病毒实验带来困难。为预防此种污染，常需在组织培养中事先加入新霉素或卡那霉素以抑制支原体生长。

支原体突出的结构特征是不具细胞壁，因而常呈多形性。基本形状为球形和丝状，还有环形、星形、螺旋形等不规则形态。支原体个体小，一般为 0.20～0.25 μm，能通过细菌过滤器。革兰氏染色阴性，常不易着色，吉姆萨染色呈淡紫色。支原体的细胞膜由 3 层组成，内、外层为蛋白质和糖类，中层为磷脂和胆固醇。

大多数支原体的繁殖方式为二分裂，有些可以出芽方式或从球状体中长出丝状体，丝状体破裂成球状而进行生长循环。支原体可在人工培养基上生长，但营养要求较高，在含10%～20%人或动物血清、腹水、牛心浸汁、酵母浸汁以及胆固醇培养基上才能生长。腐生株营养要求较低，在一般培养基上就可培养。多数支原体在有氧或无氧条件下均能生长，少数为专性厌氧。培养温度在 30 ℃左右，寄生型的 37 ℃时生长较好。支原体生长缓慢，最快的 1～2 d 形成菌落，而缓慢株却需 3 个月才形成微小菌落。菌落直径一般为 0.1～1.0 mm。典型菌落像“油煎荷包蛋”一样，中央较厚，颜色较深，边缘较薄而且透明，颜色较浅，这是中央菌体向培养基里生长的结果，用低倍光学显微镜或解剖镜才能看见。在液体培养基中生长后使之轻度浑浊，有的为颗粒状沉于管底或粘于管壁。很多支原体可在鸡胚绒毛尿囊膜上或细胞中生长。

支原体对热及干燥的抵抗力弱，45 ℃条件下 30 min 可被杀灭，对苯酚、来苏水等化学消毒剂及各种表面活性剂、脂溶剂敏感。对醋酸铊、结晶紫、亚硝酸盐等的抵抗力比细菌强。分离培养时，在培养基中加入少量醋酸铊、结晶紫、亚硝酸盐等可抑制杂菌生长。由于支原体无细胞壁，因而对青霉素等抑制细胞壁合成的抗生素不敏感。红霉素、四环素、卡那霉素、链霉素、氯霉素等有杀伤支原体的作用。

（四）螺旋体

螺旋体是一类菌体柔曲、靠轴丝收缩而运动的单细胞原核生物。螺旋体在自然界及动物体内广泛存在，种类很多，有腐生型和寄生型两大类型。腐生型常存在于污泥、垃圾、海水和淡水中。寄生型寄生于人、畜和软体动物体内。很多种类的螺旋体能引起人畜疾病，如人的梅毒和猪的痢疾等。

螺旋体柔软细长呈螺旋状或波状，运动活泼。螺旋体具有细菌细胞的基本结构，无鞭毛，革兰氏染色阴性，但不易着色，常用吉姆萨、瑞特氏染色法或镀银法染色。螺旋体的形态因螺旋直径的大小、螺旋数及规则程度不同而有差异。

螺旋体与细菌一样以二分裂方式繁殖，除细螺旋体营养要求简单、能人工培养外，大多数螺旋体因生长条件苛刻而难以在人工培养基上生长。

（五）古细菌

在深海的火山口、陆地的热泉以及盐碱湖等生命无法生存的地方，却生活着一些鲜为人知的微生物——古细菌，如产甲烷细菌、极端嗜盐菌、极端耐酸耐热的硫化叶菌和嗜热菌等。古细菌所栖息的环境和地球发生的早期有相似之处，如高温、缺氧等，而且古细菌在结构和代谢上的特殊性使它们保持了古老的形态，可能代表最古老的细菌。在细胞结构和代谢上，古细菌在很多方面接近其他原核生物。古细菌与大多数细菌不同，它们只有一层细胞膜而缺少肽聚糖细胞壁。而且绝大多数细菌和真核生物的细胞膜中的脂类主要由甘油酯组成，而古细菌的膜脂由甘油醚构成。

古细菌（又称古生菌、古菌或原细菌）是一类很特殊的细菌，多生活在极端的生态环境中。一些生存在极高的温度（经常高于 100 ℃）下，还有的生存在很冷的环境或者高盐、强酸或强碱性的水中；然而也有些古菌是嗜中性的，能够在沼泽、废水和土壤中生存；很多产甲烷的古细菌生存在于动物（如反刍动物、白蚁或者人类）的消化道中。古细菌既有原核生物（如无核膜及内膜系统）、真核生物的某些特征，又有不同于原核细胞、真核细胞的特征，如细胞膜中的脂类是不可皂化的，细胞壁不含肽聚糖，有的以蛋白质为主，有的含杂多糖，有的类似于肽聚糖。

古细菌通常对其他生物无害。单个古细菌细胞直径在 0.1～15.0 μm，有一些种类形成细胞团簇或者纤维，长度可达 200.00 μm。有各种形状，如球状、杆状、螺旋状、叶状或正方形。它们有多种代谢类型。

代表性古细菌有以下几种：

1. 极端嗜热菌 能生长在 90 ℃以上的高温环境（如间歇泉或者海底黑烟囱）中。嗜热菌的营养范围很广，多为异养菌，其中许多能将硫氧化以获得能量。

2. 极端嗜盐菌 生活在高盐度环境中，环境盐度可达 25%，如死海和盐湖。

3. 极端嗜酸菌 能生活在 pH<1 的环境中，往往也是嗜高温菌，生活在火山地区的酸性热水中，能氧化硫，将硫酸作为代谢产物排出体外。

4. 极端嗜碱菌 多数生活在盐碱湖或碱湖、碱池中，生活环境 pH 可达 11.5 以上，最适 pH 为 8～10。

5. 产甲烷细菌 是严格厌氧的生物，能利用二氧化碳生成甲烷，同时释放能量。

任务二　观察真核细胞微生物

真核细胞具有一个或多个由双膜包裹的细胞核，遗传物质包含于核中，并以多条染色体的形式存在。在真核细胞的核中，DNA 与组蛋白等共同组成染色体结构，在核内可看到核仁。真核细胞可进行有丝分裂和无丝分裂，还能进行原生质流动和变形运动。细胞质内膜系统很发达，存在着内质网、高尔基体、线粒体和溶酶体等多种细胞器和内含物，它们分别行使特异的功能。真核生物细胞较大，能进行有性繁殖。

真核细胞微生物包括一些微小的原生动物、单细胞海藻、真菌（酵母菌、霉菌和蕈菌）、显微藻类等。

真核微生物实际上不是一个单系类群，而是包含了属于不同生物界的几个类群。其中真菌是种类较多、比较重要的一个类群。真菌是具有细胞壁和真正的细胞核，无叶绿素，不能进行光合作用的一类真核微生物，属于化能有机营养类型，能产生孢子、进行有性和无性繁殖，不运动（游动孢子例外）。除少数为单细胞外，多数为多细胞的分枝或者不分枝的丝状体。

真菌是一类低等真核微生物，种类多，数量大，在自然界广泛分布，在土壤、水、空气和动植物中均存在。水生种类多数生活在湖泊和江河中，少数栖息于海洋。它们中的很多种类能参与淀粉、纤维素、木质素等大分子物质的分解，可推动自然界的物质循环，与人类的生产生活关系密切，有的可用于生产化工、医药、轻工、食品、饲料等产品和处理废弃物等，为人类提供蛋白质、维生素等资源。如有些真菌可为人类提供真菌多糖、低聚糖等提高免疫力、抗肿瘤的生物活性物质，有些真菌还可产生抗生素、酒精、有机酸、酶制剂、脂肪、促生长素等。但有的能引起人和动植物的疾病，给人类健康和生产带来很大的危害。这里主要介绍与农业相关的酵母菌和丝状真菌中的霉菌和蕈菌。

一、观察单细胞真菌酵母菌

酵母菌是一类单细胞的真核微生物。它是人类应用较早的一类重要微生物，已知的有370多种。酵母菌在自然界分布广泛，它们主要分布在含糖较高的偏酸性环境中，在果实表面、菜园和果园的土壤中存在较多，在空气和一般土壤中分布较少，油田和炼油厂附近的土层中往往生长着能利用烃类的酵母菌。

酵母菌是一种单细胞真菌，在有氧和无氧环境中都能生存，属于兼性厌氧菌；是子囊菌、担子菌等几科单细胞真菌的通称，一般泛指能发酵糖类的各种单细胞真菌，可用于酿造生产，有的为致病菌，是遗传工程和细胞周期研究的模式生物。通常认为酵母菌具有以下5个特点：①个体一般以单细胞非菌丝状态存在；②多数进行出芽繁殖；③能发酵糖类产能；④细胞壁常含甘露聚糖；⑤常生活在含糖量较高、酸度较大的环境中。

人类每日的生活都离不开酵母菌，除被用于馒头、面包、酒、醋的发酵外，酵母菌的用途越来越广：①利用酵母菌菌体生产核酸、辅酶A、细胞色素、凝血质等贵重药品；②利用其代谢产物，可制取维生素、有机酸和酶制剂等；③用于石油发酵和石油脱蜡；④酵母菌还可用于监测重金属，在处理炼油厂含油含酚的废水中起积极作用；⑤制成酵母膏用作培养基的原料。当然，酵母菌也有有害作用，腐生型酵母菌能使食品、纺织品和其他原料腐败变质，如鲁氏酵母；蜂蜜酵母可使蜂蜜、果酱败坏；有的酵母菌还能引起人和动植物病害，如白假丝酵母菌（白色念珠菌）和新型隐球菌等条件致病菌可引起鹅口疮、阴道炎、肺炎或脑膜炎等疾病。

（一）酵母菌的形态和细胞结构

1. 酵母菌的形态 大多数酵母菌为单细胞，一般呈卵圆形、圆形、圆柱形或柠檬形。有些酵母菌的形状特殊，呈瓶形、三角形和弯曲形等。大小为（1～5）μm×（5～30）μm，最长可达100 μm。各种酵母菌因种属不同而有一定的大小和形态，但也因菌龄和环境条件而异。即使在纯培养中，各个细胞的形状、大小也有差别。有些酵母菌如热带假丝酵母菌在无性繁殖过程中子细胞与母细胞连接呈链状，相连面积极狭小，菌链呈藕节状，被称为假菌丝（图2-20）。而真菌丝的细胞相连横截面与细胞横截面一致，菌链呈竹节状。

典型的酵母菌都是单细胞真核微生物，细胞间没有分化。与细菌相比，细胞都是粗而短的形状，在固体培养基表面，其菌落形态与细菌相似，一般呈乳白色，只有少数为红色，个别为黑色，易被挑起，菌落质地均匀，正面与反面以及边缘与中央部位颜色较一

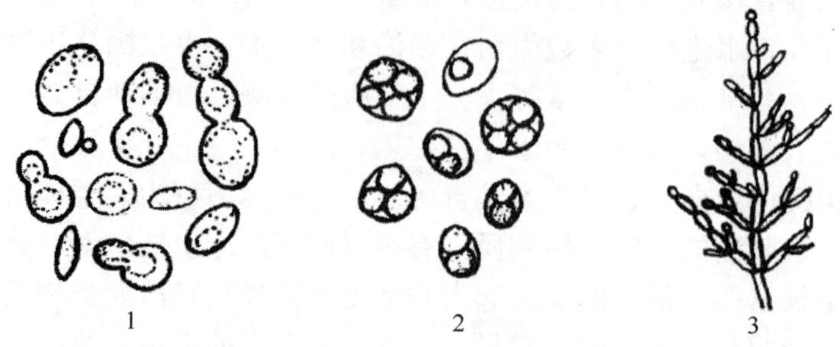

图 2-20 酵母菌的形态

1. 细胞 2. 子囊孢子 3. 假菌丝

致。但酵母菌细胞比细菌的细胞大，细胞内有很多分化的细胞器，细胞间隙含水量少，不能运动，这些特点使其形成的菌落在宏观上出现了一些异于细菌的特征，如较大、较厚、外观较稠和较不透明等。此外，凡不产假菌丝的酵母菌，其菌落会更加地凸起，边缘极其圆整；相反，会产生大量假菌丝的酵母菌的菌落较扁平，表面和边缘较粗糙。另外，由于进行酒精发酵，酵母菌的菌落一般还会产生酒香味。

酵母菌在液体培养基中的培养特征因菌种不同而有差别，有的在液面上形成菌膜（或称菌醭），有的在培养基中均匀生长，有的在底部形成沉淀，发酵型的酵母菌产生二氧化碳气体使培养基表面充满气泡。

2. 酵母菌的细胞结构 酵母菌的细胞核呈卵形或圆形，直径约为 1 μm，由核膜、核仁和染色体构成，核膜上存在大量直径为 40～70 nm 的核孔，是细胞核与细胞质间进行物质交流的选择性通道。酵母菌的细胞结构与其他真核生物相似，有细胞壁、细胞膜、细胞核、线粒体、液泡、储藏颗粒等（图 2-21）。

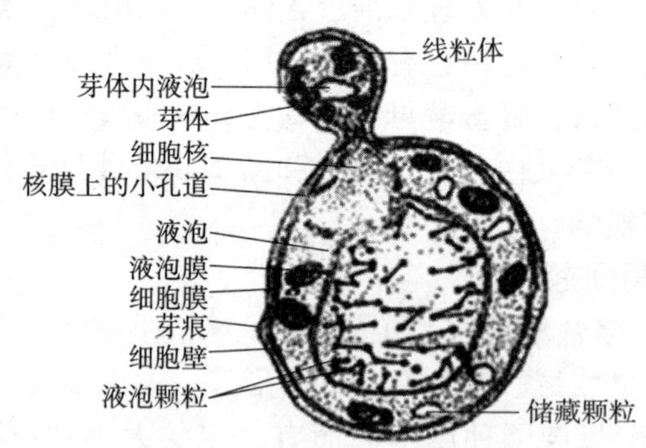

图 2-21 酵母菌的细胞结构（电镜下正在芽殖的酿酒酵母细胞）

（1）细胞壁。酵母菌细胞壁的厚度为 25～70 nm，重量约占细胞干重的 25%，主要成分为葡聚糖、甘露聚糖、蛋白质和几丁质，另有少量脂质。这些成分的排布呈现“三明治”状，外层为甘露聚糖，内层为葡聚糖，都是分枝状的聚合物，中间夹着一层蛋白质（包括多种酶，如葡聚糖酶、甘露聚糖酶等），内层的葡聚糖是支撑细胞壁机械强度的主要成分。芽痕周围还有少量的几丁质。

（2）细胞膜。酵母菌的细胞膜的结构和功能与原核生物基本相似，由3层结构组成，主要成分是蛋白质（约占干重的50%）、类脂（约占干重的40%）和少量多糖，酵母菌细胞膜类脂上含有丰富的维生素D的前体麦角甾醇，经过紫外线的照射以后能转化成维生素 D_2，故可作为维生素D的来源。

（3）细胞核。酵母菌具有多孔核膜包裹起来的定形细胞核，用相差显微镜观察可见到活细胞内的核，如用碱性品红或吉姆萨染色法对固定后的酵母菌染色，还可以观察到细胞核内的染色体。酵母细胞核是其遗传信息的主要储存库。

（4）其他结构。线粒体呈球状或杆状，位于核膜和中心体的表面，含脂类和呼吸酶系统，执行细胞呼吸功能。液泡常靠近细胞壁，其数目和体积随细胞年龄或退化程度而递增，成熟的酵母菌细胞中有一个大型的液泡，内含糖原、多磷酸盐储藏物和核糖核酸酶、酯酶、蛋白酶等多种水解酶类，不仅有储存营养物质和维持细胞渗透压的作用，还有溶酶体的功能，它可以把蛋白酶等水解酶与细胞质隔离，防止细胞损伤。

（二）酵母菌的繁殖方式

酵母菌的繁殖方式多样，一般以无性繁殖为主，其中芽殖见于各属酵母菌，少数种类为裂殖，另有少数种类以产生无性孢子如掷孢子、节孢子和厚垣孢子进行繁殖，有些酵母菌可形成有性孢子进行有性繁殖。

1. 无性繁殖 无性繁殖分为出芽繁殖（芽殖）和分裂繁殖（裂殖）。

（1）芽殖。酵母菌最常见的繁殖方式。酿酒酵母在营养较好的条件下生长时，母细胞上长出一个被称为芽体的突起，随后细胞核分裂成两个核，一个留在母细胞内，一个与其他细胞物质一起进入芽体，芽体逐步长大，最后在芽体与母细胞之间形成横隔壁，并与母细胞分离，产生一个新的子细胞，此时原来的母细胞表面留下一个圆形突起，称为芽痕，新的子细胞上相应地留下一个蒂痕（图2-22）。母细胞继续生长可再次形成芽体，但新的芽绝不会在芽痕上产生，用扫描电镜观察可看到有的母细胞上有23个以上芽痕，按母细胞平均表面积计算，每个细胞表面可容纳100个左右芽痕，但一个酵母细胞不可能无限制地芽殖，因此，可通过细胞表面芽痕的数量估计细胞的菌龄。如果经芽殖产生的子细胞不与母细胞分离，就形成假菌丝，常见的有啤酒酵母、热带假丝酵母。

（2）裂殖。少数酵母菌（如裂殖酵母和内孢霉）与细菌一样进行裂殖，当细胞长到一定大小后，核分裂，接着形成隔膜，断裂产生新的子细胞。还有少数酵母菌形成无性孢子（如掷孢酵母产生掷孢子），孢子被弹射出而得以繁殖。

不论是芽殖、裂殖，还是形成无性孢子，酵母菌的细胞核没有经过减数分裂，均属于无性繁殖。

2. 有性繁殖 在酵母菌的无性繁殖过程中，随着大量营养物质被消耗和代谢产物的积累，芽殖停止，进行有性繁殖。性别不同的两类酵母菌在条件适宜时，经质配、核配，最后融合成一个双倍体的合子细胞，然后核减数分裂，此时细胞内产生4个单倍体细胞子囊孢子，这种含有4个子囊孢子的酵母菌细胞称为子囊（图2-23）。

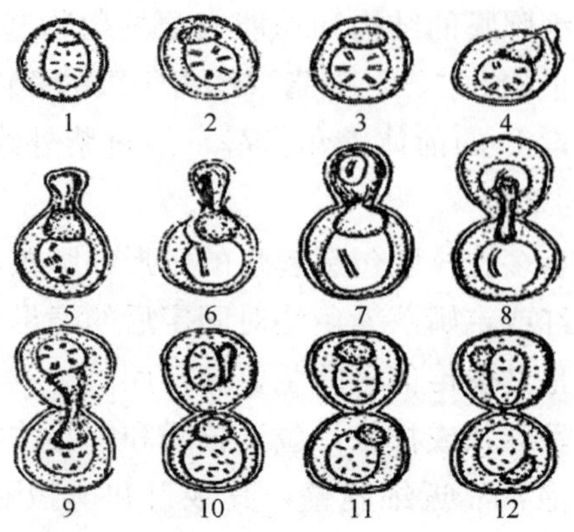

图 2-22　酵母菌的芽殖过程

1～4. 产生小突起　5、6. 出现小芽，核质、染色体和细胞质进入芽内

7～9. 芽细胞增大　10～12. 与母细胞分离

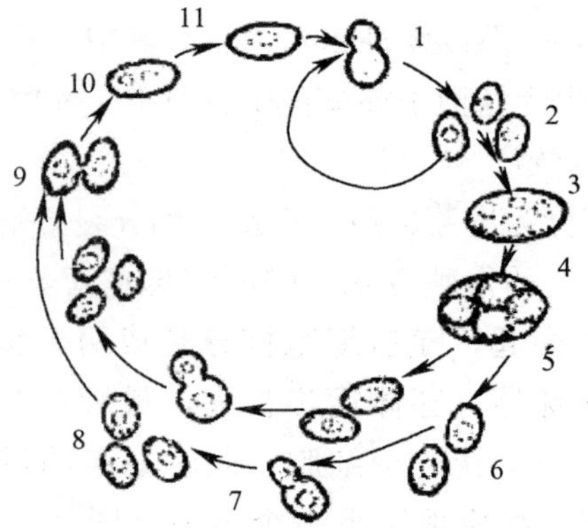

图 2-23　酿酒酵母的生活史

1. 芽殖　2. 二倍体细胞　3. 减数分裂　4. 幼子囊　5. 成熟子囊

6. 子囊孢子　7. 芽殖　8. 营养细胞　9. 结合　10. 质配　11. 核配

二、观察丝状真菌

(一) 霉菌

霉菌通常是指在基质上长出肉眼可见的茸毛状、棉絮状或蜘蛛网状菌丝体的丝状真菌。霉菌分布极广，存在于土壤、水域、空气和动植物体内外，喜欢生活在潮湿偏酸性环境中。

在自然界，霉菌作为分解者，能使淀粉、纤维素、半纤维素和木质素等复杂的大分子物质分解，在自然界物质循环中起重要作用。霉菌能产生很多有用产物，被广泛应用于工农业，为人类造福。如用霉菌制酱，酿酒，生产有机酸（如柠檬酸、葡萄糖酸、延胡索酸等）、酶制剂（淀粉酶、蛋白酶、纤维素酶等）、抗生素（青霉素、头孢霉素、灰黄霉素等）、维生素（维生素 B_2 等）、生物碱（麦角生物碱等）、多糖（真菌多糖）和植物生长激素（赤霉素）等。有些霉菌还可处理含硝基化合物的废水，如镰刀霉分解无机氰化物的能

力强，对废水中氰化物的去除率在90%以上。

霉菌也有很多有害作用。能使农产品霉变，纤维制品腐烂，橡胶老化、脆裂，造成漏气、漏水、漏电；霉菌还能使人和动植物发生疾病，能产生100多种真菌毒素，人畜食用后受到伤害，如黄曲霉毒素有很强的致癌作用；很多霉菌引起人和动物的浅部病变（如人的各种癣病、水产动物肤霉病等）和深部感染（如人的肺曲菌病和毛霉菌病等）；植物的很多病害也是霉菌引起的，如水稻稻瘟病、小麦麦锈病等。

1. 形态结构　霉菌由分枝或不分枝的菌丝构成，菌丝呈管状，幼龄菌丝一般无色透明，老龄菌丝常带有一定颜色，宽度为3～10 μm，长度可无限延伸，在低倍镜下菌丝清晰可见，用高倍镜可看见其内部结构。许多菌丝交织在一起，称为菌丝体。霉菌的菌丝有无隔菌丝和有隔菌丝两种类型（图2-24）。低等真菌菌丝中无隔膜，整个菌丝是一个单细胞，内含多个细胞核，水霉、毛霉、绵霉和根霉等为这种菌丝。高等真菌的菌丝有隔膜，隔膜将菌丝隔成多个细胞，每个细胞内有一至多个核。隔膜上有的无孔，为封闭式，有的一个孔或多个孔，能让相邻两细胞内的物质相互流通。青霉、木霉、镰刀霉、白地霉和曲霉等霉菌为有隔菌丝。

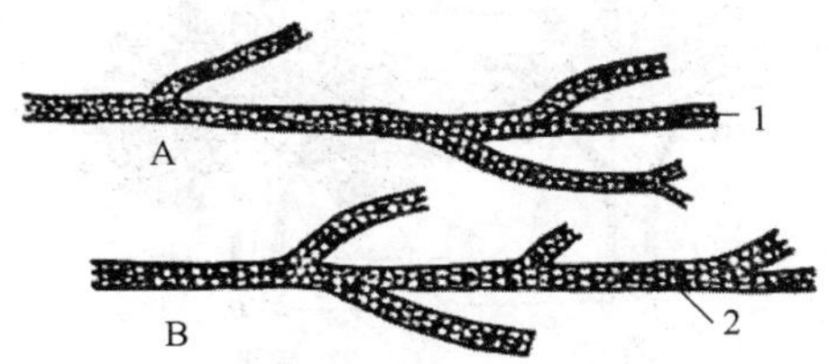

图2-24　霉菌菌丝

A. 无隔多核菌丝　B. 有隔菌丝

1. 细胞核　2. 隔膜

霉菌菌丝在生理功能上有一定程度的分化：伸入基质内的菌丝称营养菌丝或基内菌丝，有吸收营养和排出废物的功能；伸出基质外的菌丝称气生菌丝，有一部分气生菌丝能形成生殖细胞或生殖细胞的保护组织，或者其他组织，又称为繁殖菌丝。有的菌丝产生不同颜色的色素，有的色素可分泌到细胞外而使培养基有颜色。

霉菌的菌丝细胞是真核细胞，均由细胞壁、细胞膜、细胞质、细胞核、线粒体、核糖体、内质网及各种内含物组成。细胞壁的主要化学成分是多糖，此外还有一定量的蛋白质和脂类。多糖的性质和含量因霉菌种类而有差别，水生霉菌等低等霉菌含有的多糖为纤维素或纤维素与几丁质，高等霉菌的细胞壁无纤维素，主要是由几丁质组成。霉菌的细胞膜含的固醇为麦角甾醇，不同于动物细胞膜内的胆固醇。霉菌的细胞壁与细胞膜之间还有囊状或球形的边体，是细胞膜衍生的膜聚集物，又称质膜外泡，可能与分泌有关。多数霉菌有液泡，液泡常靠近细胞壁，形状不规则，来自高尔基体，泡内有细胞质，膜上有溶酶体。液泡大小、数目与菌龄有关，老龄菌有明显的液泡。霉菌的细胞核有核仁和核膜，核内有染色体存在。

霉菌还可形成一些特殊的结构和组织，如菌索、菌核和吸器等，并有一定的功能。菌索是由大量菌丝平行聚集并高度分化成的根状特殊组织，主要起吸收营养和蔓延作用。菌核是由菌丝聚集并分化成的团块结构，是一种休眠体，在不良条件下可保存生命力数年。吸器是某些寄生性真菌从菌丝上产生的旁枝，侵入寄主细胞内形成指状、球状或丛枝状的结构，用以吸收寄主细胞中的养料。

常见霉菌的形态见图 2－25 至图 2－29。

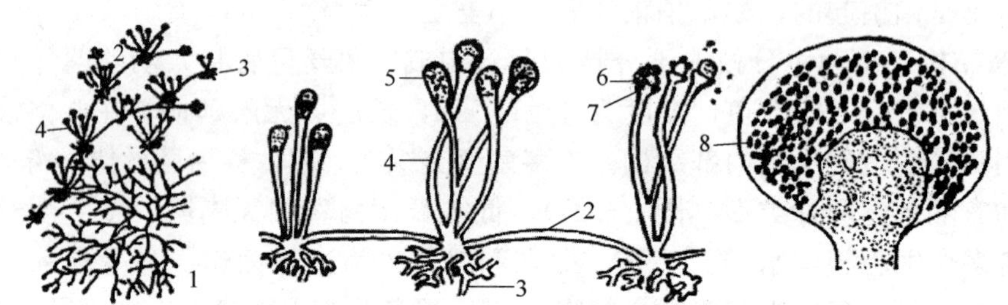

图 2－25　根霉的形态

1. 营养菌丝　2. 匍匐菌丝　3. 假根　4. 孢子梗　5. 孢子囊　6. 囊轴　7. 囊托　8. 孢囊孢子

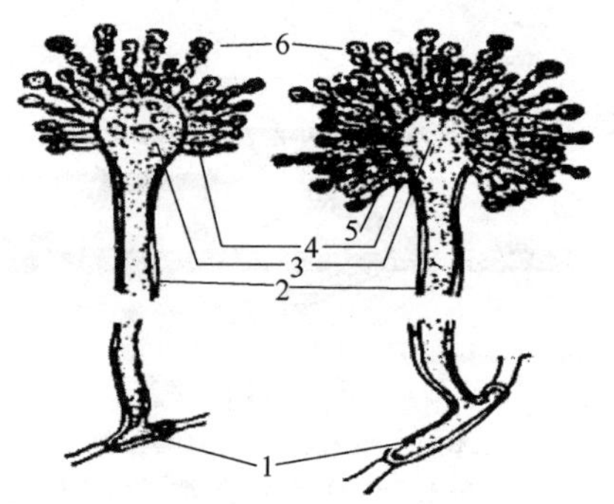

图 2－26　曲霉的形态

1. 足细胞　2. 分生孢子梗　3. 顶囊　4. 初生小梗　5. 次生小梗　6. 分生孢子

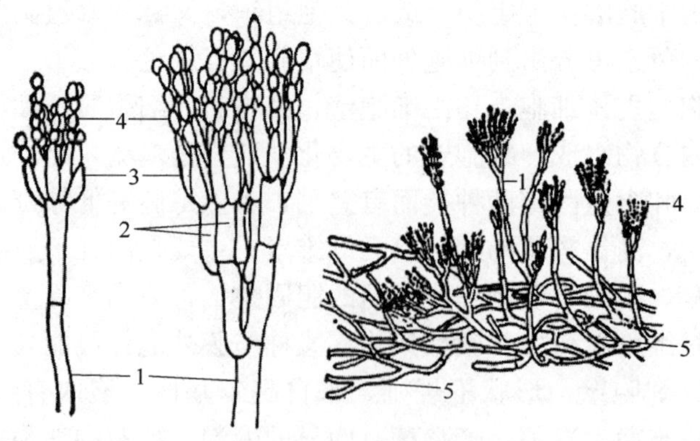

图 2－27　青霉的形态

1. 分生孢子梗　2. 梗基　3. 小梗　4. 分生孢子　5. 营养菌丝

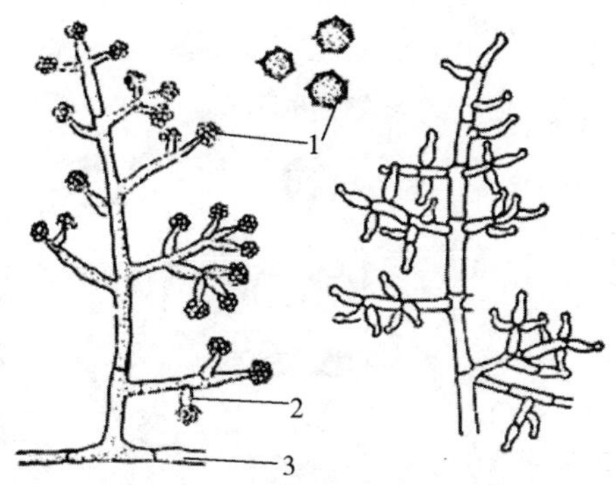

图 2-28　木霉的形态

1. 孢子　2. 小梗　3. 菌丝

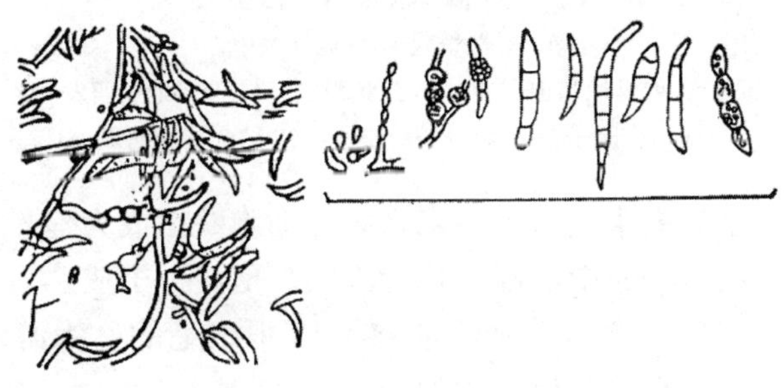

图 2-29　镰刀霉的形态

霉菌在固体培养基上能形成菌落，第一天生长较慢，此后生长很快。菌落比其他微生物的大，呈圆形、茸毛状、絮状或蜘蛛网状，很快可蔓延至整个平板，营养菌丝伸入培养基，使菌落不易挑起，有的霉菌菌落有局限性。菌落最初往往是浅色或白色，长出各种颜色的孢子后，菌落便因种类不同相应地呈现黄、绿、青、黑、橙等各种颜色。由于菌龄不同，菌落中心比周边的颜色深。有的霉菌可产生水溶性和非水溶性（脂溶性）色素，特别是气生菌丝比营养菌丝的颜色深，因而使菌落正反面呈现不同颜色。但是各种霉菌在一定的培养基上形成的菌落形状、大小、颜色等是稳定的，因此，菌落特征是鉴定霉菌的重要依据之一。霉菌在液体培养基中往往生长在液面，培养基不浑浊。

2. 霉菌的繁殖　霉菌的繁殖能力强，方式多样。可借助菌丝的片段长成新的菌丝体，但主要以形成无性或有性孢子进行繁殖。各种孢子在适宜的条件下均可萌发成菌丝。孢子的类型、大小、形状和颜色多种多样，是霉菌分类的重要依据之一。大多数霉菌有有性繁殖能力和无性繁殖能力（图 2-30）。

（1）无性繁殖。无性繁殖主要形成 4 种无性孢子：节孢子、孢囊孢子、分生孢子、厚垣孢子。

①节孢子。菌丝长到一定阶段，形成很多横隔，然后在横隔处断裂，产生很多短杆状的孢子，称为节孢子或粉孢子。如白地霉可形成粉孢子。

②孢囊孢子（由无隔菌丝的霉菌产生）。气生菌丝顶端膨大，下方生成隔与菌丝隔断，形成孢子囊。孢子囊逐渐长大，囊中形成很多核，每个核外包以原生质并产生孢子囊壁，

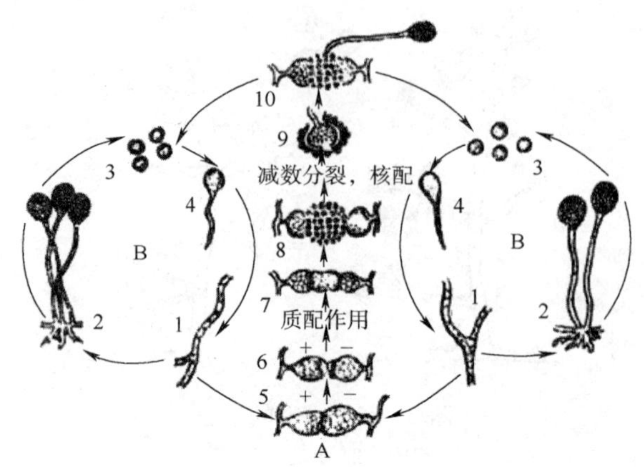

图 2-30 根霉的生活史

A. 有性繁殖 B. 无性繁殖

1. 菌丝 2. 假根、孢囊柄和孢子囊 3. 孢囊孢子 4. 孢囊孢子萌发 5. 原配子囊 6. 配子囊 7. 幼结合孢子 8. 成熟结合孢子 9. 结合孢子萌发 10. 芽生孢囊

即成孢囊孢子，这种孢子为内生孢子。原来膨大的细胞壁就成为孢囊壁。带有孢子囊的梗称为孢囊梗。孢囊梗伸到孢子囊中的部分称为囊轴。孢囊孢子成熟后，从破裂的孢子囊中散出，或从孢子囊上管或孔口溢出。孢囊孢子有 12 根鞭毛的称为游动孢子，无鞭毛的称不动孢子。水霉、毛霉和根霉能产生此种孢子。

③分生孢子（由有隔菌丝的霉菌产生）。菌丝顶端或分生孢子梗顶端细胞分割或缢缩而形成单个或成簇的孢子，这种孢子为外生孢子。如青霉和曲霉可形成此类孢子。

④厚垣孢子。菌丝的顶端或中间的个别细胞膨大，原生质浓缩和细胞壁变厚而成孢子，又称厚壁孢子，它是霉菌度过不良环境的一种休眠体细胞，菌体死亡后，这种孢子还活着，待条件适宜即可萌发菌丝。

（2）有性繁殖。霉菌的有性繁殖可分为质配、核配和核减数分裂 3 个阶段。霉菌的有性繁殖没有无性繁殖普遍，在一般培养基上不常出现。有的霉菌两条营养菌丝可直接结合。多数霉菌则由配子囊（菌丝形成的性细胞）或配子（由配子囊产生）相互交配形成有性孢子。

①卵孢子。由两个大小不同的配子囊结合发育而成。小型配子囊称为雄器，大型配子囊称为藏卵器。藏卵器中的原生质与雄器配合之前，收缩成一个或数个原生质团，称卵球。雄器与藏卵器配合时，雄器中的细胞质和细胞核通过受精管而进入藏卵器与卵球配合，此后卵球生出外壁即成为卵孢子。

②接合孢子。由菌丝生出的形态相同或略有不同的配子囊接合而成。首先，两个相邻的菌丝相遇，各自向对方生出极短的侧枝，称原配子囊。原配子囊接触后，顶端各自膨大并形成横隔，即配子囊。配子囊下面的部分称配囊柄。相接触的两个配子囊之间的横隔消失，其细胞质与细胞核互相配合，同时外部形成厚壁，即接合孢子。

③子囊孢子。先是同一菌丝或相邻的两菌丝上两个大小和形状不同的性细胞互相接触并缠绕，接着两个性细胞经过受精作用后形成分枝的菌丝称为造囊丝。造囊丝

经过减数分裂产生子囊。每个子囊产生 2～8 个子囊孢子。在子囊和子囊孢子发育过程中，原来的雄器和藏卵器下面的细胞生出许多菌丝，并有规律地将产囊丝包围，形成子囊果。子囊果有 3 种类型：完全封闭型（称闭囊壳），有孔型（称子囊壳），盘状型（称子囊盘）。子囊孢子的形状、大小、颜色、纹饰等有很大差别，是子囊菌的分类依据。

霉菌无性繁殖所产生的大量分散的无性孢子既可用于纯种分离，又可用来接种。可在短期内得到大量菌体，还可长期保存，所以有利于进行研究和生产。而有性繁殖产生的有性孢子则是杂交育种的基础。

3. 霉菌代表种类及其主要性状 霉菌种类繁多，形态、性状和功能多样。代表种类及其主要性状如表 2-2 所示。

表 2-2 常见的代表性霉菌

代表属	归属门类	细胞类型	孢子类型	作用
毛霉属	接合菌亚门	单细胞	孢囊孢子 接合孢子	制腐乳、豆豉 引起果蔬、淀粉类食品霉腐
根霉属	接合菌亚门	单细胞	孢囊孢子 接合孢子	酿酒 引起果蔬类等食品霉腐
绵霉属	鞭毛菌亚门	单细胞	孢囊孢子 卵孢子	某些种类引起水产动物肤霉病或水稻绵腐病
水霉属	鞭毛菌亚门	单细胞	孢囊孢子 卵孢子	引起水产动物肤霉病
脉孢霉属	子囊菌亚门	多细胞	分生孢子 子囊孢子	分解蛋白质、维生素，制草曲饲料 某些种类引起食物霉腐
青霉属	子囊菌亚门	多细胞	分生孢子	引起食品、果蔬、皮革、光学仪器霉腐
曲霉属	子囊菌亚门	多细胞	分生孢子 子囊孢子	制酱、酒、醋、霉制剂 引起果蔬、谷物霉腐，黄曲霉致癌
木霉属	半知菌亚门	多细胞	分生孢子	分解纤维素、木质素，危害蘑菇
镰刀霉属	半知菌亚门	多细胞	分生孢子	除去废水中 90%以上的氰化物，某些种类为植物病原和鱼虾鳃病病原

（二）蕈菌（以担子菌纲为主）

1. 蕈菌的定义 蕈菌是能形成大型的子实体或菌核组织的高等真菌类的总称。生长在基质上或地下的子实体足以用肉眼辨识和徒手采摘。

蕈菌中大多数属于担子菌类，极少数属子囊菌类。从外表来看，蕈菌不像微生物，但从其进化历史、细胞构造、早期发育特点、各种生物学特性和研究方法等多方面来考察，都可证明它们与其他典型的微生物显微真菌完全一致。事实上，若将其大型子实体理解为一般真菌菌落在陆生条件下的特化与高度发展形式，则蕈菌就与其他真菌无异了。

2. 菌体结构 在蕈菌的发育过程中，其菌丝的分化可明显地分成 5 个阶段：①形成一级菌丝。担孢子萌发形成由许多单核细胞构成的菌丝，称一级菌丝；②形成二级菌丝。不同性别的一级菌丝发生接合后，通过质配形成由双核细胞构成的二级菌丝，它通过独特的锁状联合，即形成喙状突起而连合两个细胞的方式不断使双核细胞分裂，从而使菌丝尖端不断向前延伸；③形成三级菌丝。条件合适时，大量的二级菌丝分化为多种菌丝束，即三级菌丝；④形成子实体。菌丝束在适宜条件下会形成菌蕾，然后再分化、膨大成大型子实体；⑤产生担孢子。子实体成熟后，双核菌丝的顶端细胞膨大，细胞质变浓厚，在膨大的细胞内发生核配形成二倍体的核。再经过减数分裂和有丝分裂，形成 4 个单倍体子核。这时顶端膨大细胞发育为担子，担子上部随即突出 4 个小梗，每个单倍体子核进入一个小梗内，小梗顶端膨胀生成担孢子。

锁状联合的形成过程极为巧妙：双核菌丝尖端细胞分裂时，在两个细胞核之间菌丝侧生一个钩状短枝，一个核进入短枝内，另一个核留在菌丝内。两个核同时进行一次有丝分裂，形成 4 个核。分裂后短枝中的一个子核退回到菌丝尖端。此时，钩状短枝向后弯曲生长接触到菌丝壁，形成拱桥形。菌丝中分裂后的两个核之一趋向前端，同时"拱桥"正下方两核之间产生一个横隔。短枝尖端与菌丝壁接触处的细胞壁溶解，短枝中的一个核回到菌丝中生长尖端后面的一个细胞内，并生出另一个横隔将这个菌丝细胞与短枝隔开，最终在菌丝上就增加了一个双核细胞（图 2－31）。

3. 形态特征 蕈菌的最大特点是形成形状、大小、颜色各异的大型肉质、革质或木栓质等子实体。典型的蕈菌，其子实体由顶部的菌盖（包括表皮、菌肉和菌褶）、中部的菌柄（常有菌环和菌托）和基部的菌丝体 3 部分组成（图 2－32）。

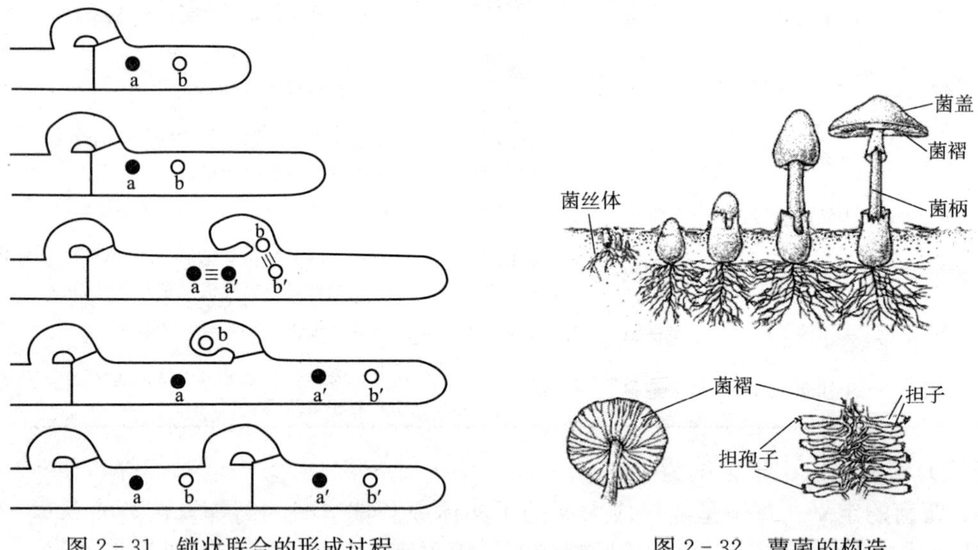

图 2－31 锁状联合的形成过程

图 2－32 蕈菌的构造

4. 自然分布 在山区森林中生长的木生菌种类和数量较多，如香菇、黑木耳、银耳、猴头菇、松口蘑、红菇和牛肝菌等；在田头、路边、草原和草堆上的粪、草生菌有草菇、口蘑等；在南方生长较多的是高温结实性真菌；在高山地区、北方寒冷地带生长较多的则是低温结实性真菌。

蕈菌可分为食用蕈菌、药用蕈菌、毒蕈菌等几类。蕈菌与人类的关系密切，其中可供食用的种类就有 2 000 多种。目前，可以利用的蕈菌有 400 多种，其中约 50 种已能进行人工栽培，如常见的双孢蘑菇、黑木耳、银耳、香菇、平菇、草菇、金针菇和竹荪等；新品种有杏鲍菇、红菇、柳松菇、茶树菇、阿魏菇和斑玉蕈等；还有许多种可供药用，如灵

芝、云芝和猴头菇等；少数有毒或引起木材腐烂的种类则对人类有害。

三、比较四大类微生物细胞形态和菌落特征

菌落特征是鉴定霉菌等各类微生物的重要形态学指标，在实验室和生产实践中有着重要的意义。现对细菌、酵母菌、放线菌、霉菌这四大类微生物的细胞和菌落形态等重要特征做一比较，以便于识别和应用（表2-3）。

表2-3 四大类微生物细胞形态和菌落特征比较

菌落特征			单细胞微生物		菌丝状微生物	
			细菌	酵母菌	放线菌	霉菌
主要特征	菌落	含水状态	很湿或较湿	较湿	干燥或较干燥	干燥
		外观形状	小而突起或大而平坦	大而突起	小而紧密	大而疏松或大而紧密
	细胞	排列状况	单个分散或有一定的排列方式	单个分散或假丝状	丝状交织	丝状交织
		形态特征	小而均匀，个别有芽孢	大而分化	细而均匀	粗而分化
参考特征	菌落透明度		透明或稍透明	稍透明	不透明	不透明
	菌落与培养基结合程度		不结合	不结合	牢固结合	较牢固结合
	菌落颜色		多样	单调，一般乳白色或矿烛色，少数红色或黑色	十分多样	十分多样
	菌落正反面颜色		相同	相同	一般不同	一般不同
	细胞生长速度		一般很快	较快	慢	一般较快
	气味		一般有臭味	多带酒香味	带有泥腥味	常有霉味

任务三 观察非细胞微生物病毒

病毒是在活细胞内寄生的非细胞形态微生物。病毒广泛寄生在人、动物、植物、微生物细胞中，比最小的细菌还要小，需用电子显微镜才能观察到。病毒具有以下特点：极其微小，一般可通过细菌过滤器；不具细胞结构，又称为分子生物；每一种病毒仅含一种核酸（DNA或RNA）；既无独立代谢体系，也无蛋白质合成系统，在宿主的活细胞内营专性寄生，依靠宿主细胞进行增殖；在离体条件下，能以无生命的化学大分子状态存在，并保持感染性；对一般抗生素不敏感，但对干扰素敏感。

由于病毒营专性活细胞内寄生生活，因此它几乎可以感染所有的细胞生物。根据宿主范围，通常可以将病毒分为噬菌体、植物病毒、真菌病毒、昆虫病毒和动物病毒，动物病毒包括原生动物病毒、无脊椎动物病毒和脊椎动物病毒。

一、病毒的形态结构

（一）病毒的形态

病毒极其微小，通常用纳米（nm）表示。已知痘类病毒个体最大，大小为200～300 nm，适当染色后可在光学显微镜下观察；而副流感病毒、单纯疱疹病毒等大小为150～200 nm；流感病毒、腺病毒和逆转录病毒等大小为80～120 nm；小型病毒如口蹄疫病毒、脊髓灰质炎病毒等大小为18～30 nm。

病毒形态多样（图2-33），其中以球形或近似球形的最为多见；植物病毒、昆虫病毒和某些水生动物病毒（如虾类病毒）多呈杆状，但人和动物的某些病毒也呈丝状，如初分离时的流感病毒；弹状病毒为一端圆钝的杆状，因形似子弹头而得名，如狂犬病病毒；砖形为痘类病毒所特有的形态；噬菌体的典型形态为蝌蚪形。

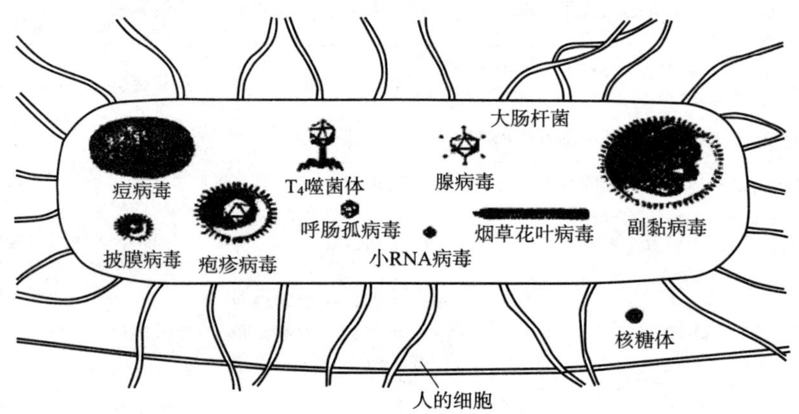

图2-33 病毒的大小和形态

（二）病毒的结构

病毒的基本结构指病毒的核心和衣壳，两者构成核衣壳，有些病毒的核衣壳就是病毒粒子，又称裸病毒。还有些病毒在核衣壳外还有一层膜，这层膜称为包膜，有的包膜上还有刺突，这类病毒可称为有膜病毒（图2-34）。

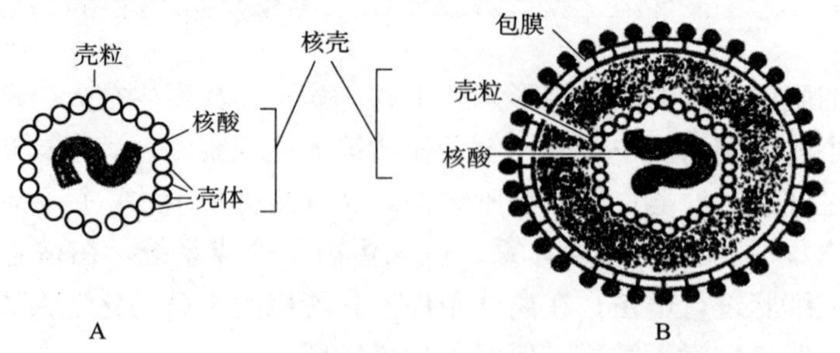

图2-34 病毒的结构
A. 裸病毒 B. 有膜病毒

1. 核心 核心是病毒的中心结构，其内部为一种类型的核酸，即DNA或RNA，构

成病毒的基因组，为病毒的感染、增殖、遗传和变异提供信息。病毒核酸可分单链 DNA（ssDNA）、双链 DNA（dsDNA）、单链 RNA（ssRNA）、双链 RNA（dsRNA）等，各类核酸又有线状和环状之分。

2. 衣壳 病毒的衣壳是包围在病毒核酸外的一层蛋白质，由衣壳基本单位壳粒聚合而成，而每一个壳粒可由一个或多个多肽组成。衣壳包围着核酸，具有保护核酸的功能；衣壳表面具有能与宿主细胞受体特异结合的结构；衣壳蛋白具有良好的抗原性，在病毒侵入机体后能诱发特异性抗体及细胞免疫等，参与病毒的致病过程（图 2－35）。

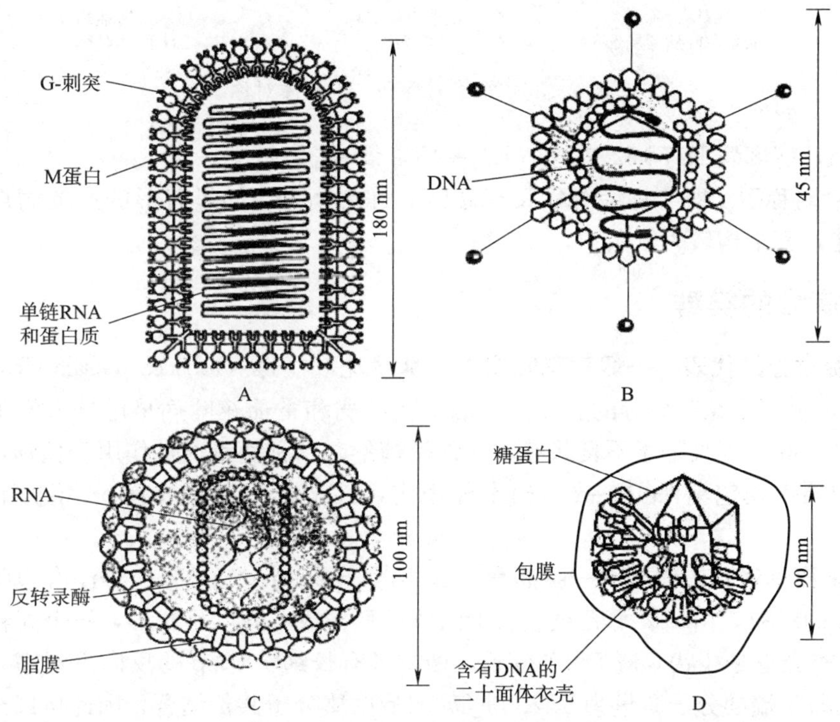

图 2－35 毒粒的结构类型与组成

A. 狂犬病毒 B. 有紧密包裹包膜的 HIV C. 无包膜的腺病毒 D. 有松散包裹包膜的疱疹病毒

3. 包膜 病毒的包膜来自宿主细胞，但病毒包膜并不同于正常细胞膜，包膜具有病毒的特异性。有些包膜表面有钉状突起，称为刺突，构成病毒表面抗原，与病毒的分型、致病性和免疫性等有关。

（三）病毒的对称型

病毒核酸的螺旋构形不同，外被衣壳的壳粒数目与排列也不同，病毒结构形成了 3 种对称型，可作为病毒鉴定和分类的依据（图 2－36）。

1. 螺旋对称型 病毒核酸呈盘旋状，壳粒沿核酸走向呈螺旋对称排列，见于黏病毒、弹状病毒及杆状的对虾病毒等。

2. 二十面体立体对称型 病毒核酸聚集在一起形成球形，外被衣壳的壳粒聚成 20 个等边三角形的面，彼此相连形成二十面体立体对称的球形体，具有 12 个顶角和 30 条棱边。在棱边、三角形面和顶角上皆有对称排列的壳粒。不同病毒的壳粒数目不同，如腺病

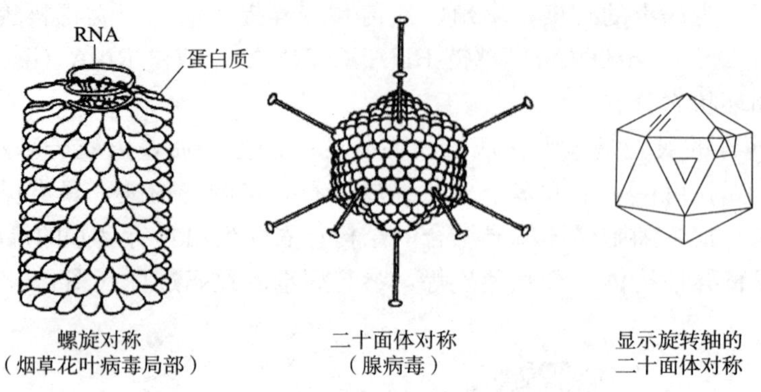

图 2-36　螺旋对称和二十面体对称

毒有 252 个，疱疹病毒有 162 个，小 RNA 病毒仅有 32 个。

3. 复合对称型　既有螺旋对称又有立体对称的病毒，如呈砖形的痘类病毒和呈蝌蚪形的噬菌体，其结构较为复杂。

二、病毒的类群

1. 螺旋对称的代表——烟草花叶病毒　烟草花叶病毒（tobacco mosaic virus，TMV），RNA 病毒，是烟草花叶病等的病原体。烟草花叶病和番茄花叶病早已被人们了解，症状为叶上出现花叶，生长陷于不良状态，叶常呈畸形。这种病毒通常作用于植物，其核酸由适合的蛋白质衣壳包裹保护，故结构十分稳定，甚至在室温下放置 50 年仍不会丧失侵染力。

2. 二十面体对称的代表——腺病毒　腺病毒（adenovirus）是一种没有包膜的直径为 70～90 nm 的颗粒，由 252 个壳粒呈二十面体排列构成。外形呈球形，每个壳粒的直径为 7～9 nm。衣壳里是线状双链 DNA 分子，两端各有长约 100 bp 的反向重复序列。由于每条 DNA 链的 5′端同分子质量为 55×10^{3} Da 的蛋白质分子共价结合，因此可以出现线状双链 DNA 的环状结构。腺病毒是一类动物病毒。

在实验室，腺病毒只能在人的组织细胞上培养，如羊膜细胞和海拉细胞，在人胎肾组织细胞上可以快速大量地生长。腺病毒在宿主的细胞核中进行增殖和装配，并可以在宿主细胞内形成包涵体。

3. 复合对称的代表——T 偶数噬菌体　大肠杆菌的 T 偶数噬菌体共 3 种，包括 T_2、T_4 和 T_6，它们是病毒学和分子遗传学基础理论研究中很好的材料，结构简单、遗传背景清楚、增殖容易、对人无害，故是迄今被研究得最透彻、在病毒学和分子遗传学研究中应用最广泛的模式生物之一。这里主要介绍 T_4。

T_4 噬菌体是噬菌体的一个品系，属于 T 系噬菌体，为烈性噬菌体。具有典型的蝌蚪状外形：六角形的头部和可收缩的长的尾部。分头部、颈部和尾部 3 部分。头部呈拉长的二十面体结构，长 95 nm，宽 65 nm，衣壳由 9～19 种蛋白质组成，蛋白质含量为 76%～81%，含有直径为 6 nm 的衣壳粒 212 个。头部的蛋白质外壳内含有折叠的 DNA 分子。尾部的蛋白质外壳为一中空的长管，外面包有可收缩的尾鞘。头部大小为 9 060 nm，尾

部为 10 020 nm。

三、噬菌体

（一）噬菌体的一般性状

1. 形态结构　噬菌体的体积很小，需用电子显微镜观察。有蝌蚪状、微球状和细杆状 3 种外形，大多数噬菌体呈蝌蚪状，由二十面体的头部及管状的尾部组成。头部为 80～100 nm，尾部短者为 10～40 nm，长者为 100～200 nm。头部衣壳排列为立体对称，中心为核酸，多为双股DNA，也有单股DNA、双股RNA和单股RNA。尾部髓鞘的壳粒螺旋对称，尾部与头部相接，中空的尾髓与头部相通并开口于尾板底部，尾板上有短直的尾刺与细长的尾丝，其末端结构能与细菌表面的受体相识别。有尾噬菌体的核酸为双股DNA；无尾噬菌体呈微球状，核酸为单股DNA或单股RNA；少数噬菌体为细杆状，核酸为单股DNA（图 2－37）。

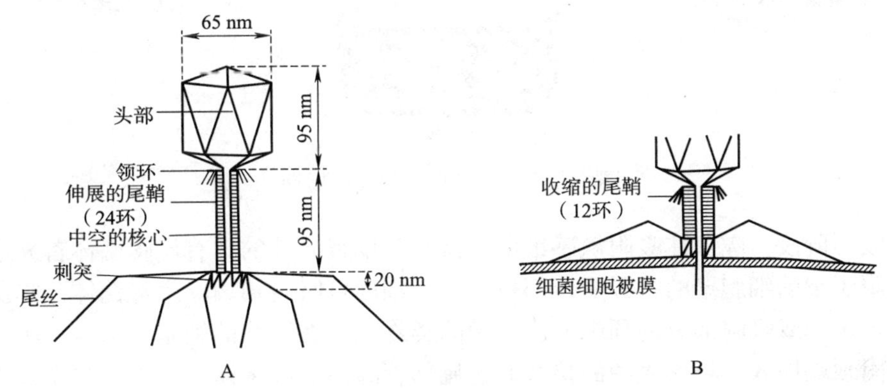

图 2－37　大肠杆菌 T 偶数噬菌体

A. 游离的噬菌体　B. 噬菌体的尾鞘收缩和尾管穿入细菌细胞

2. 化学组成　噬菌体主要由核酸和蛋白质组成。蛋白质构成噬菌体的头部衣壳及尾部，头部衣壳包裹噬菌体的核酸。噬菌体的核酸是DNA。

3. 抵抗力　噬菌体对理化因素的抵抗力比一般细菌强，70～80 ℃加热 30 min 仍不失活（多数细菌 60 ℃加热 30 min 则被杀死）。噬菌体在低温下能长期存活，反复冻融并不减弱其裂解能力。大多数噬菌体能抵抗乙醚、氯仿和乙醇。消毒剂需作用较长时间才能使其失活，如 0.5%氯化汞、0.5%苯酚处理 3～7 d 仍不能使其丧失活性。噬菌体对紫外线和 X 射线较敏感，一般经紫外线照射 10～15 min 即变为无活性的噬菌体，此特点与一般动物病毒不同。

（二）两种噬菌体与寄主细胞的相互关系

噬菌体感染细菌后有两种结果：①噬菌体增殖并裂解细菌，建立溶菌周期；②噬菌体在细菌内不增殖，将核酸整合于细菌染色体内，并随细菌分裂将核酸传至子代细菌中，建立溶源状态。

1. 烈（毒）性噬菌体　噬菌体感染细菌后大量增殖并裂解细菌，完成溶菌周期。这种能使细菌裂解的噬菌体称为烈（毒）性噬菌体。其溶菌过程大致分为 3 个阶段，完成一次溶菌周期只需要 20～30 min（图 2-38）。

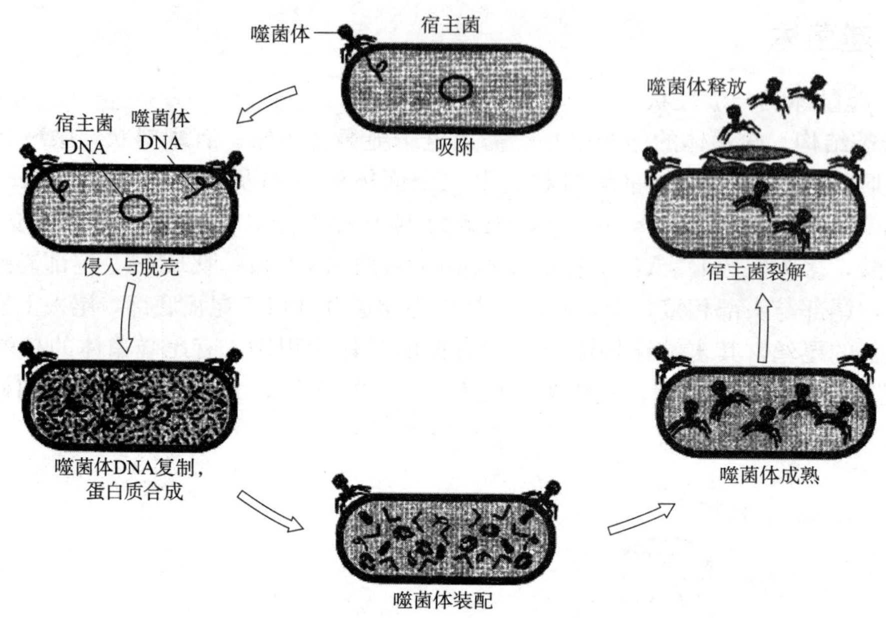

图 2-38　T_4 噬菌体的裂解周期

（1）吸附阶段。噬菌体吸附敏感细菌是具有高度特异性的，有尾噬菌体首先借助尾刺和尾丝吸附于细菌细胞壁的特异受体部位，一个细菌可吸附约 200 个噬菌体。噬菌体吸附于细菌后，尾刺或吸附部分的顶端分泌溶菌酶类物质，在细菌的细胞壁上溶一小孔，将其尾髓或吸附顶端插入，将衣壳中的核酸通过尾部管腔注入细菌体内，将蛋白质外壳留在细菌的细胞外。

（2）增殖阶段。噬菌体将核酸注入细菌体内，转录 mRNA，在细菌体的核蛋白体上转译噬菌体的结构蛋白和功能蛋白等，同时以噬菌体核酸为模板进行自身核酸的复制，这些材料合成后，在细菌细胞质内按一定程序组装成完整成熟的噬菌体。同时细菌细胞内的溶菌酶大量增加。

（3）释放阶段。噬菌体在细菌内复制达一定数量（20～1 000 个）时，细菌细胞突然裂解，释放大量成熟的噬菌体，完成烈（毒）性噬菌体的溶菌周期。

噬菌体裂解细菌在液体培养基中可使混浊的菌液变为澄清，在固体培养基中，在长满细菌的平皿表面可出现无菌的空白区域（噬菌斑）。不同噬菌体产生的噬菌斑大小、形状、透亮度等均不同，对噬菌体的鉴定有一定意义。

2. 温和噬菌体　有些噬菌体感染敏感细菌后并不繁殖，而是将其基因组整合于细菌染色体上，成为细菌染色体的一部分，并随着细菌基因组的复制而复制。当细菌分裂时，噬菌体基因组也能随之被分配至两个子代细菌基因中，这种状态称为溶源状态。感染细菌后引发溶源状态的噬菌体称为温和噬菌体或溶源性噬菌体。整合在细菌染色体上的噬菌体核酸称为前噬菌体。染色体上带有前噬菌体的细菌称为溶源性细菌。

溶源性细菌具有以下特征：①能正常进行分裂繁殖，并将前噬菌体传至子代细菌中；

②某些细菌转变为溶源状态后，由于染色体上获得了噬菌体的基因组，可改变细菌的某些生物学性状；③溶源性细菌对与其本身有关的噬菌体具有免疫性，溶原性细菌带有前噬菌体，尽管细菌内有噬菌体核酸，但该核酸的复制和结构蛋白的合成受到阻碍，噬菌体不能增殖，溶源性细菌受到这种免疫性保护，可免受烈（毒）性噬菌体的裂解，而且这种免疫保护是具有特异性的；④溶源性细菌可自发地产生溶菌状态，因少数细菌所携带的前噬菌体可从染色体上脱离，进行同烈（毒）性噬菌体一样的复制增殖，转入溶菌周期。因此，温和噬菌体既有溶源周期，又有溶菌周期。

四、植物病毒

植物病毒核酸有单链 RNA（ssRNA）、双链 RNA（dsRNA）、单链 DNA（ssDNA）和双链 DNA（dsDNA）。但绝大多数为单链 RNA，无包膜，其外壳蛋白亚基或呈二十面体对称，或螺旋式对称排列，形成球状或棒状颗粒。大多数植物病毒是由一种外壳蛋白组成形态、大小相同的亚基，由多个亚基组成外壳，外壳含有携带病毒全部基因的病毒核酸。

植物细胞最外层有纤维素构成的细胞壁，足以抵抗病毒的侵入，因而植物病毒的特点之一是必须通过寄主的伤口方能侵入。实验室内常通过摩擦叶面使产生轻微伤口来接种某些植物病毒。农田操作、人工移植、摘心、整枝、打杈时手沾染含病毒的汁液，均可造成病毒传染。病毒也可通过嫁接或植物根在土壤中伸长时所产生的伤口进行传染。但在自然界，植物病毒最重要的传播媒介是节肢动物门中的昆虫（昆虫纲）和螨类（蜱螨亚纲）。

五、昆虫病毒

昆虫病毒是指以昆虫为宿主的病毒，昆虫病毒一般都在细胞内形成多角形的蛋白质包涵体，简称多角体，其中有数目不相等的病毒颗粒。多角体可以在细胞核或细胞质内形成，功能是保护病毒颗粒使其免受外界不良环境的影响。

昆虫病毒共分为以下 7 个科：

1. 杆状病毒科 核型多角体病毒的包涵体呈多角形，有两种包埋形式：一种是多角体内包埋着许多单个的病毒粒（单粒包埋型），另一种是 1 个包膜内有多个核壳（一般称为病毒束），核壳被成束地包埋于多角体蛋白基质中（多粒包埋型）。包涵体的大小为 0.5～15.0 μm。C 亚组与 D 亚组都不形成包涵体。A 亚组、C 亚组和 D 亚组的病毒只在感染的细胞核中增殖，而 B 亚组的病毒在细胞核和细胞质中都能发育。感病幼虫常以腹脚或尾脚倒挂于叶片或枝条上而死，死后体软，一触就破，流出脓液。

2. 痘病毒科 昆虫痘病毒的形态、大小不一。感染鞘翅目的痘病毒呈椭圆形，大小为 450 nm×250 nm，有一个侧体和单侧凹入的核心，表面具有直径为 22 nm 的球状单位。痘病毒科病毒能形成椭圆形和纺锤形两种包涵体，直径为 12～20 μm，病毒粒含有 5%的双链 DNA，相对分子质量为（140～240）$\times 10^6$。痘病毒科病毒含有 4 种酶：核苷酸焦磷酸酶、依赖 DNA 的 RNA 多聚酶、中性 DNA 酶和酸性 DNA 酶。感病幼虫外表为白色，病毒主要在血细胞和脂肪细胞的细胞质中增殖。

3. 虹彩病毒科 昆虫虹彩病毒分成两个属：昆虫小虹彩病毒属，直径为 120 nm，提纯的病毒呈蓝色虹彩；昆虫大虹彩病毒属，即绿虹彩病毒属，直径为 180 nm，呈黄绿色虹彩。病毒粒都为二十面体，无包膜，不形成包涵体。病毒在细胞质中增殖，主要在脂肪体中感染，但其他组织也能感染。发病后期病毒的含量几乎占整个幼虫干重的 25%。

4. 小 DNA 病毒科 浓核症病毒属，病毒粒为二十面体，无包膜，直径为 18～25 nm。目前，从昆虫中分离的小 DNA 病毒为数不多，但在自然情况下，混合感染现象较为常见，如大蜡螟浓核症病毒常与核型多角体病毒混合感染大蜡螟幼虫，两种病毒可以在同一个细胞核内增殖；鹿眼蛱蝶浓核症病毒也常与颗粒体病毒同时感染鹿眼蛱蝶幼虫。

5. 小 RNA 病毒科 病毒粒为二十面体，直径为 22～30 nm，无包膜，也不形成包涵体。含有单链 RNA，相对分子质量为 2.5×10^6。病毒在细胞质中增殖，抗乙醚。小 RNA 病毒科的昆虫病毒有蟋蟀麻痹病毒、果蝇 C 病毒与枯叶蛾病毒等，均未分属，蟋蟀麻痹病毒、枯叶蛾病毒的相应抗体天然地存在于猪、牛、绵羊、马、狗、鹿、苍鹭和人的血清中，表明这两种病毒能感染这些生物，在利用此类病毒防除害虫时应注意安全性。

6. 弹状病毒科 果蝇西格马病毒是弹状病毒科成员之一，病毒粒呈子弹状，大小为 70 nm×（140～180）nm，平均长度为 160 nm，有包膜，不形成包涵体，含有单链 RNA。果蝇西格马病毒是一种遗传性的感染因子，感染的果蝇一般不表现出症状，但一旦与二氧化碳接触，就会出现麻痹症状，最后死亡。

7. 野田村病毒科 病毒粒呈球形，直径约为 29 nm，每个病毒粒含有两个单链 RNA 分子，相对分子质量分别为 1.15×10^6 和 4.6×10^5，约占病毒重量的 20.5%。从三带喙库蚊体内分离的野田村病毒（即日本库蚊病毒）有个引人注目的特性：不但可以感染大蜡螟和蜜蜂，导致宿主死亡，而且可以感染小鼠，引起麻痹与死亡，其症状与柯萨奇病毒感染小鼠的症状极为相似。这是第一个既能使昆虫染病又对脊椎动物有病原性的已知病毒。但属于本科的其他昆虫病毒（如东方蜚蠊病毒等）不能在脊椎动物细胞内增殖。

据统计，已统计的昆虫病毒已有 1 671 种（1990 年），其中 80%以上都是农林业常见的鳞翅目害虫的病原体，因此是害虫生物防治的巨大资源库，对其进行研究了解有助于农林业的发展。研究昆虫病毒可以保护有益昆虫、杀灭农林害虫和卫生昆虫。这在发展农林生产、加强公共卫生安全以及人类环境保护方面都有重要意义。此外，昆虫病毒的种类很多，在发展比较病毒学和分子生物学的基础理论研究、加深对病毒乃至生命本质的认识方面也是很好的实验模型。

六、亚病毒

亚病毒是病毒学的一个新分支，突破了原先以核衣壳为病毒体基本结构的传统认识。目前，将仅具有病毒核酸或仅有蛋白质的感染性活体称为亚病毒。亚病毒属于非典型病毒，包括类病毒、拟病毒和朊病毒（感染性蛋白质）等。

（一）类病毒

1971 年 Diener 首次发现马铃薯纺锤形块茎病是由一种比病毒更为简单的感染因子引起的，这种感染因子仅由单股环形 RNA 分子组成，无蛋白质衣壳，称为类病毒。类病毒的大小仅为最小病毒的 1/20 左右，相对分子质量为 $(0.7\sim1.2)\times10^5$，含有 246～375 个核苷酸，其正、负股中均含合成蛋白质的起始密码 AUG。类病毒本身不具备指导自身

核酸复制的酶，依靠宿主细胞核内依赖 DNA 的 RNA 多聚酶指导类病毒的复制和直接干扰宿主细胞的核酸代谢。目前已发现的类病毒在 20 种以上，依据是否含有中央保守区和核酶结构将其分为马铃薯纺锤形块茎类病毒科和鳄梨日斑类病毒科两科。类病毒主要使植物如马铃薯、番茄、柑橘、椰子等经济作物发生缩叶病、矮化病等。

（二）拟病毒

拟病毒是引起苜蓿、绒毛烟等植物病害的一种亚病毒，实际是一类包裹在病毒衣壳内的类病毒。拟病毒极其微小，仅有 300～400 个核苷酸。被拟病毒“寄生”的真病毒又称辅助病毒，而拟病毒则成了辅助病毒的“卫星”。拟病毒不能直接在宿主中复制，其复制必须依赖相应的、特异的辅助病毒的协助。同时拟病毒也可干扰辅助病毒的复制，减轻其对宿主的伤害。

拟病毒首次在绒毛烟斑驳病毒（VTMoV）中被分离到（1981 年）。VTMoV 是一种直径为 30 nm 的二十面体病毒，其核心除含有大分子线状单链 RNA（RNA-1）外，还含有环状单链 RNA（RNA-2）及其线状形式单链 RNA（RNA-3），后两者即拟病毒。只有 RNA-1（辅助病毒）与 RNA-2 或 RNA-3（拟病毒）合在一起时才能感染宿主。除在植物病毒中陆续发现了苜蓿暂时性条斑病毒（LTSV）、莨菪斑驳病毒（SNMV）、地下三叶草斑驳病毒（SCMoV）等外，在动物病毒中也发现了拟病毒，如丁型肝炎病毒（HDV），其辅助病毒是乙型肝炎病毒（HBV）。

（三）朊病毒

1982 年 Prusiner 证明羊瘙痒病是由一种相对分子质量为 30 000 的蛋白质引起的，这类感染性蛋白质为蛋白侵染颗粒，或称为朊病毒（Pr）。研究表明，朊病毒是动物与人传染性海绵状脑病（TSE）的病原，其致病性是经细胞正常蛋白变构后获得的。朊病毒蛋白（PrP）相对分子质量为 27 000～35 000，是构成朊病毒的基本单位。PrPc（可溶性）是相对分子质量为 33 000～35 000 的 PrP 前体蛋白，其发生变构后成为引起羊瘙痒病的侵染性蛋白，称为 PrPsc（不溶性）。在电子显微镜下为直径 25 nm、长 100～200 nm 的杆状体。

朊病毒在动物中可引起羊瘙痒病、貂脑病、牛海绵状脑病、北海黑尾鹿消瘦病、北欧粗毛猪犬消瘦病等。朊病毒还可引起人的震颤病、克雅病（CJD）、格斯特曼综合征（GSS）、致死性家族性失眠（FFI）等，某些动物的朊病毒也可感染人。另外，人类慢性退化性功能紊乱病，如老年性痴呆、多发性硬化症等可能与朊病毒有关。朊病毒感染的病变部位不伴有炎症反应和免疫反应，但均有脑组织的海绵状淀粉样变。

技能实训

实训一　显微镜的使用方法和细菌的简单染色

一、实训目的

1. 学会普通光学显微镜的使用方法，特别是利用油镜观察细菌的方法。
2. 学习细菌的简单染色法及个体形态的观察。

二、材料与用具

1. 材料 细菌。

2. 用具 番红、结晶紫、乙醚、香柏油、接种环、载玻片、显微镜、酒精灯等。

三、方法步骤

（一）细菌的简单染色

1. 涂片 取两块干净的载玻片，各滴一小滴生理盐水（或无菌水）于载玻片中央，分别挑取金黄色葡萄球菌和大肠杆菌于载玻片的水滴中（无菌操作，每一种菌制一片），调匀并涂成薄膜。注意滴生理盐水时不宜过多，涂片必须均匀。

2. 干燥 自然风干或在酒精灯高处微微加热。

3. 固定 于火焰上通过2～3次。

4. 染色 在整个涂面上滴加结晶紫染色液或齐氏石炭酸复红，染色1 min。

5. 水洗 倾去染液，用自来水细流冲洗至流下的水中无染料颜色。

6. 干燥 自然干燥或在酒精灯高处微微加热。

7. 镜检 在油镜下观察细菌形态。

（二）普通光学显微镜的使用

1. 用前检查 检查零件是否齐全、镜头是否清洁。

2. 调光 调节光亮度。

3. 低倍镜观察 先粗调再微调至物像清晰。

4. 中倍镜、高倍镜观察 每一步只需调微调旋钮即可看到清晰的物像。

5. 油镜观察 高倍镜下找到清晰的物像后，旋转转换器，在标本中央滴一滴香柏油，使油镜镜头浸入香柏油中，细调至看清物像为止。

6. 绘图 绘出所观察到的细菌形态图像。

7. 换片 另换新片观察，必须从第三步开始操作。

8. 用后复原 观察完毕，上悬镜筒，先用擦镜纸擦去油镜头上的香柏油，然后再用擦镜纸蘸取少量二甲苯擦去残留的油，最后用擦镜纸擦去残留的二甲苯，将镜体全部复原。

四、实训报告/思考题

1. 撰写实训报告，包括项目名称、实训目的、材料与用具、内容与方法、结果分析（细菌染色后在显微镜下观察到的现象，尽量用图示的方法来表示）。
2. 分析为什么会出现这样的现象，如果没有出现该现象，请找出原因。
3. 该实训成功的关键是什么？

实训二　细菌的革兰氏染色及形态观察

一、实训目的

1. 了解革兰氏染色法的原理及其在细菌分类鉴定中的重要性。

2. 学习掌握革兰氏染色技术，巩固学习光学显微镜油镜的使用方法。

二、材料与用具

1. 菌种 大肠杆菌、藤黄八叠球菌、枯草杆菌等约 24 h 营养琼脂斜面培养物。

2. 染料 草酸铵结晶紫染色液、路哥氏（Lugol）碘液、95%酒精、0.5%番红染色液。

3. 用具 香柏油、二甲苯、普通生物显微镜、载玻片、擦镜纸、滤纸、酒精灯、接种环等。

三、方法步骤

1. 涂片 取洁净的载玻片一张，将其在火焰上微微加热，除去上面的油脂，冷却，在中央部位滴加一小滴生理盐水（或无菌水），用接种环在火焰旁从斜面上挑取少量菌体与水混合。烧去环上多余的菌体后，再用接种环将菌体涂成直径 1 cm 的均匀薄层，以淡淡的乳白色为宜。制片是染色的关键，载玻片要洁净，不得沾上油脂。注意初次涂片取菌量不应过大，以免造成菌体重叠。

2. 干燥 涂布后，自然干燥或在酒精灯上方稍微加热，切勿靠近火焰。

3. 固定 将干燥好的涂片标本向上，在微火上通过 3～4 次进行固定（固定的作用：①杀死细菌；②使菌体蛋白质凝固，使菌体牢固地附着在载玻片上，染色时不被染液或水冲掉；③增加菌体对染料的结合力，使涂片易着色）。

4. 染色

（1）初染。在涂片处加草酸铵结晶紫染色液（加量以盖满菌膜为度），染色 1 min。倾去染色液，用自来水小心地冲洗至洗出液为无色，冲洗时不要直接冲洗涂面，以免水流过大将菌体冲掉。

（2）媒染。滴加路哥氏碘液，染色 1 min，水洗。

（3）脱色。用滤纸吸去残水，滴加 95%酒精，轻轻摆动玻片脱色 10～30 s，立即水洗，以终止脱色。

（4）复染。滴加 0.5%番红染色液，染色 1 min，水洗后晾干，也可以用吸水纸轻轻吸干。

（5）镜检。干燥后，在油镜下观察，被染成紫色者即革兰氏阳性菌（G^+），被染成红色者是革兰氏阴性菌（G^-）。

四、实训报告/思考题

1. 撰写实训报告，包括项目名称、实训目的、材料与用具、内容与方法、结果分析（根据镜检，记录细菌的类别，并说出分类的原因，即革兰氏染色的原理；小组之间对实训过程进行讨论，并做好记录）。

2. 染色成功的关键是什么？如果脱色时间过长结果会怎样？时间过短又如何？请解释。

实训三 细菌的特殊染色法

一、实训目的

1. 了解抗酸染色法、芽孢染色法的原理。

2. 熟悉抗酸染色法、芽孢染色法的内容及意义。

二、材料与用具

1. 菌种 卡介苗、枯草杆菌培养物。

2. 染料 抗酸染色液（齐氏石炭酸复红染色液、3%盐酸乙醇、碱性亚甲蓝染色液）、芽孢染色液（5%孔雀绿染色液、0.5%番红染色液）、无菌生理盐水。

3. 用具 香柏油、二甲苯、普通生物显微镜、载玻片、擦镜纸、滤纸、酒精灯、接种环等。

三、方法步骤

（一）抗酸染色法

1. 涂片 取洁净的载玻片一张，将其在火焰上微微加热，除去上面的油脂，冷却，在中央部位滴加一小滴生理盐水（或无菌水），用接种环在火焰旁从斜面上挑取少量菌体与水混合。烧去环上多余的菌体后，再用接种环将菌体涂成直径为 1 cm 的均匀薄层，以淡淡的乳白色为宜。制片是染色的关键，载玻片要洁净，不得沾上油脂。注意初次涂片取菌量不应过大，以免造成菌体重叠。

2. 干燥 涂布后，自然干燥或在酒精灯上方稍微加热，切勿靠近火焰。

3. 固定 将干燥好的涂片标本向上，在微火上以钟摆速度通过 3～4 次进行固定。

4. 染色

（1）初染。在涂片处加齐氏石炭酸复红染色液（加量以盖满菌膜为度），加温染色 5 min。冷却后倾去染色液，用自来水小心地冲洗至洗出液为无色，冲洗时不要直接冲洗涂面，以免水流过大将菌体冲掉。

（2）脱色。用滤纸吸去残水，滴加 3%盐酸乙醇，轻轻摆动玻片脱色 1～2 min，立即水洗，以终止脱色。

（3）复染。滴加碱性亚甲蓝染色液，染色 1～3 min，水洗后晾干，也可以用吸水纸轻轻吸干。

（4）镜检。干燥后，在油镜下观察。被染成红色者即抗酸染色阳性菌，被染成蓝色者是抗酸染色阴性菌。

（二）芽孢染色法

1. 涂片、干燥、固定 用与（一）中相同的方法对菌体进行涂片、干燥、固定。

2. 染色

（1）初染。在涂片处加数滴 5%孔雀绿染色液（加量以盖满菌膜为度），微火加热至染料冒蒸汽但不能沸腾，维持 5～10 min。冷却后倾去染色液，用自来水小心地冲洗至洗出液为无色，冲洗时不要直接冲洗涂面，以免水流过大将菌体冲掉。

（2）复染。滴加 0.5%番红染色液，染色 2 min，水洗后晾干，也可以用吸水纸轻轻吸干。

（3）镜检。干燥后，在油镜下观察。被染成绿色者即芽孢，被染成红色者是菌体及芽孢囊。

四、实训报告/思考题

1. 撰实训报告，包括项目名称、实训目的、材料与用具、内容与方法、结果分析（描述你所看到的芽孢形态特征，解释显微镜下呈现的图像以及怎样鉴定各类细菌，分析本次实验的误差产生的原因）。

2. 染色成功的关键是什么？

实训四　放线菌的印片法观察

一、实训目的

1. 掌握放线菌形态观察的基本方法。

2. 用印片法观察放线菌的基本形态特征。

3. 巩固显微镜操作技术及无菌操作技术。

二、材料与用具

1. 材料　青色链霉菌、弗氏链霉菌、3～5 d的高氏Ⅰ号培养基（配方见附录七）平板培养物、香柏油、二甲苯、无菌水、酒精。

2. 用具　酒精灯、载玻片、盖玻片、载玻片夹子、擦镜纸、滤纸、镊子、普通生物显微镜、接种环、平皿、试管、烧杯、滴管。

三、方法步骤

1. 配制高氏Ⅰ号培养基（200 mL）

（1）按配方先称取可溶性淀粉，放入小烧杯中，并用少量冷水将淀粉尽量溶解，调成糊状，再加到沸水中，继续加热，使可溶性淀粉完全溶解。

（2）称取其他材料依次溶解。由于条件限制，对于微量成分 $FeSO_4 \cdot 7H_2O$，直接用分析天平称量，加入即可。

（3）待所有材料完全溶解后，补充水分到所需的总体积，将pH调到7.2～7.4。

（4）材料灭菌。将所配溶液装在三角瓶中并加棉塞，棉塞外包一层牛皮纸，并用麻绳捆好，用记号笔标记组号。取10个培养基，用牛皮纸包好，用记号笔标记大小面。盖玻片也用牛皮纸包好（在盖玻片上加盖一层牛皮纸，用记号笔标记），镊子也包好。将上述物品放入密封的加压灭菌锅中进行高压蒸汽灭菌，121 ℃灭菌20～30 min。

2. 倒平板　取融化的高氏Ⅰ号培养基倒平板，倒平板时尽量使培养基厚一些，冷却待用。

3. 接种　按照无菌操作的要求用接种针挑取菌种培养物在平板上密集划线接种。

4. 插片　取用酒精泡过并在酒精灯上灼烧过的镊子将灭菌的盖玻片与培养基成45°角插入平板内，并与划线垂直，每个平板插入3个盖玻片。

5. 培养　将平板倒置，28 ℃培养7 d。

6. 镜检　用酒精泡过并在酒精灯上灼烧过的镊子小心拔出盖玻片，擦去一面培养物，然后将有菌的一面朝下放在载玻片上，直接用低倍镜和高倍镜镜检，必要时可用油镜观察。

四、实训报告/思考题

撰写实训报告，包括项目名称、实训目的、材料与用具、内容与方法、结果分析（记录放线菌在显微镜下的形态，对比各组现象的差异性，对其进行分析，找出出现差异的原因）。总结实训的关键步骤以及实训需要注意的事项。

实训五　酵母菌的形态观察及死活细胞的鉴别

一、实训目的

1. 观察酵母菌的形态及出芽生殖方式。
2. 学习区分酵母菌死活细胞的实验方法。
3. 掌握酵母子囊孢子的观察方法。

二、材料与用具

1. 菌种　接种酿酒酵母培养1 d的麦芽汁（或豆芽汁）液体培养物。

2. 溶液或试剂　0.1%吕氏碱性亚美蓝染色液、5%孔雀绿染色液、0.5%番红染色液、95%乙醇等。

3. 用具　显微镜、擦镜纸、吸水纸、载玻片、盖玻片、酒精灯、接种环、镊子等。

三、方法步骤

1. 酵母菌出芽方式的观察及死活鉴别

（1）在载玻片中央加1滴0.1%吕氏碱性亚美蓝染色液，然后蘸取少量液体酵母放在染色液中，混合均匀（无菌操作）。

注意：①染色液不宜过多或过少，否则在盖上盖玻片时，菌液会溢出或出现大量气泡；②用接种环将菌体与染色液混合时，不要剧烈涂抹，以免破坏细胞。

（2）用镊子取一块盖玻片，先将一边与菌液接触，然后慢慢将盖玻片放下使其盖在菌液上。

注意：盖玻片不宜平放，以免产生气泡。

（3）将制片立即放在显微镜下镜检，先用低倍镜然后用高倍镜观察酵母的形态和出芽情况，并根据颜色来鉴别死活细胞。

（4）将制片放置约3 min后镜检，注意死细胞数量是否增加。

（5）染色约30 min后再次观察，注意死细胞数量是否增加。

2. 酵母菌子囊孢子的观察

（1）涂片。在载玻片中央加1滴蒸馏水，然后用接种环挑取少量酵母菌放在水滴中，混合均匀（无菌操作）。

（2）干燥固定。用夹子夹住载玻片，在酒精灯上方来回移动，直到玻片上无水为止。

注意：不要将载玻片距离火焰太近，以免烫死酵母菌。

（3）染色。用5%孔雀绿染色液覆盖1.5～2.0 min，水洗，用95%酒精脱色30 s，水洗，用0.5%番红染色液覆盖1 min，水洗，干燥。

（4）镜检。将制好的装片放在显微镜下镜检，由低倍镜到高倍镜，最后用油镜观察。

四、实训报告/思考题

1. 撰写实训报告，包括项目名称、实训目的、材料与用具、内容与方法、结果分析（根据你的观察结果，0.1%吕氏碱性亚甲蓝染色液作用时间与酿酒酵母死细胞和活细胞比例变化是否有关系？试分析原因）。

2. 酿酒酵母除通过出芽方式进行无性生殖外，还可以形成子囊孢子进行有性生殖，你在实验中是否观察到酿酒酵母的子囊孢子？若未观察到，试分析原因（提示：子囊孢子的形成与培养条件有关）。

实训六　霉菌的形态观察

一、实训目的

1. 学习并掌握观察霉菌形态的基本方法。
2. 了解4类常见霉菌的基本形态特征。
3. 巩固显微镜操作技术及无菌操作技术。

二、材料与用具

1. 材料　曲霉、青霉、根霉和毛霉培养7 d的马铃薯琼脂平板培养物，马铃薯培养基（简称PDA）（配方见附录七），50%酒精，20%甘油。

2. 用具　平皿、载玻片、盖玻片、无菌吸管、U形玻璃棒、解剖刀、镊子、显微镜、接种环、酒精灯等。

三、方法步骤

1. 配培养基

（1）称量和熬煮。按培养基配方称取去皮马铃薯。将马铃薯切成小块放入锅中，加水1 000 mL，在加热器上加热至沸腾，维持20～30 min，用两层纱布趁热在量杯上过滤，将滤渣弃去。滤液补充水分到1 000 mL。

（2）加热溶解。把滤液放入锅中，加入葡萄糖20 g、琼脂15～20 g（提前捣碎），然后放在石棉网上，小火加热，并用玻璃棒不断搅拌，以防琼脂糊底或溢出，待琼脂完全溶解后，再补充水分至1 000 mL。

（3）分装。按实训要求，将配制的培养基分装入试管或500 mL三角瓶内。分装时可用三角漏斗以免培养基沾在管口或瓶口上造成污染。

分装量：固体培养基分装量约为试管高度的1/5，灭菌后制成斜面，分装入三角瓶内以不超过其容积的1/2为宜；半固体培养基分装量以试管高度的1/3为宜，灭菌后垂直待凝。

（4）加棉塞。培养基分装完毕后，在试管口或三角烧瓶口上塞上棉塞（或泡沫塑料塞或试管帽等），121 ℃灭菌20～30 min。

2. 培养小室的准备及灭菌 在8个平皿底部各铺一张略小于皿底的圆滤纸片，再各放一个U形玻璃棒，其上各放一洁净载玻片和4块盖玻片，盖上平皿盖，加上两个空平皿，包扎后121 ℃灭菌30 min，烘干备用。

3. 琼脂薄片的制作 取已灭菌的马铃薯琼脂培养基分别注入两个灭菌平皿（事先在平皿底部画上1 cm×1 cm或1.2 cm×1.2 cm的方格）中，使之凝固成薄层。用解剖刀将其切成小琼脂块，并将其移至上述培养室中的载玻片上（无菌操作，每片放两块）。

4. 接种 用接种环从斜面培养物上挑取很少量的孢子，接种于培养小室中琼脂块的边缘，用无菌镊子将盖玻片覆盖在琼脂块上，每个菌种接种两个平皿（无菌操作）。

5. 培养 通过无菌操作，在培养小室中的圆滤纸上加3 mL灭菌的20%的甘油（无菌操作，用于保持平皿内的湿度），盖上皿盖，在28 ℃下培养一周。

6. 镜检 根据需要可以在不同的培养时间取出载玻片在低倍镜下观察，必要时换高倍镜。记录观察结果。

注意：①载玻片培养观察中注意无菌操作，接种量要少；②尽可能将分散的孢子接种在琼脂块边缘，否则培养后菌丝过于稠密会影响观察。

四、实训报告/思考题

1. 撰写实训报告，包括项目名称、实训目的、材料与用具、内容与方法、结果分析（对实验结果进行记录分析，此外，根据你的观察，试述根霉和曲霉在形态特征上有何区别）。

2. 根霉与毛霉一样吗？如何区别？

项目小结

本项目共分3个任务阐述了农业微生物的基础知识：①观察原核细胞微生物；②观察真核细胞微生物；③观察非细胞微生物病毒。重点学习了自然界中各类微生物的分布、形态结构、菌落特征及繁殖方式，以及这些微生物在生活方面给我们带来的影响。本项目设计了6个实验实训，通过一系列的实践训练操作让学生学会利用显微镜等仪器观察微生物的细胞结构、形态特征，并加以分类；学会识别自然界的细菌、放线菌、酵母菌和霉菌等常见的微生物。

1. 原核细胞微生物　原核细胞微生物是一大类只存在无核膜包裹的原始细胞核（核区或核质体）的单细胞生物。细菌为原核生物中的主要研究对象，根据其外形可将其分为球菌、杆菌和螺旋菌。细菌细胞的一般结构有细胞壁、细胞膜、细胞质、原核，特殊结构有鞭毛、纤毛、芽孢、伴孢晶体、荚膜和黏液等；细菌细胞壁的主要成分是肽聚糖，不同的细菌细胞壁结构和成分也不同，可用革兰氏染色法对细菌进行鉴别分类；细菌以二分裂

方式进行繁殖。放线菌主要呈菌丝状生长，是一类孢子繁殖的陆生性较强的原核微生物，是抗生素的主要产生菌。链霉菌属是典型的放线菌，菌丝形态结构有基内菌丝、气生菌丝和孢子丝，基内菌丝产生各种色素。蓝细菌是革兰氏阴性菌，含叶绿素 a，能进行产氧性光合作用，是一种水生性很强的大型原核微生物。其他几种原核细胞微生物介于细菌和病毒之间，代谢能力弱，多数为细胞内寄生的微小原核生物，是人类或动物的病原菌。

2. 真核细胞微生物　真核细胞微生物是一大类细胞核具有核膜、核仁，能进行有丝分裂，细胞质中存在线粒体、叶绿体等多种细胞器的微生物，分为真菌、单细胞海藻和原生动物。真菌的特点有：①比细菌、放线菌大，有真正的细胞核；②少数为单细胞，多数为多细胞分枝或者不分枝的发达的菌丝体；③无叶绿素，不能进行光合作用；④主要通过产生大量的孢子进行繁殖。真菌从应用的角度又分为酵母菌、霉菌和蕈菌。

酵母菌是单细胞真菌，有性繁殖产生子囊孢子，无性繁殖有出芽繁殖和分裂繁殖，以出芽繁殖为主。霉菌是一类菌丝体发达又不产生大型肉质子实体的真菌；霉菌的菌丝分无隔菌丝和有隔菌丝，其繁殖产生无性孢子（孢囊孢子、分生孢子、节孢子、厚垣孢子）和有性孢子（卵孢子、接合孢子、子囊孢子）。蕈菌是一类具有大型肉质、革质等的子实体真菌，菌丝分化有一级菌丝、二级菌丝、三级菌丝、子实体、担孢子 5 个阶段，二级菌丝发生独特的锁状联合，生活过程中产生担子和担孢子。

3. 非细胞微生物病毒　病毒是一类个体极其微小、由核酸和蛋白质等少数几种成分组成的严格活细胞寄生的超显微非细胞类生物，是一类含 DNA 或 RNA 的特殊遗传因子，以感染态和非感染态存在；通常一种病毒只含有一种核酸。病毒有专一寄生性。细菌病毒的增殖一般分为吸附、侵入与脱壳、大分子的生物合成、装配和释放 5 个阶段。植物病毒是第二大类植物病原生物，引起的植物病害主要症状为变色、畸形、坏死。亚病毒比病毒还小，结构和功能更简单。

思　考　题

1. 哪些属于原核微生物？哪些属于真核微生物？原核微生物与真核微生物有哪些主要区别？
2. 细菌的基本形态有哪些？
3. 细菌细胞有哪些主要结构？有哪些特殊结构？它们的功能分别是什么？
4. 显微镜的使用原理是什么？显微镜的使用方法是什么？
5. 革兰氏染色法的过程、结果及原理是什么？染色关键是什么？怎样具体操作？
6. 细菌的染色方法有哪些？
7. 试从细菌芽孢的特殊结构与成分方面说明它的抗逆性。
8. 细菌如何进行繁殖？
9. 什么是菌落？细菌和放线菌的菌落有何区别？
10. 试述放线菌的应用价值。
11. 高等放线菌链霉菌属的形态和繁殖方式是什么？
12. 试述真核细胞的主要结构特征。

13. 试述真菌的特点及研究真菌的意义。
14. 举例说明真菌与农业生产的关系。
15. 怎样鉴别酵母菌死细胞和活细胞?
16. 霉菌的形态结构如何?
17. 比较霉菌和酵母菌的繁殖方式有何异同。
18. 蕈菌的菌丝体和子实体的形成有何独特之处?
19. 真菌有哪些无性孢子和有性孢子?它们的主要特征是什么?
20. 什么是病毒?病毒的特点是什么?与其他微生物有什么区别?
21. 病毒的结构有哪些?病毒分哪几种类型?
22. 病毒增殖有什么特点?举例说明病毒增殖过程。
23. 植物病毒的主要传播途径有哪些?
24. 试述昆虫病毒的杀虫过程。
25. 病毒有菌落特征吗?怎样培养病毒?

探究与拓展

1. 如何理解四大微生物对我们生活产生的影响?
2. 面包片为什么有许多小气孔?

项目三

微生物的营养

项目导读

人要吃饭，作物要施肥，是因为这些生物需要从外界取得进行生命活动的原料。用生物学家的话来说，生物为了生命活动而从外界获取的所需要的物质的过程就是营养。

微生物同所有生物一样，在其生长繁殖和生命活动中，需要不断地从外界获取能量和营养物质，营养同样是其进行生命活动的基础。微生物主动摄取和利用的物质称为营养物质。微生物需要的营养物质和人需要的营养物质没有本质的区别，但可以供给微生物作食物的东西要比人或动物能够利用的食物种类多得多。

项目目标

【知识目标】熟悉微生物所需的碳源、氮源、生长因子等营养物质的主要来源和功能，掌握培养基的种类和培养基配制的原则，了解微生物营养类型及营养吸收方式。

【技能目标】初步掌握微生物培养中培养基配置的一般方法及常用的消毒灭菌方法。

【情感目标】增强团队合作精神和合作能力，提高分析问题和解决问题的能力。

任务一　分析微生物的营养物质

一、微生物细胞的化学组成

微生物细胞平均含水分 80%左右，其余 20%左右为干物质，由此可以看出微生物细胞与其他生物细胞的化学组成并没有本质上的差异。干物质有蛋白质、核酸、糖类、脂类和矿物质等，这些干物质的主要组成化学元素是碳、氢、氧、氮、磷、硫、钾、钙、镁、铁、钠等，其中碳、氢、氧、氮占干物质的 90%～97%，是组成有机物质的四大元素，其余的 3%～10%是矿质元素，这些矿质元素对微生物的生长繁殖也起着重要的作用（表 3－1）。

表 3-1 微生物细胞的主要成分

细胞成分			含量范围	主要元素	细菌	酵母菌	霉菌
水分/%			70～90	氢、氧	75～85	73～75	84～85
物质	有机物质/%	蛋白质	90～97（占干物质）	碳、氢、氧、氮、硫	50～80	32～75	14～52
		核酸		碳、氢、氧、氮、磷	10～20	6～8	1～2
		糖类		碳、氢、氧	12～28	27～63	7～40
		脂类		碳、氢、氧	5～20	2～15	4～40
	无机物质/%	矿质元素	3～10（占干物质）	磷、硫、镁、钙、钾、铁、钠等	6～10	7～10	7～10

（一）微生物细胞的水分

由表 3-1 我们可知水分占微生物细胞鲜重的 70%～90%，是微生物细胞中含量最高的成分。微生物的种类不同，其细胞的含水量也是不同的，即便是同一种微生物，因为生长发育阶段的不同，或者生活环境的不同，细胞含水量也是有差异的（表 3-2）。幼龄菌比老龄菌含水多，营养体比休眠体含水多。游离水和结合水是微生物所含水分的两种存在状态，两者的生理作用不同。芽孢内的结合水含量占芽孢总水量的 50%～70%，比营养体多，这可能是芽孢能够对抗外界不良环境的主要原因之一。

表 3-2 各类微生物细胞的含水量

微生物类型	水分含量/%
霉菌	85～90
细菌	75～85
酵母菌	70～80
芽孢	38～40

（二）微生物细胞的有机物质

由表 3-1 我们可知微生物细胞的干物质主要有蛋白质、核酸、糖类和脂类，占干物质的 90%～97%，矿质元素占干物质的 3%～10%，此外，微生物细胞还含有一些维生素和其他有机物质。这些物质的含量也是有差异的，因菌种和生活条件的不同而不同。它们在微生物的生长代谢中既是细胞内同化成高分子化合物的前体，也是分解代谢的中间产物，甚至有些还以次生代谢产物的形式积累于细胞内或被分泌到环境中。下面介绍一下它们在细胞内的生理功能。

1. 蛋白质 蛋白质是化学结构复杂的一类有机化合物，是微生物的必需营养物质。在细胞组分中，蛋白质是最丰富、功能最多的高分子物质。在微生物生命活动的过程中，蛋白质起着执行者的作用，没有蛋白质就没有生命。在微生物体内，蛋白质的含量占细胞干重的一半以上，大部分蛋白质在细胞中和其他物质结合在一起，成为结合蛋白。比如组蛋白与 DNA 组成核小体，是染色体的结构蛋白；与 RNA（rRNA）构成细胞中的细胞器核糖体；与磷脂共同构成细胞内的膜结构；与金属离子结合构成金属蛋白，如血红蛋白，金属蛋白有着重要的生理功能；鞭毛蛋白构成鞭毛等。此外，酶是一类具有高度催化活性和专一性的特殊蛋白质，有催化酶、氧化还原酶、水解酶等，可以看出酶在细胞各类生化反应中起着至关重要的作用。

2. 核酸 核酸是生物大分子化合物，由许多核苷酸聚合而成，是生命的最基本物质之一。根据化学组成的不同，可将核酸分为脱氧核糖核酸（DNA）和核糖核酸（RNA）。DNA多数存在于细胞核中，也有少量以质粒的形式存在于细胞质中，DNA含量为细胞干重的3.0%～4.0%，基本功能是复制和表达遗传信息。DNA在不同微生物细胞中的含量也是不同的，如在酵母菌中只有0.3%，而在大肠杆菌中为3.0%～4.0%。RNA又分为转运RNA（tRNA）、信使RNA（mRNA）和核糖体RNA（rRNA），分别有携带转移活化氨基酸、合成蛋白质的模板以及合成蛋白质主要场所的作用。霉菌细胞中核酸的含量比酵母菌和细菌中的低，如大肠杆菌中为20%，酵母菌中为6%～8%，而霉菌中为1%～2%。同一种微生物中，DNA的含量是恒定的，而RNA的含量常因生长时期的不同而变化，当微生物旺盛生长时，RNA的含量迅速增加，反之则下降。RNA主要分布于细胞质中，在蛋白质的形成过程中起重要作用，除少量呈游离状态外，多数与蛋白质结合成核蛋白体。

3. 糖类 微生物细胞中的糖类有单糖、双糖和多糖，多数以多糖形式存在。单糖主要是己糖和戊糖。己糖是组成双糖或多糖的基本单位，是能量的主要来源。己糖及其衍生物参与细胞壁中主要成分肽聚糖、纤维素、几丁质和果胶等高聚物的合成，也可与类脂物结合成脂多糖存在于细胞壁和细胞膜中。戊糖除作能源外，还是核糖的组成成分，即脱氧核糖和核糖，是DNA和RNA的重要成分。多糖的种类很多，有荚膜多糖、纤维素、半纤维素、淀粉和糖原等。它们有的组成细胞结构，如细胞壁和荚膜。微生物的细胞壁占细胞干重的10%～25%，菌龄和环境不同，细胞壁的厚度和质量也不同，在细菌生长发育后期，细菌细胞不断缩小，细胞壁不断增厚。细胞壁的功能是稳定各种微生物细胞的形态，增强其机械强度，并承受内部原生质体由于液泡吸水而产生的膨压，具有保护和支撑的作用。有的多糖为细胞的重要储藏物质，它们都以颗粒状存在于细胞质中，如淀粉和糖原。在微生物细胞中，这些储藏物质的含量随菌龄和环境条件的变化而变化，当微生物细胞处于生长稳定期时，形成淀粉和糖原，特别是当外界碳源物质很丰富时可大量形成（如酵母菌的糖原可达干重的20%），但微生物细胞如果处于生长后期，尤其是当外界碳源缺少时这些储藏物质又可被当作内源碳源和能源利用。

4. 脂类物质 由脂肪酸和醇作用生成的酯及其衍生物统称为脂类。脂类物质包括磷脂、脂肪、固醇、蜡和多聚β-羟基丁酸等，它们有共同的物理特性，都不溶于水而溶于有机溶剂，仅在化学结构上不同，存在于细胞壁、细胞膜、细胞质中，或以游离状态存在，或与蛋白质等结合。磷脂是含有磷酸的脂类，属于复合脂，也称磷脂质、磷脂类，是组成生物膜的主要成分。微生物中主要有脑磷脂、卵磷脂、磷脂酰肌醇和磷脂酰丝氨酸。磷脂与蛋白质结合成脂蛋白，是组成微生物细胞膜、线粒体膜和内质网膜的主要成分，不同微生物之间磷脂的化学组成略有差异。脂肪以油滴状态出现在细胞质中，作为许多微生物的储藏物质。微生物细胞中的脂肪含量因菌种不同、菌龄不同和生活环境条件不同而改变。具体来说，培养基中的C/N直接影响脂肪的积累，C/N大的时候，有利于脂肪的积累，反之不利。在微生物生长后期，培养基中碳源不足时，脂肪又可作为碳源和能源被利用。有些微生物的脂肪含量很高，可以被用来生产脂肪，如红酵母和白地霉，它们的脂肪含量可达细胞干重的50%以上。固醇是含有羟基的类固醇，是类固醇的一类，又称甾醇。微生物细胞膜的重要组成部分就是麦角固醇，它的作用是确保细胞膜的完整性、流动性、膜结合酶的活性、细胞活力以及细胞物质运输等。此外，麦角固醇可转化为维生素 D_2。固醇主要存在于真核生物细胞中，在个别原核生物（如支原体）中也有，如啤酒酵母中固醇含量可达细胞干重的1%～9%。因酵母菌中固醇含量较高，又是维生素D的前体，故常被用来生产维生素D。蜡质多数存在于微生物细胞壁中，主要起保护作用，如存在于一些真菌分生孢子的外壁。β-羟基丁酸的多聚体是一种低级脂肪酸的聚合物，不溶于水，因其易被脂溶性染料染色，在光学显微镜下可见，是多种细菌的特殊碳源和能源性储藏物质。

5. 维生素 微生物细胞中的维生素主要是水溶性的B族维生素，它们都是各种酶的活性基的组成部分，对微生物的生理活动非常重要。各种维生素的含量因微生物而异，如酵母菌可以合成多种B族维生素，用其细胞制成酵母粉或酵母汁，可作为细菌等的培养基中B族维生素的来源。微生物细胞所产生的维生素可以以结合状态存在于细胞内，也可以以游离状态被分泌于体外。有些类群的微生物可以产生大量维生素 B_2（核黄素）或维生素 B_{12} 以用于工业化生产。

6. 其他有机物质 微生物细胞中还含有一些有机物质，如抗生素、色素、毒素、激素等。维生素 B_2（核黄素）、烟酰胺和细胞色素等是生物体内重要的氧化还原酶的辅基。抗生素是具有特异性抗菌作用的一类物质的总称。目前生产的8 000多种抗生素中，微生物产生的约占70%，其中由放线菌产生的最多，真菌和细菌产生的也有，青霉素类主要由真菌产生。一些微生物类群的菌落具有特征性颜色，那是因为其在生长过程中可产生多种可溶性和不溶性色素。光合微生物如藻类、蓝细菌和光合细菌等具有叶绿素、菌绿素、藻胆色素和类胡萝卜素等光合色素。毒素分为内毒素和外毒素，微生物可产生各种毒素，革兰氏阴性菌的细胞壁中含有内毒素，是结构中的脂多糖，它是细胞壁的组成成分之一。革兰氏阳性菌可释放外毒素，即毒性蛋白质，分为细胞毒素、神经毒素和肠毒素，这些成分有利于细菌的侵入和生存。微生物细胞还可产生一些激素，目前已从微生物次生代谢产物中发现了许多的蜂蜜曲菌素衍生物，它们具有促进植物生长的作用。

（三）微生物细胞的矿质元素

微生物细胞中的矿质元素占干重的3%～10%，分为大量元素和微量元素两大类，大量元素包括磷、硫、镁、铁、钾、钠、钙。其中，磷的含量占矿质元素的50%左右，是含量最高的矿质元素；但在硫细菌中含量较高的元素是硫；而铁细菌则含铁较多。这些矿质元素在细胞中大部分以无机盐形式存在或结合于有机物质中，少数以游离状态存在。矿质元素是细胞结构物质的组成成分，调节细胞原生质的胶体状态，调节细胞的渗透压、能量转移及物质代谢等。微量元素包括铜、锌、锰、硼、钴、钼等，虽然含量少，但是它们多参与酶蛋白的组成或者作为酶的激活剂，因此在制作培养基时需要添加这些微量元素来满足微生物的生长，同时由于微生物对微量元素的需要量很少，所以一定不要过量加入，否则会对微生物产生毒害作用。

二、微生物的营养要素及其生理功能

微生物有五大类营养要素，即水分、碳源、氮源、无机盐、生长因子。这些营养物质有参与细胞结构组成、调节和提供能量的作用，能够充分满足微生物的生长、繁殖和各项生理活动的需要。

（一）水分

水被称为生命之源，也是微生物最基本的营养要素之一，它是微生物机体的组成成分，占微生物体鲜重的70%～90%。微生物生长繁殖和各项生理活动离不开水，水是微生物细胞内各种生化反应的媒介，营养物质的吸收和代谢物的排出也离不开水。除了芽孢、孢子的孢囊等休眠体，水生和陆生生物的生命活动都离不开水。微生物细胞中的水分有游离水和结合水两种状态，两者比例大约为4∶1。处于自由流动状态的游离水是最基本的溶剂，在细胞内物质运输的过程中起到介质的作用，只有呈溶解状态的营养物质才能被微生物吸收、利用；水分是维持细胞膨压的必要条件；细胞内代谢过程释放的热量可以被水吸收并迅速散发，有效防止胞内温度骤然升高，这都归功于水良好的导热性，因为水的比热高，汽化热高，故而水还可以有效地调节细胞的温度。微生物细胞的结合水占细胞总水量的17%～28%。结合水的特点是不易流动，不易蒸发，不能冻结，不能渗透，也不能作为溶剂。在原生质胶体系统中，结合水起到保持溶胶状态的作用，当含水量降低时，原生质就会由溶胶变为凝胶，大大减缓了生命活动；若失水过多，胶体被破坏，可直接导致菌体死亡。在细菌的芽孢类休眠体中，结合水的占比大大增加，因而营养体对干燥等恶劣环境的抵抗能力也大大增强。此外，水分子的化学组成为氢和氧，它可以供给微生物这两种元素。用来培养微生物的水大都为井水、自来水、河水等，如有特殊要求可用蒸馏水，需要注意水中矿物质的含量不宜过高，如过高则应转化后再用。

（二）碳源

碳源指的是能为微生物生长代谢提供碳元素或碳架的营养物质。碳元素是组成菌体有机物质代谢产物和储藏物质的主要元素。微生物细胞需求量最大的便是碳。微生物利用碳源的广泛性大大超过了动植物，自然界中所有有机物质都可被相应的微生物利用，高度不活跃的碳氢化合物，如石蜡、氰等有毒物质，也可以被微生物利用。有些微生物还可以在人工合成塑料上生长，可利用这些微生物净化环境，并生产菌体蛋白。微生物需要的碳源可分为无机碳源和有机碳源两大类。无机碳源主要是空气中的二氧化碳和土壤中的碳酸盐。有机碳源是指含有碳元素的有机物质，主要有糖类、醇类、有机酸、烃类、脂类、淀粉、果胶、纤维素等。微生物种类多、习性不同，所需要的碳源物质不同。就某一种微生物来说，它所利用的碳源是有限的，如二氧化碳可以作为无机营养型微生物的唯一碳源，同化二氧化碳所需的能量来自光能或化学能，还原二氧化碳所需的供氢体来自水或其他还原性物质。一般微生物利用有机碳源，糖类是常用的有机碳源，特别是单糖中的葡萄糖。多数微生物也能利用双糖中的蔗糖和麦芽糖，霉菌、芽孢杆菌和放线菌还能利用多糖中的淀粉。氨基酸既是氮素养料，又是碳素养料。生产上，常以农副产品和工业废弃物为碳源，如玉米粉、马铃薯、麦麸、米糠、酒糟等。实验室中常用葡萄糖、蔗糖、麦芽糖、淀粉等作为培养微生物的碳源。纤维素、半纤维素和果胶等能被少数微生物利用。有机碳源也是异养微生物的能源。

碳源在微生物细胞内主要是构成细胞结构物质，或作为合成某些次生代谢产物的原料。在分解过程中，碳源可提供微生物生命活动所需的能量。

（三）氮源

氮源指的是能为微生物生长繁殖提供氮元素的营养物质。氮元素是蛋白质和核酸的重要成分。微生物对氮营养的需求仅次于碳营养，利用氮源的广泛性也大大超过了动植物。不同种类微生物对氮源的利用也各有不同，有些微生物可在氧化氮源的过程中获得生命活动所需的能量。微生物需要的氮源可分为无机氮源和有机氮源两大类。其中铵盐和硝酸盐等是主要的无机氮源，可被大多数微生物用来合成自身所需的全部有机氮化物，但铵盐的利用率要高于硝酸盐，几乎所有微生物都可以利用铵盐。氨基酸、蛋白质及一些含氮有机物为主要的有机氮源，其中微生物可以快速吸收利用一些简单的有机氮源如氨基酸、蛋白胨、尿素、嘌呤、嘧啶等。实验室和工业发酵上利用的氮源略有不同，蛋白胨及蛋白质水解物和铵盐、硝酸盐、尿素等是实验室常用的氮营养物质。豆饼粉、花生饼粉、鱼粉、蚕蛹粉等是工业发酵常用的氮营养物质。

氮源在微生物细胞内也是构成细胞结构的主要物质，少数微生物还可以把铵盐、硝酸盐等氮化合物作为能源物质来利用，同时氮还是细胞内蛋白质、核酸以及含氮代谢产物的原料。

（四）无机盐

微生物细胞生长繁殖所必需的碳源和氮源以外的各种矿质元素多数以无机盐的形式供给。微生物对矿质元素的需求量很低，根据所需量的不同，将其分为大量元素和微量元素两种：磷、硫、钾、镁、钠、钙、铁等所需浓度范围在 $10^{-4}\sim10^{-3}$ mol/L，为大量元素；铜、锌、锰、钴、硼、钼等所需浓度范围在 $10^{-8}\sim10^{-6}$ mol/L，为微量元素。下面介绍几种大量元素在细胞内的主要作用：

1. 磷 微生物细胞中许多含磷细胞成分［如核酸、磷脂、三磷酸腺苷（ATP）、辅酶］的重要组成元素。磷对微生物来说是不可或缺的。磷元素的提供者主要是一些含磷无机化合物，这些无机化合物通过细胞的同化作用变成含磷的有机化合物。此外，磷酸盐缓冲液可以调节细胞内外的 pH。

2. 硫 硫是细胞中含硫氨基酸及维生素 H、维生素 B_1 等的重要成分，是微生物细胞的重要化学成分，同时对一些细胞内重要的物质代谢起重要调节作用。此外，一些微生物如硫细菌还可以将一些含硫化合物作为唯一的能源物质进行利用。

3. 钾 钾主要以游离态存在于细胞内，不是细胞结构类物质，主要功能是调节和控制细胞质的胶体状态、维持细胞质膜的通透性。研究显示，细胞内钾离子的含量要远远高于细胞外。

4. 镁 镁是微生物细胞内一些酶的激活剂或辅助因子，比如镁可作为固氮酶的辅助因子。此外，一些与光合作用有关的色素的合成也有镁的参与。同时，镁还可减轻一些重金属对细胞的毒害作用。

5. 钠 钠主要存在于一些嗜盐微生物中，主要功能是维持细胞渗透压。一般用氯化钠补充钠元素。

6. 钙 钙主要以游离态存在于细胞内，不是细胞内的结构物质。主要功能是调节细胞质膜透性，防止细胞 pH 过低，并可减轻一些阳离子对细胞的毒害作用。

微生物细胞内的微量元素的主要作用是作为一些酶的活性基团或辅助因子。如果缺乏微量元素，细胞内的一些代谢活动将减弱或停止，从而影响微生物细胞正常的生长发育。但是，细胞内微量元素的浓度很低，一般在补充其他营养要素的同时就能满足其对微量元素的需求，过量的微量元素反而对微生物有毒害作用。但对个别种类的微生物而言或生产实验有要求的时候，要注意微量元素的另外添加。

（五）生长因子

生长因子是微生物生长代谢所必需但需求量很小的有机物质的总称。广义上，生长因子指的是生长素，包括维生素、氨基酸类、碱基、固醇和脂肪酸等。狭义上，生长因子指的就是维生素。维生素是最先被发现的生长因子，大多是酶的组成成分或辅基，因此微生物的生长代谢离不开生长因子的参与。生长因子不参与细胞的结构组成，也不提供能量，它不像碳源、氮源等其他营养物质那样必须从外界环境中摄取，有些微生物可自身合成。根据微生物对生长因子的合成能力由弱到强，可将微生物分为 3 种类型：生长因子异养型微生物、生长因子自养型微生物和生长因子过量合成型微生物。对于生长因子异养型微生物而言，其自身不能合成某种或多种生长因子，需要从外界获取。而生长因子自养型微生物如大肠杆菌等，生长因子过量合成微生物如灰色链霉菌等，这两类微生物可以合成满足自身需求的维生素，后者还可以作为工业生产菌株。能为微生物提供生长因子的物质有蛋白胨、玉米浆、马铃薯汁、酵母膏、牛肉膏、肝浸液或其他新鲜的动植物组织浸提液，还有含量和成分确定的复合维生素液（表 3－3）。

表 3－3 用于培养土壤和水生细菌的复合维生素液中的维生素含量

维生素种类	含量（每 100 mL 水中）
维生素 B_7（生物素）	0.2 mg
维生素 B_1	1.0 mg
维生素 B_6	5.0 mg
维生素 B_{12}	2.0 mg
维生素 B_3（烟酸）	2.0 mg
对氨基苯甲酸	1.0 mg
维生素 B_5（泛酸）	0.5 mg

任务二 解析微生物的营养类型和营养吸收方式

一、微生物的营养类型

受生态环境的影响，微生物在长期进化过程中分成了不同的种类，其营养类型要比高等生物复杂，条件不同，微生物的分类也不同（表 3－4）。这主要由营养物质的性质、能量来源以及能量代谢过程中供氢体的性质决定。微生物能利用的资源十分广泛，几乎自然界中的所有无机物和有机物都可以被其利用，由此可以看出微生物比其他生物都更能适应生存环境。

表 3-4 微生物营养类型

分类依据	营养类型
碳源	自养型、异养型
生长因子	生长因子自养型、生长因子异养型、生长因子过量合成型
能源	光能营养型、化能营养型
供氢体	无机营养型、有机营养型
合成氨基酸的能力	氨基酸自养型、氨基酸异养型
营养物质进入细胞的方式	渗透营养型、吞噬营养型
营养物质有无生命力	腐生型、寄生型

通常情况下，根据微生物所需碳营养的不同，将其分为自养型和异养型两大营养类型。

（一）自养型微生物

以二氧化碳或无机碳酸盐为唯一或主要的碳营养物质，通过光合作用或化能合成作用获得能量的微生物被称为自养型微生物。这类微生物可以在完全没有有机营养物质的环境中生存，它们具有完备的酶体系，能合成细胞所需的有机营养物质，但是这个过程一定要有能量的推动。根据所需能源的不同又可将自养型微生物分为光能自养型和化能自养型。

1. 光能自养型 光能自养型微生物的特点就是利用光能生产有机物。它们以二氧化碳为基本碳源，还原过程中的供氢体是水、硫化氢等还原态无机化合物。光能自养型微生物体内一般含有一种或几种光合色素。光合色素是光合作用中起主要作用的一种色素类型，它参与吸收、传递光能或引起原初光化学反应。光合色素主要存在于叶绿体的基粒中，包含叶绿素、辅助色素和反应中心色素，分叶绿素（或细菌叶绿素）、类胡萝卜素和藻胆素三大类，主要的光合色素是指叶绿素或细菌叶绿素，类胡萝卜素和藻胆素只作为辅助色素，它们的主要功能是捕获光能，并且在有强光照射的时候起到保护叶绿素的作用。属于光能自养型的微生物有蓝细菌、单细胞藻类、紫色硫细菌、绿色硫细菌等。

光能自养型微生物叶绿素的种类不同，依据光合作用方式将其分为两种：一种与绿色植物相同，如蓝细菌、藻类；另一种则与绿色植物不同，如泥生硫菌。

（1）蓝细菌和藻类。蓝细菌和藻类含有叶绿素，其光合作用与高等植物相同，利用光能将二氧化碳同化成有机物质，并释放氧气，此过程以水为供氢体。

$$CO_2+H_2O \xrightarrow[\text{叶绿素}]{\text{光能}} [CH_2O]+O_2\uparrow$$

蓝细菌含有叶绿素 a，是一种能利用光合作用并释放氧气的原核微生物。它能同化二氧化碳合成自身需要的有机物质，对环境的要求较低，只需要光照、水、无机盐、少量氮，在中性到微碱性的环境中都可生长。

藻类含有叶绿素 a 和类胡萝卜素，其他光合色素含量则因类群而略有不同。如红藻含有藻胆素和叶绿素 a，绿藻含有叶绿素 b，对环境要求也不高，只要有光照、水、无机盐和少量氮就可生长。

（2）泥生硫菌（绿色硫细菌和紫色硫细菌）。泥生硫菌不含叶绿素，含细菌叶绿素即菌绿素，与高等植物的光合作用不同，它们利用光能将二氧化碳同化成有机物质，但是不释放氧气，产生元素硫，产生的元素硫或积累在细胞内（绿色硫细菌中的着色菌）或被排到细胞外（紫色硫细菌中的外硫红螺菌），供氢体也不是水，而是硫化氢或硫、硫代硫酸钠，并且整个过程是在厌氧条件下进行的。

$$CO_2+2H_2S\xrightarrow[\text{菌绿素}]{\text{光能}}[CH_2O]+H_2O+2S\downarrow$$

光合细菌显然需要在有光的条件下生长，并且还需要还原态物质。因此，光合细菌如绿色硫细菌和紫色硫细菌多分布于有光照、厌氧及富含二氧化碳、氢气、硫化物和有机质的浅水池塘或湖泊的亚表层水域，蓝细菌和藻类则分布于表层水域。光合细菌利用从池塘或湖泊表层透过的蓝绿色及绿色等长波光、无氧环境及来自底层的硫化氢等硫化物繁殖。

2. 化能自养型　化能自养型微生物的特点就是利用化学能生产有机物。它们以二氧化碳为主要或唯一碳源，还原过程中的供氢体是亚硝酸盐、硫化氢、氢气或二价铁离子等。化学能是氧化无机物释放的能量，由于该氧化过程释放的能量不足，因此该类型微生物的生长受限、较为迟缓，某些化能自养型微生物（如硝化细菌）甚至只能在严格的无机环境中生长，有机物（甚至琼脂）的存在对它们的生长都会产生毒害作用。根据被氧化的无机物种类的不同，可大致将化能自养型微生物分为硝化细菌、硫细菌、铁细菌和氢细菌。如亚硝化细菌可氧化无机氮化合物，获得能量，将二氧化碳还原为有机物，硝化细菌合成有机物的过程如下：

$$2NH_3+3O_2\longrightarrow 2HNO_2+2H_2O+\text{能量}$$

$$2HNO_2+O_2\longrightarrow 2HNO_3+\text{能量}$$

$$6CO_2+6H_2O\longrightarrow C_6H_{12}O_6+6O_2\uparrow$$

硫细菌等可氧化硫化氢或硫，获得能量，将 CO_2 还原为有机物，硫细菌合成有机物的过程如下：

$$2H_2S+O_2\longrightarrow 2H_2O+2S\downarrow+\text{能量}$$

$$2S+3O_2+2H_2O\longrightarrow 2H_2SO_4+\text{能量}$$

$$CO_2+H_2O\longrightarrow [CH_2O]+O_2\uparrow$$

铁细菌能够氧化硫酸亚铁，获得能量，将二氧化碳还原为有机物。由于其具有将亚铁氧化成高铁的能力，因此已将其应用于尾矿或低品矿藏中铜等金属元素的浸出。铁细菌合成有机物的过程如下：

$$4FeSO_4+2H_2SO_4+O_2\longrightarrow 2Fe_2(SO_4)_3+2H_2O+\text{能量}$$

$$CO_2+H_2O\longrightarrow [CH_2O]+O_2\uparrow$$

生成的硫酸铁是强氧化剂和溶剂，可以用来溶解矿石。例如可以溶解铜矿，从中浸出铜元素，过程如下：

$$CuS + Fe_2(SO_4)_3 \longrightarrow CuSO_4 + 2FeSO_4 + S\downarrow$$

向溶出的硫酸铜溶液再加入废铁等便可将铜置换出来。生成的硫酸亚铁还可以在这类细菌的作用下再次被氧化成硫酸铁而被循环使用。

（二）异养型微生物

以有机物为碳源，以无机物或有机物为氮源，有的甚至还需不同的生长因子，通过氧化获得能量的微生物被称为异养型微生物。这类微生物自身合成能力较差，必须有较复杂的有机化合物才能维持其生长繁殖。异养型微生物根据所需能源的不同又可分为光能异养型和化能异养型。

1. 光能异养型 光能异养型微生物的特点也是利用光能生产有机物。它们以简单有机物如有机酸、醇等为基本碳源，还原过程中的供氢体也是有机物。光能异养型微生物体内含有光合色素，在日光照射的条件下进行光合作用，将二氧化碳合成为细胞所需的有机物质，不产生氧气。例如池塘或湖泊的淤泥中的红螺属的一些细菌就属于光能异养型微生物，它们利用异丙酮作为碳源。

这类微生物不能以二氧化碳为唯一碳源或主要碳源，需要将环境中的少量简单有机物作为供氢体，在厌氧和有光条件下，同化二氧化碳进行光能有机营养，氢和电子供体的来源是有机物。这类微生物可以利用低分子的有机物快速生长繁殖，因此现在人们已开始利用它们来净化有机废水，效果良好。如果再配合使用活性污泥等方法，净化效率会更高，不仅能消除污染，还可生产菌体蛋白。

2. 化能异养型 化能异养型微生物的特点是利用有机物分解释放的能量制造有机物。它们以有机碳为碳源，还原过程中的供氢体也是有机物。对于这类微生物来说，有机碳化物既是碳源又是能源，是化能异养微生物的双重营养物质。主要利用蛋白质、淀粉等大分子物质以及单糖、双糖、氨基酸和有机酸等简单有机物。它们能广泛地利用有机物，几乎全部的天然有机化合物和各种人工合成的有机聚合物都能被其利用。化能异养型微生物种类最多，涵盖腐生、寄生、共生 3 种类型，作用也最为广泛。与人类关系较为密切的细菌、放线菌、真菌等都属于此类型微生物。化能异养型微生物因种类不同而具体营养要求也不同。

（1）细菌。主要特点为数量大、分布广、种类多和作用强，它们能利用几乎全部的天然有机化合物和多种人工合成的有机聚合物。在碳源和能源方面，多数细菌类群主要利用单糖、双糖、有机酸和醇等，其次利用糊精和淀粉等大分子物质，少数类群可分解纤维素、果胶、木质素和几丁质等复杂的天然有机物。在氮源方面，大多数细菌主要利用无机氮中的硝酸盐、铵盐和有机氮中的氨基酸、多肽、蛋白质。牛肉膏琼脂培养基、马铃薯培养基、葡萄糖酵母汁培养基是常用的细菌培养基。

（2）放线菌。在碳源和能源方面，放线菌主要利用葡萄糖、麦芽糖、淀粉和糊精。氮源方面，放线菌主要利用蛋白胨、鱼粉、玉米浆和一些氨基酸，铵盐、尿素、硝酸盐等可作为速效氮源被放线菌利用。含有淀粉和硝酸钾的高氏Ⅰ号培养基是常用的放线菌培养基。

（3）真菌。在碳源和能源方面，多数真菌利用的是葡萄糖、果糖、麦芽糖、蔗糖、淀粉、糊精和甘露醇等。在氮源方面，利用氨基酸、多肽和铵盐最多，利用硝酸盐和尿素等次之。含有蛋白胨和麦芽糖的沙氏培养基、天然的马铃薯或豆芽汁培养基、葡萄糖和蛋白质的马丁培养基、豌豆培养基都是常用的真菌培养基。

许多化能异养型微生物有一个显著的特点，那就是在从环境中获得营养物质的过程中能产生胞外酶。胞外酶是指在细胞内合成分泌到细胞外起作用的酶。化能异养型微生物的这个特点被广泛地应用到工业生产上，如用酵母菌和霉菌产生的淀粉酶、糖化酶、蛋白酶等胞外酶生产酱、酱油、腐乳、酒、醋等。

二、微生物的营养吸收方式

微生物没有专门的摄取营养物质的器官，它们依靠整个细胞表面来摄取营养物质。绝大多数微生物如藻类、蓝细菌、细菌、放线菌、真菌等都是以渗透方式摄取营养物质的。各种营养物质进入细胞必须通过细胞壁和细胞膜。

细胞壁是环境中营养物质进入细胞的第一道屏障。一般相对分子质量低于800的小分子物质可透过细胞壁的网状结构自由出入，但高分子物质被阻挡在外面。所以蛋白质、多糖、纤维素和果胶等复杂的高分子化合物必须先经过胞外酶的初步分解才能进入。胞外酶多为诱导酶。常见的胞外酶主要有蛋白酶、淀粉酶、纤维素酶、果胶酶、核酸酶、几丁质酶与酯酶等。

细胞膜又称细胞质膜，它是细胞表面的一层薄膜，主要由脂质、糖类和蛋白质组成。其中，脂质的主要成分为磷脂和胆固醇，部分蛋白质和糖类结合形成糖蛋白。磷脂双分子层构成细胞膜的基本骨架，蛋白分子镶嵌在连续的磷脂中间，这是细胞内外物质交换的主要界面（图3－1）。这些膜蛋白分子大多数都是专一性的酶，它们在细胞内外的物质运输中发挥重要作用。膜蛋白种类繁多、结构复杂，不同细胞膜的蛋白质的种类和数量各不相同，使不同微生物对营养物质的吸收具有选择性。

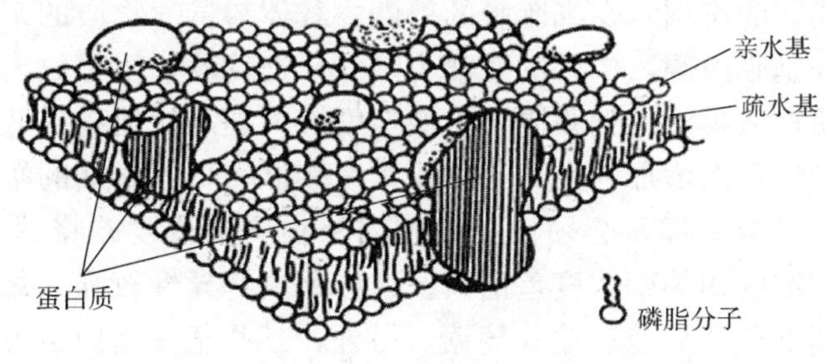

图3－1　细胞膜结构

细胞膜的基本结构是磷脂双分子层，所以物质的脂溶性直接决定物质能否透过细胞膜。一般情况下，物质的脂溶性越低，越不易透过细胞膜。另外，分子的通透性也受分子大小影响。

营养物质的复杂性和多样性决定了微生物对营养物质运输方式的多样性。一般认为，控制营养物质的吸收方式有4种：单纯扩散、促进扩散、主动运输和基团移位。

（一）单纯扩散

单纯扩散又称为自由扩散或被动扩散，是细胞内外营养物质最简单的一种交换方式。细胞质膜两侧的物质非特异性地靠浓度差进行分子扩散，该过程不需要能量。扩散过程为营养物质非特异性地从高浓度区域被动或自由地向低浓度区域扩散，直到细胞膜内外两侧的浓度相等为止。进入细胞的营养物质被不断消耗，使细胞内营养物质浓度始终保持较低值，因此胞外营养物质会连续不断地通过单纯扩散进入细胞内。这种扩散虽然是非特异性的，但也不是所有物质都可以透过细胞膜进入细胞，这是因为膜上有一些含水小孔，它们的大小和形状限制了扩散物质进入细胞内，因此有一定的选择性。整个扩散过程不消耗能量，也不需要载体参与，因此，物质不能逆浓度运输。影响扩散速率的主要因素有营养物质的浓度差、分子大小、极性、溶解性、温度、离子强度和 pH 等。受到以上因素的限制，进行单纯扩散的物质种类并不多，主要是一些气体如氧气、二氧化碳，一些水溶性小分子如乙醇、氨基酸、甘油。该吸收方式不是微生物吸收营养物质的主要方式，细胞不能通过该方式来选择必需的营养物质（图 3－2）。

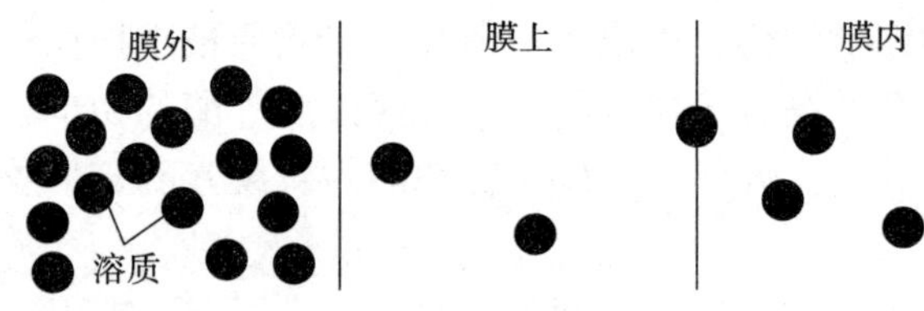

图 3－2　单纯扩散

（二）促进扩散

促进扩散又称为协助扩散，是营养物质借助细胞膜上的载体蛋白，与其发生可逆性结合从高浓度区域进入低浓度区域的传递过程。促进扩散与单纯扩散一样，不消耗能量，只不过需要有载体蛋白参与。载体蛋白也被称为透过酶，它是一种位于细胞质膜上的特异性蛋白质，起着“渡船”的作用，在细胞膜的外侧，载体与营养物质的亲和力增强，结合成载体复合物，到了细胞膜内侧，二者的亲和力降低，把营养物质释放出来。因此，在载体蛋白的帮助下，物质被从膜外运到膜内，扩散速度大大提高。促进扩散的速度随着细胞内外营养物质浓度差的增加而增加，在营养物质浓度较低时，其增加的幅度大大高于单纯扩散。促进扩散与单纯扩散一样，必须依赖细胞内外物质的浓度差将营养物质运输至细胞内，直到膜内外两侧浓度相等即浓度差消失。载体蛋白特异性较强，每种蛋白只运输相应的营养物质，如葡萄糖载体只能运输葡萄糖。另外，某些载体蛋白也可以同时运输几种物质，如大肠杆菌可通过一种载体蛋白运输缬氨酸、亮氨酸和异亮氨酸。由于促进扩散比单纯扩散的速度快，因此，它对生长在高营养浓度下的微生物起作用，使扩散的物质具有选择性（图 3－3）。

（三）主动运输

主动运输又称为主动吸收，是在载体的协助下，物质顺浓度梯度或逆浓度梯度被运进或运出细胞的过程，该过程需要消耗能量。主动运输是微生物吸收营养物质的主要方式，有以下特点：①需要特异性的载体蛋白参与；②消耗能量；③对物质的运输能够逆浓度梯

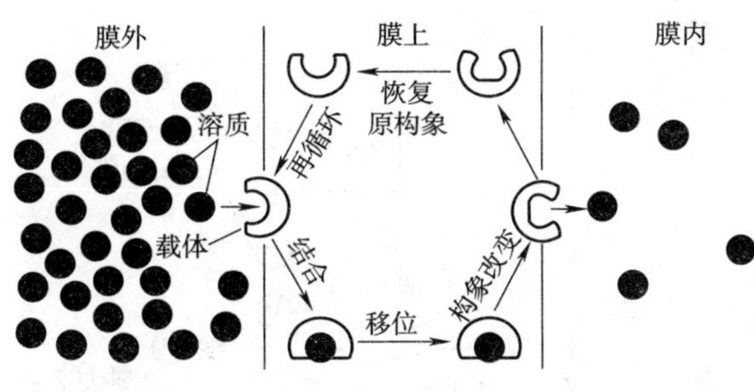

图 3-3　促进扩散

度；④能改变物质运输反应的平衡点。主动运输的能量来源有两种方式：一种是质子动力型，微生物的呼吸作用可将 ATP 水解，使氢离子排出膜外，造成膜内外质子浓度差，从而产生质子动力；另一种是 ATP 动力型即钠钾泵，它能在细胞膜上高效地向胞内输送钾离子，向胞外排放钠离子。主动运输与促进扩散最大的不同点在于主动运输可以逆浓度梯度对物质进行运输。此外，这种运输方式借助载体蛋白构型的变化，载体蛋白在能量的帮助下将物质运输到膜内侧时，构型发生了变化，与溶质的亲和力降低，将营养物质释放出来。释放营养物质后的载体蛋白又恢复到原来的模样，并将口转向膜外，又可重新与特异性物质结合（图 3-4）。通过主动运输方式进入膜内的物质很多，如无机离子、氨基酸、有机酸和一些糖类如乳糖等。

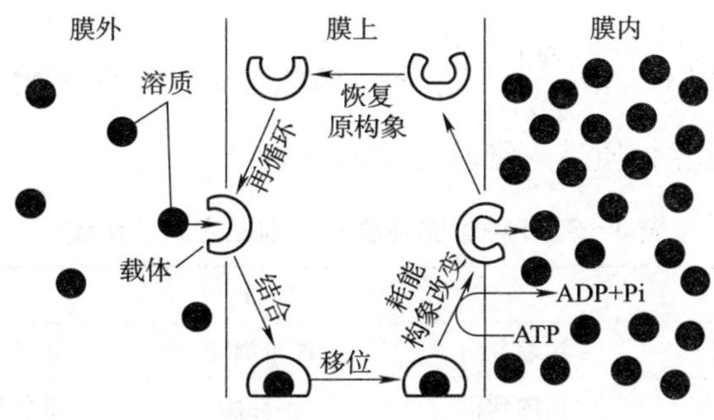

图 3-4　主动运输

（四）基团移位

基团移位同样是一类需要特异性载体蛋白的参与，又需要消耗能量的物质运送方式，不同于主动运输的是基团移位在运输过程中溶质发生了分子结构的变化，它具备一种复杂的运输酶系统。例如微生物对糖的吸收，糖以基团移位的方式被运输进细胞内，同时完成了磷酸化过程，经过磷酸化的糖可以迅速参与细胞内的分解代谢或合成代谢，从而避免了细胞内糖浓度过高的问题，因而它又可作为一种经济有效的养料吸收方式。葡萄糖、果糖、麦芽糖、乳糖、*N*-乙酰葡萄糖胺和甘露醇等糖类可通过基团移位的方式被运输到微生物细胞内（图 3-5）。

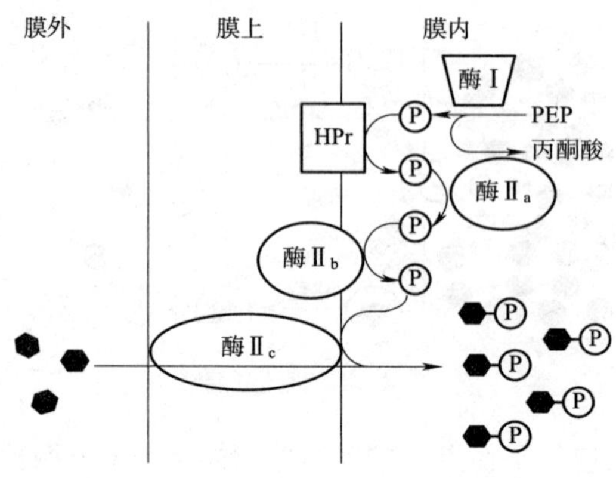

图 3-5 基团移位

基团移位运输系统由 3 种不同的蛋白质组成，即酶Ⅰ、酶Ⅱ和一种热稳定性蛋白质 HPr。磷酸烯醇式丙酮酸（PEP）是磷酸的供体。下面以葡萄糖为例介绍该催化反应过程：

$$\text{PEP}+\text{HPr}\xrightarrow[\text{酶Ⅰ}]{Mg^{2+}}\text{磷酸-HPr}+\text{丙酮酸}$$

$$\text{磷酸-HPr}+\text{葡萄糖}\xrightarrow[\text{酶Ⅱ}]{}\text{6-磷酸葡萄糖}+\text{HPr}$$

总反应式：

$$\text{PEP}+\text{糖}\xrightarrow[\text{酶Ⅱ，HPr}]{\text{酶Ⅰ，}Mg^{2+}}\text{6-磷酸葡萄糖}+\text{丙酮酸}$$

表 3-5 中为 4 种营养物质进入细胞方式的比较。

表 3-5 4 种营养物质进入细胞方式的比较

运输方式	项目				
	载体蛋白	运输方向	能量消耗	运输分子	运输前后溶质分子
单纯扩散	不需要	由浓到稀	不耗能	非特异性	不变
促进扩散	需要	由浓到稀	不耗能	特异性	不变
主动运输	需要	由稀到浓	耗能	特异性	不变
基团移位	需要	由稀到浓	耗能	特异性	改变

任务三 配制培养基

培养基是供微生物生长繁殖或产生代谢物的人工配制的养料，一般都含有微生物五大营养要素（碳源、氮源、无机盐、生长因子、水分），并且比例适宜。培养基的配制直接影响微生物的研究和发酵生产，它是此类工作的重要基础。因此培养基的选择和制作是微

生物工作者必须掌握的基本技术。由于微生物种类繁多、营养类型各异以及人们工作目的的多样性，在实际生产或科研工作中，培养基的种类和配方又各不相同，要根据实际情况进行改善和调整，但培养基的配制还是有章可循的。

一、配制培养基的基本原则

配制培养基是为了研究、分离、培养和利用微生物，因此要配好培养基，必须掌握以下原则。

1. 目的明确　在设计和选择培养基时，首先要明确培养目的以及培养对象，才能明确所用培养基的成分及各成分的比例。人工培养微生物有时是为了微生物实验，有时是为了获得微生物菌体，有时是为了得到微生物某种代谢产物，有时是为了生产用。若为了微生物实验，常用一些农副产品，如麦芽、玉米面、马铃薯、胡萝卜、豆芽等，一般不计成本。若为了获得微生物菌体，为了提高菌体蛋白的合成率，可适当增加培养基中氮元素的含量。若为了得到微生物某种代谢产物，如果代谢产物是氨基酸类的含氮量较高的物质，则培养基中氮元素的比例就应该适当提高；如果代谢产物是醇类或有机酸等不含氮的物质，则培养基中碳元素的比例就应该适当提高。培养菌体的不同阶段培养基的各成分比例也不同，如用酵母菌发酵生产酒精时，开始阶段需要先获得大量的菌体，此阶段为菌体生长阶段，这时培养基中需要供应充足的氮源；而在菌体代谢产生酒精阶段，则需要供应碳源来达到发酵生产酒精的目的。工业生产上所用的发酵培养基，碳源多选用玉米粉、淀粉、葡萄糖等，考虑到经济效益，可用植物纤维水解物、废糖蜜、淀粉等来代替，氮源多为尿素、花生饼粉、黄豆粉等，也可用蚕蛹粉、棉籽饼粉、豆饼、玉米酱、酒精等。

2. 选择适宜的营养物质　制备培养基首先应根据微生物的特性、使用目的来选择需要的营养物质。不同营养类型的微生物对营养物质的需求是不一样的。如某些自养微生物可利用二氧化碳作为主要或唯一碳源，该类型微生物合成能力较强，它们只需要二氧化碳及一些简单的物质便可合成自身所需的营养物质，如核酸、蛋白质、糖、脂肪等复杂物质，则培养基中就不能含有有机物，只需要简单的无机物即可。但是对于不能将二氧化碳作为主要碳源的异养型微生物而言，培养基中则必须至少有一种有机物，有的甚至还需要有多种有机物。有机物种类繁多，微生物对有机物的利用能力也各不相同，因此必须注意在培养基中加入合适的有机物。比如自养菌可以利用无机氮源，自生固氮微生物的培养基若添加氮源则会丧失固氮能力。异氧菌既可以利用无机氮源，又可以利用有机氮源。微生物实验中，常用的无机氮源有硝酸盐和铵盐；有机氮源有马铃薯汁、豆芽汁、酵母膏、蛋白胨等，这些物质除可用作氮源外，还可提供其他营养物质如糖类、无机盐、生长素、氨基酸及维生素等。对于某些对生长因子有额外要求的微生物，还需要向培养基中添加其生长所需的生长因子。若要对某种特异的微生物进行分离，还应选用特殊的培养基。

3. 注意各成分的浓度和比例　培养基中各种营养物质的浓度和比例是微生物止常生长的必要条件，生长条件适宜，微生物才能很好地生长并为我们所用。某种物质不足则会阻碍微生物的生长，过量则会影响微生物生长以及代谢产物的产量。因此，在配制培养基时一定要注意营养物质的浓度和各营养物质的比例。在浓度方面，不是营养物质的浓度越高越好，一般微生物都不适宜在高浓度的环境中生长，如糖、无机盐和某些重金属离子等在浓度适宜时是良好的碳源和矿质元素，但是浓度过高时不仅不能促进微生物生长，还对微生物生长繁殖有抑制或致死作用。培养基中营养物质一般是碳源居多，可达百分之几，氮源次之，占千分之几，磷和钾为0.05%左右，镁和硫为0.02%左右。在培养基配比方面，碳源和氮源的比例C/N即碳氮比尤为重要，C/N是指培养基中所含碳源的碳原子物质的量与氮源的氮原子物质的量之比。不同种类的微生物对C/N的要求不同，如霉菌细胞的C/N约为10∶1，而细菌和酵母菌细胞的C/N约为5∶1。对于化能异养型微生物而言，碳源又可以作为能源，因而其需要量比较大。氮源是微生物合成原生质的主要原材料，对其生长繁殖影响也很大。大多数微生物生长所需的营养物质的C/N在(20～25)∶1。

4. 调节好酸碱度（pH） 培养基的酸碱度应符合微生物生长发育要求。酸碱度用pH表示。微生物对环境pH的敏感度很高，适宜的pH对微生物的生长和代谢有促进作用，而不适宜的pH对微生物的生长和代谢则有抑制作用。微生物在适宜的pH条件下生长或代谢比较旺盛。在培养基配制过程中，调节pH常选用盐酸、过磷酸钙、氢氧化钠或石灰等。霉菌和酵母菌的适宜pH为4.5～6.0，偏酸性；细菌和放线菌的适宜pH为7.0～7.5，中性至微碱性。经过微生物生长和灭菌后培养基pH变小，因此在培养基灭菌前应略将pH调高。

另外，培养基的pH常随着代谢产物的增加而发生变化，这会影响微生物的生长，甚至导致微生物死亡。因此，实验室中通常会加入蛋白胨、氨基酸、磷酸盐、碳酸盐等缓冲剂，这些物质可以对培养基的酸碱度起到一定的缓冲作用，还可作为营养物质存在，一举两得。比较常用的缓冲剂是磷酸二氢钾和磷酸氢二钾。培养产酸能力强的微生物时，在培养基的配制中应当注意除了要添加缓冲剂，还要加入1%～5%的碳酸钙，主要是中和微生物不断产生的酸。在工业发酵生产中，人们十分重视培养基pH的调节。例如，用黑曲霉来生产糖化酶时，生产初期为了保证菌体旺盛地生长，一定要将pH控制在6.5左右；到了生产中期，也就是进入菌体产酶阶段，为了使酶的产量达到顶峰，需要自然下降或人工控制培养基的pH不超过3.5，不然则会出现酶活力极低，或只长菌体而不产酶的现象。

5. 调整好氧气和二氧化碳的浓度 氧气是好氧性微生物或兼性厌氧微生物的基本营养。但对于专性厌氧微生物来说，氧气就变成了不利因素，在配制该类型微生物培养基的时候，要加入巯基乙酸钠、胱氨酸、抗坏血酸和硫化钠等还原剂。在配制自养型微生物培养基的时候，要提高二氧化碳的含量，这就需要在培养基中添加碳酸氢钠，但是在好氧条件下就不能采用这种方法，原因是二氧化碳很容易散失到大气中，导致培养基呈碱性。

二、培养基的类型

培养基中营养物质的浓度及比例因微生物种类的不同而不同，即便是同一种微生物，由于培养目的或实验目的不同，也会产生相应的变化。培养基的种类繁多，可根据培养基的营养成分、物理状态、用途等将其划分为下列几种类型。

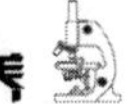

(一)按营养物质的来源分类

根据营养物质的来源将培养基划分为下列3种类型(表3-6)。

表3-6　按营养物质来源分类的几种常用培养基

类型	名称	成分/%				适合培养的微生物
		碳源	氮源	无机盐	生长因子	
天然培养基	豆芽汁	汁中已含有各种成分				酵母菌、霉菌
	麦芽汁					
	牛肉膏蛋白胨	0.3(牛肉膏)	0.5(蛋白胨)	牛肉膏中有	牛肉膏中有	异养型细菌
合成培养基	察氏	3.0(蔗糖)	0.3($NaNO_3$)	0.100(K_2HPO_4),0.050(KCl),0.050($MgSO_4$),0.001($FeSO_4$)		霉菌
	高氏Ⅰ号	2.0(可溶性淀粉)	0.1(KNO_3)	0.050(K_2HPO_4),0.050(NaCl),0.050($MgSO_4$),0.001($FeSO_4$)		放线菌
半合成培养基	马铃薯葡萄糖	20.0(马铃薯),2.0(葡萄糖)	马铃薯中有	0.300(KH_2PO_4),0.150($MgSO_4$)	马铃薯中有	霉菌、酵母菌、食用菌母种
	牛肉膏蛋白胨	0.500(牛肉膏)	1.0(蛋白胨)	0.500(NaCl)	牛肉膏中有	异养型细菌

1. 天然培养基　天然培养基是指用生物组织及其浸出物等化学成分并不十分清楚或成分不恒定的天然有机物质配制的培养基。配制该类型培养基常用的原料有牛肉膏、蛋白胨、肉汁、血清、酵母膏、马铃薯汁、胡萝卜汁、麦芽汁等动植物组织及其浸出物,还有玉米粉、豆饼、麦麸、米糠、各种作物秸秆粉等各种农副产品。天然培养基适用于大规模生产及一些粗放型实验,其优点是取材广泛、配制方便、营养丰富、经济实惠,缺点是化学成分和含量不确定且不稳定,不适用于精确的科学实验。实验室常用的天然培养基有马铃薯葡萄糖培养基、牛肉膏蛋白胨培养基等。

2. 合成培养基　合成培养基又称组合培养基,是将准确称量的高纯度化学试剂按顺序加入蒸馏水配制而成的培养基,包括微量元素在内的所有成分以及它们的量都是确切可知的培养基。对营养要求比较复杂的异养型微生物不适合用此类培养基,合成能力比较强的自养型微生物比较适合使用此类培养基。分离培养霉菌常用的察氏培养基和分离培养放线菌常用的高氏Ⅰ号培养基等都是合成培养基。在研究某些异养型微生物时需要合成培养基,比如用合成培养基测定某种菌的代谢产物量。该类型培养基适用于精确的科学研究实验,是实验室常用的培养基,可用来进行分类鉴定、菌种选育、菌种代谢和遗传分析测定等,优点是成分固定、清楚、精确,易控制,重现性强,缺点是不易配制、微生物生长缓慢、价格昂贵。

3. 半合成培养基　半合成培养基又称为半组合培养基,指既有天然原料提供碳源、氮源和生长因子,又有化学试剂补充各种无机盐的培养基。配制该类型培养基可向合成培养基中加入酵母膏、麦芽汁、玉米浆(少量)等天然成分,可向天然培养基中添加一些无机盐类,如培养霉菌用的马铃薯葡萄糖培养基。大多数微生物的营养要求在半合成培养基上都能得到满足，因此该类型培养基应用得极其广泛。

（二）按培养基的物理状态分类

按照培养基物理状态的不同，可将其划分为以下 3 种类型。

1. 固体培养基 固体培养基是指在一般培养温度下外观呈固体状态的培养基。在液体培养基中加入适量凝固剂（如 2%左右的琼脂）或是完全用固体原料制成的培养基即固体培养基。一类属于天然固体培养基，以马铃薯、豆饼粉、麦麸、米糠、胡萝卜条等为原料，再混入适量的水分和无机盐即可，该类培养基主要用于生产，酒精厂、白酒厂、酿造厂等用此类培养基来培养微生物；另一类属于凝固培养基，是向液体培养基中加入适量的凝固剂（如琼脂或明胶）冷却后凝固的固体培养基，凝固剂起固化作用。凝固剂应具备以下特点：不能与培养基中其他成分起化学反应，不会被微生物分解利用，稳定性好，不会因高温灭菌而被破坏，在微生物培养温度范围内保持凝固状态，透明度好以便于观察，黏着力强，使用量少，使用方便，经济实惠等。琼脂经过反复凝固熔化后营养物质不被破坏，凝固点为 40 ℃，熔点为 96 ℃，无毒，微酸，含氮量为 0.4%，是目前实验室中最普遍使用的凝固剂。琼脂作为最理想的凝固剂，能使培养基遇热熔化，遇冷凝固，在制作固体培养基时加入量为 1.5%～2.0%。实验室常用琼脂来制平板或斜面培养基，广泛将其用于微生物的鉴定、分离、保藏和菌落特征、活菌计数的观察等。

2. 液体培养基 液体培养基指的是呈液体状态的培养基，即将各种营养物质溶解于定量水中形成的营养液。液体培养基被广泛用于发酵工业，主要是因为液体培养基具备以下特点：营养物质均匀分散，与微生物菌体表面能够充分接触，微生物的代谢产物还能被大量溶解。液体培养基在实验室常被用来鉴定菌种、繁殖菌体、观察菌种的培养特征等。

3. 半固体培养基 半固体培养基是指向液体培养基中加少量的凝固剂（如 0.2%～0.5%的琼脂）制成的半固体状培养基。剂量较少的凝固剂决定了半固体培养基具备以下特点：静止时呈固体状态，培养容器倒放时不流下，剧烈振荡后能破散呈流体状态。常被用于菌种保存、测定细菌对糖类的发酵能力、观察细菌的运动和噬菌体的效价测定等。

（三）按培养基的用途分类

按照培养基用途的不同可将其划分为以下 4 种类型。

1. 基础培养基（常用培养基） 基础培养基指的是专供某类微生物生长繁殖用的、用人工方法配制而成的混合营养物制品。这种培养基可作为基础成分被加到一些专用培养基中，含有某类微生物所需要的营养物质。在使用基础培养基时，常常要根据某种微生物的特殊营养要求，再加入一些其他的营养物质。例如用高氏Ⅰ号培养基培养放线菌，用牛肉膏蛋白胨培养基培养细菌，用豆芽汁葡萄糖培养基培养酵母菌等。

2. 选择培养基 选择培养基指的是根据某种微生物对某化学、物理因素的抗性或特殊营养要求而设计的培养基。菌种分离常用选择培养基，利用被分离菌种的生理特性或对某些化学物质的抗性达到分离的目的。通常在基础培养基中加入某种化学物质抑制其他杂菌的生长，促进某些微生物的生长繁殖。常选用抗生素或染色剂（如青霉素、结晶紫、亚甲蓝、伊红、重铬酸钾等）作为抑菌剂或杀菌剂。

抑制剂在选择培养基中一般不起营养作用，只是为了抑制杂菌的生长。分离放线菌

时，常在培养基中加入少量的制霉菌素和酚溶液，可有效抑制细菌和霉菌等杂菌的生长。在分离酵母菌和霉菌时，常在培养基中加入青霉素、链霉素和四环素，可有效抑制细菌和放线菌等杂菌的生长。测5406抗生菌活孢子数时，常在培养基中加入100 mg/L的重铬酸钾，可有效抑制细菌和真菌等杂菌的生长。在分离革兰氏阴性菌时，常在培养基中加入一定浓度的结晶紫溶液，可有效抑制革兰氏阳性菌的生长。

3. 鉴别培养基 鉴别培养基指的是在基础培养基中加入某种试剂（指示剂）或化学药物，使培养后的某种微生物发生特殊的生理变化，从而达到鉴别微生物的目的而配制的培养基。此种培养基中的化学指示剂能与微生物中的某种无色代谢产物发生显色反应，易与其他外形相似的菌落区分开来。采用配方为蛋白胨10 g、乳糖10 g、磷酸氢二钾2 g、琼脂18 g、2%伊红水溶液200 mL、水1 000 mL、pH 7.0的鉴别培养基时，如果观察培养基形成具有金属光泽的黑色小菌落，说明有大肠杆菌生长，可用此法检查饮水或乳品中是否有肠道细菌污染；如果形成湿润的灰棕色大菌落则判定培养基中有产气杆菌生长。在牛肉膏蛋白胨培养基中加入葡萄糖、蔗糖、乳糖、甘油和甘露醇等各种不同的糖和指示剂溴甲酚紫，细菌产酸发酵糖时，培养液便会由原来的紫色变为黄色，可用此法鉴别细菌对糖的分解能力及产酸情况。

4. 加富培养基（营养培养基） 为了使某类微生物快速生长繁殖，使其生长速度远远超过其他类型微生物，从而使该类微生物在多种微生物共同存在时占优势，常在基础培养基中加入有利于其生长繁殖所需的营养物质，该类型培养基主要被用于分离自然界中人们所需要的微生物。如培养基配方：酵母膏0.5 g、磷酸氢二钾4 g、硫酸铵3 g、七水硫酸镁1 g、氯化钠0.5 g、石蜡20 g、水1 000 mL、pH 5.1～5.4。该加富培养基中的石蜡可促使能够利用石蜡的微生物大量生长繁殖，而不能利用石蜡的微生物就会被淘汰，可用此法从自然界中分离石油酵母。

加富培养基的一个显著特点是利用某些微生物在营养方面的特殊要求达到分离的目的，如在培养基中加入唯一碳源纤维素就可分离利用纤维素的菌种，在培养基中不加氮营养就可分离出固氮菌，在培养基中加入硫黄粉就可分离利用硫黄粉的氧化硫硫杆菌。

病毒等专性寄生生物的培养常用动物培养、鸡胚培养和细菌培养等方法，因其不能在一般培养基上生长。

三、斜面与平板培养基的制作

培养基是供微生物生长、代谢、繁殖的人工配制的混合养料。掌握正确的培养基配制方法是微生物实验的重要基础。虽然不同的微生物营养类型和实验研究目的决定了培养基中使用原料的不同，但是培养基中必须具备微生物生长繁殖所需的几大类营养要素，即碳源、氮源、无机盐、生长因子、水分等。此外，适宜的pH和渗透压以及一定的缓冲能力和氧化还原电位对微生物培养基的制作同样重要。实验室中最常使用的是固体培养基，下面就重点介绍一下固体培养基中的斜面培养基和平板培养基的制作过程。

（一）斜面培养基的制作

高温灭菌后，无论是制作斜面培养基还是制作平板培养基，都必须趁培养基未冷却凝固时进行。下面介绍一下斜面培养基的制作过程：

在实验台上放置1块长度为0.5～1.0 m、厚度为1 cm左右（可根据需要的斜面面积大小调节厚度）的木板。将试管培养基的头部枕在木板上，管内培养基会发生自然的倾斜，培养基自然降温后，就会凝结成斜面培养基（图3-6）。这种制作方法的缺点是操作起来比较烦琐，需要一支一支地将试管摆到木板上，并且占用面积大，不够方便快捷，下面介绍另外一种简便的方法。

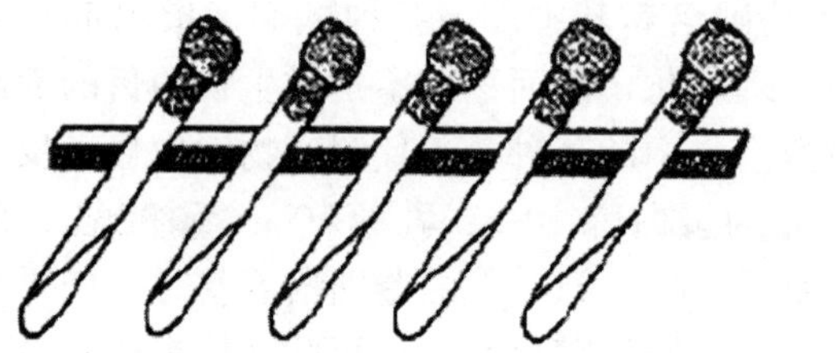

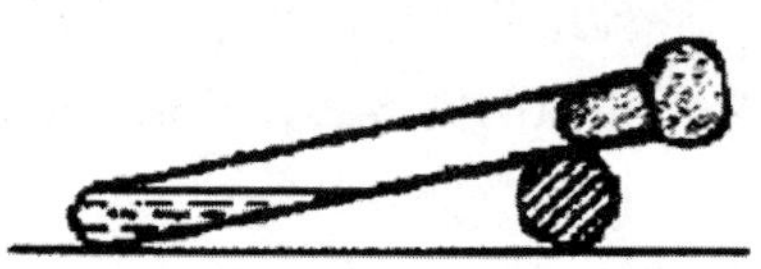

图3-6 斜面摆法

（1）操作前准备。将胶合板截成小块，长度约为18 cm，宽度为9 cm，长度与试管的长度相同或略短，宽度可满足5支试管并排放置或略窄。

（2）将截好的胶合板平置在并排的5支试管上，再在其上面并排放置5支试管，然后用牛皮纸将试管的上、下端分别包好，用绳扎牢，保持胶合板两侧的试管平行，放在高压蒸汽灭菌器中灭菌。

（3）高压灭菌完毕，自然降温，待锅内压强下降到零时，将高压蒸汽灭菌器的盖子打开一些，试管培养基的棉塞水分完全蒸发后取出，不拆开捆绑好的试管，直接将其摆成斜面。这样，在大量配制斜面培养基时既节省了空间又快捷省时，非常便利，保温效果还好，培养基凝固速度放缓，游离水分得到充分吸收。

（4）如果需要保存斜面培养基一段时间，还可以在灭菌前在试管外套上聚丙烯塑料袋，用绳子将袋口扎紧，这样做的目的是防止水分蒸发。

（二）平板培养基的制作

平板培养基也称为平皿培养基，指的是固体培养基自然降温凝结后在培养皿（无菌）中形成的平面固体培养基。主要应用于观察菌落形态特征、测定菌丝的生长速度、测定接种空间的杂菌数量、单孢分离、拮抗实验。下面介绍平板培养基的制作过程。

（1）操作前准备。首先要对培养皿进行清洁、干燥处理，保持所有培养皿盖的方向统一，用牛皮纸包扎好，并且注明培养皿盖的方向，高压或干燥灭菌后备用。

（2）将刚刚经过高压蒸汽灭菌的含培养基的锥形瓶和培养皿放在无菌操作台上，点燃酒精灯，拔下锥形瓶棉塞，用酒精灯稍稍灼烧瓶口，左手略打开培养皿盖，右手迅速将培养基倒入培养皿中，以铺满皿底为度，每个培养皿大概倒入10 mL，厚度约为0.5 cm，用封口膜封好，平放15 min左右。

（3）培养基自然凝固后，5～10个培养皿一叠将其倒置，平放在恒温箱内24 h，检查培养基中是否有杂菌，若未长杂菌，证明培养基配制成功，即可用其来进行下一步的实验。倒平板过程如图3-7所示。

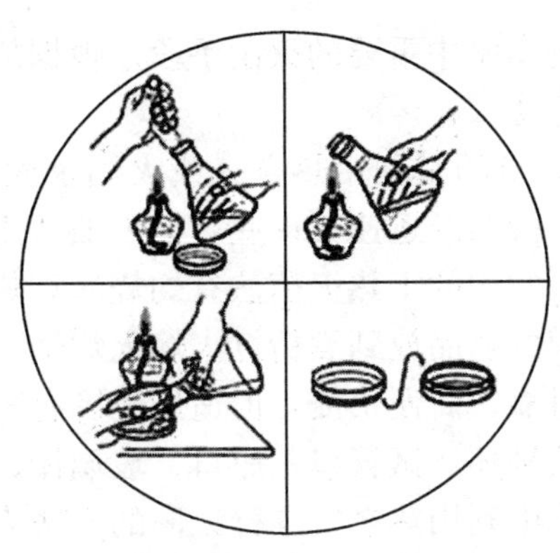

图 3-7　倒平板

任务四　消毒与灭菌

微生物在自然环境中具有分布广泛的特点，空气、土壤、水以及其他物品中都含有多种微生物。为了保证微生物的纯度、利用微生物对人类有利的方面，必须对所用的一切物品进行严格的消毒灭菌处理，以消除杂菌的干扰。

一、消毒与灭菌的相关概念

1. 消毒　消毒只能够杀死物品中或表面的病原微生物，即只杀死营养体但没有杀死细菌芽孢。由此看出，消毒是一种不够彻底的杀菌措施。消毒包括对手术室、无菌室等环境的处理，对皮肤、饮用水、饮料、牛奶、水果的处理等。

2. 灭菌　灭菌指的是采用强烈的物理或化学手段将物体中以及表面的一切微生物（含孢子及休眠体）杀死，使它们永远丧失生长发育及繁殖能力。灭菌可分为溶菌和杀菌，溶菌是指菌体死亡后发生溶解、消失，杀菌是指菌体失活，但菌形尚存。

3. 防腐　防腐指的是利用物理或化学手段完全抑制微生物生长。该方法的目的是防止物品发霉腐烂。常用的防腐措施有低温、干燥、高渗透压、高酸度、无氧及加防腐剂等。但是，防腐只能暂时抑制微生物的生长。

4. 除菌　除菌指的是用静电吸附、过滤、离心分离等机械方法除去气体或液体中微小的生物。

各种控制有害微生物的方法的共同特点都是采用了物理或化学手段。但无论采用哪种方法，在具体操作过程中，都应做到既不破坏物质的基本性质，又杀灭所带的微生物。

二、物理消毒灭菌法

（一）高温灭菌法

高温灭菌法指的是利用热能来达到消毒或灭菌的目的。若超过了微生物的最高生长温度将直接导致其死亡，故高温可用来灭菌。该种方法主要是引起了微生物细胞内蛋白质的凝固，加速了微生物呼吸，引起酶的变性失活，最终导致微生物细胞死亡。高温灭菌法是发酵生产、食品加工及微生物实验中重要的灭菌手段。根据加热方式的不同，又可将其分为干热灭菌和湿热灭菌两种方法。

1. 干热灭菌法 干热灭菌指的是利用热空气或火焰杀死微生物的方法。该方法可以直接利用火焰把微生物杀死，灭菌既迅速又彻底，但一般适用于不怕火焰的玻璃器皿及金属用具，因此使用范围有限，常用的干热灭菌法有灼烧法和热空气法。

(1) 灼烧法。将需要灭菌的物品放到酒精灯火焰上灼烧，烧至红热状态，使所带的微生物炭化成灰。此方法彻底可靠、简便快捷，但适用范围有限，仅适用于金属用具或体积小的玻璃器皿，如接种针、接种环、试管口、瓶口、玻璃棒、载玻片等。

(2) 热空气法。在干燥箱中利用热空气进行灭菌的方法为热空气法，此方法需要的温度较高、时间较长，是在干燥箱中进行的，适用于金属用具、体积较大的玻璃器皿及其他耐干燥的物品。在使用该种灭菌方法时，注意事项有两点：①含水分的物质及各种培养基都不适用；②灭菌温度不能过高，不能超过 170 ℃，若超过此温度，箱底靠近炉丝的部位温度会过高，棉塞、牛皮纸等纤维会燃烧，造成事故。

2. 湿热灭菌法 湿热灭菌法指的是用沸水、饱和水蒸气或流通蒸汽进行灭菌的方法。蒸汽潜热大、穿透力强，因此利用高温高压蒸汽可以使蛋白质变性或凝固，最终导致微生物死亡。影响蛋白质变性的因素有含水量、温度等（表 3－7）。含水量低时蛋白质变性所需的温度高；含水量高时蛋白质变性所需的温度低。由此可以看出，湿热灭菌比干热灭菌所需的时间短、温度低、灭菌效率高，是常用的灭菌方法。医院和实验室常用此方法灭菌。湿热灭菌法又分为如下几种。

表 3－7 不同含水量蛋白质凝固温度

蛋白质含水量/%	凝固温度/℃
50	56
25	74～80
13	80～90
6	145
0	160～170

(1) 高压蒸汽灭菌。高压蒸汽灭菌就是利用高压加高温的灭菌方法，在高压蒸汽灭菌器内，利用高于 100 ℃的水蒸气来达到杀灭微生物的目的。灭菌原理：水的沸点具有随着压力的增大而提高的特点，因此当水在高压蒸汽灭菌器中煮沸时，产生的蒸汽不能逸出，导致压力增大，水的沸点和温度也随之升高（表 3－8）。

表 3－8 蒸汽压力与蒸汽温度对照

压力		温度/℃				
lbf/in^2 (psi)①	$kgf/cm^2$②	空气排除	空气排除 2/3	空气排除 1/2	空气排除 1/3	空气没有排除
5	0.35	109	100	94	90	72
10	0.70	115	109	105	100	90
15	1.05	121	115	112	109	100

（续）

压力		温度/℃				
lbf/in² (psi)①	kgf/cm²②	空气排除	空气排除 2/3	空气排除 1/2	空气排除 1/3	空气没有排除
20	1.41	126	121	118	115	103
25	1.76	130	126	124	121	115
30	2.11	135	130	128	126	121

①1 lbf/in² (psi) =6 894.76 Pa。

②1 kgf/cm²=98.066 5 kPa。

使用高压蒸汽灭菌器时的注意事项：①在灭菌升压之前，要排尽灭菌器内的冷空气，若有冷空气留存，则灭菌器内的温度将低于纯饱和蒸汽产生的温度，导致灭菌温度不达标（表 3-8）；②灭菌完毕后的降压过程中，应使灭菌器内压力自然下降，切记不要打开排气阀，因为压力的突然下降会使灭菌器内的培养基冲到棉塞上，造成污染，导致灭菌失败；③灭完菌的物品不要久留其中，不然会被冷凝水打湿。

（2）间歇灭菌。间歇灭菌指的是利用流通蒸汽反复多次加热，此法可以杀灭所有微生物。具体是将经过一次 100 ℃、30 min 灭菌的物品冷却后，置于 37 ℃孵化箱中培养过夜，目的是使芽孢发育成繁殖体，再进行灭菌，反复 3 次达到灭菌效果。微生物的营养细胞和休眠细胞对温度的敏感程度是不一样的。营养细胞在 80～100 ℃的条件下被杀死，是不耐热的；休眠细胞在 120 ℃左右的条件下才会被杀死，是耐热的。该法的优点是不需要专用的灭菌设备；缺点是时间长，过程过于麻烦。一般只适用于不耐热的营养物质、特殊培养基（如含硫培养基）以及药品的灭菌。间歇灭菌法的操作步骤如下（没有高压锅的条件下可采用此法）：

①把包装好的培养基煮沸 30 min 冷却后，放在 37 ℃培养箱中培养 24 h。

②把第一次培养过的培养基再煮沸 30 min，冷却后再放入 37 ℃培养箱培养 24 h。

③对第二次培养过的培养基进行第三次煮沸，时间为 30 min。

（3）巴氏消毒法。巴氏消毒法也可以称为低温消毒法，指的是利用较低的温度处理牛奶、果汁、啤酒、葡萄酒、酱油等不耐高温的食品，既可以达到杀死病菌的目的，又能保持物品中营养物质风味不变的消毒方法。此方法是由法国微生物学家巴斯德发明的冷杀菌法，常被用于食品加工业。处理方法是将物品在 72 ℃条件下处理 15 min 或在 63 ℃条件下处理 30 min。这样灭菌可以杀死致病菌，特别是无芽孢的肠道细菌。

（二）过滤除菌法

过滤除菌法指的是用物理阻留的方法将空气或不能加热液体物质中的细菌除去，从而实现无菌。该方法通过滤菌器来完成除菌过程。血清、酶液、碳酸氢盐、毒素等均可采用过滤除菌的方法。过滤除菌法利用棉花、金属等具有极其微小孔径的物体作为介质，将含菌液体通过这种筛孔比细菌还小的特制的筛子，使液体由孔径通过，而将细菌或其他悬浮物截留。细菌过滤器有石棉的、硅藻的、土瓷的、玻璃的等，种类比较丰富。过滤除菌法的操作步骤如下：

（1）将抽滤瓶、滤器灭菌后备用。

（2）先用滤纸过滤将要除菌的液体物质，除去杂质。

(3) 在无菌室内装配好抽滤瓶和滤器。

(4) 向滤器内加入需要除菌的液体物质，再接上抽气管，进行真空抽滤。

(5) 抽滤完毕，拔掉抽气管，取下滤器，将滤液倒入无菌三角瓶中，用8层无菌纱布加1层牛皮纸包扎瓶口，在冰箱中保存备用，此过程必须严格无菌操作。

(三) 紫外线灭菌法

紫外线灭菌法指的是利用能够破坏微生物细胞中的脱氧核糖核酸或核糖核酸分子结构的紫外线杀死生长性细胞或再生性细胞，最终达到消毒的目的。紫外线是一种短光波，波长范围为265～266 nm，杀菌力最强。紫外线主要从两方面来杀菌：①短波直接辐射作用，细胞吸收一定量的紫外线后，因蛋白质变性而死亡；②辐射作用可以使空气中的部分氧产生臭氧。可通过臭氧产生的速度和强弱粗略判断紫外线灯管的质量。受损害的微生物细胞经紫外线照射后再次暴露在可见光中，会有一部分恢复正常，这种现象称为光复活现象。光复活的程度与暴露在可见光下的时间、强度、温度等条件有关。

紫外线灭菌法可广泛应用于接种室、无菌室和手术室，方法很简单。灭菌常用30 W、220 V的紫外灯照射30 min。紫外灯的有效距离为1.5～2.0 m，最好是在1.0 m内。紫外线灭菌法只适用于物质表面和室内空气灭菌，因其具有光复活现象，灭菌后停半小时再开日光灯或见光。紫外线穿透力弱，不能透过普通玻璃。应避免直视灯管和在紫外线照射下工作，因为紫外线对眼黏膜、视神经及皮肤有损害。紫外线对真菌的作用效果比较差，使用该法灭菌时应配合使用其他方法。

三、化学消毒灭菌法

化学消毒灭菌法指的是用化学药品直接作用于微生物而将其杀灭或抑制的方法。在微生物学中，把可以用来杀菌或抑菌的化学药剂称为杀菌剂或抑菌剂。杀菌剂是低浓度下起作用的化学试剂。化学消毒灭菌法适用于实验室等密闭房间内的空气及桌面的消毒与灭菌。化学消毒灭菌法常用的化学药品有如下几种。

1. 有机化合物 主要有酚类、醇类和醛类。

(1) 酚类。酚类是一大类最早使用的杀菌剂，具有高毒性，最近安全方面的因素限制了它的使用。因此，酚类杀菌剂不常用于活组织，主要用于用具、粪便和痰等非生命物质的消毒。杀菌原理是酚类试剂能造成细菌的细胞壁和细胞质膜的损伤以及使微生物细胞内蛋白质变性，如来苏水和苯酚。

(2) 醇类。乙醇是最常用的醇类杀菌剂，它的杀菌原理是可以凝结微生物细胞内的酶，从而杀死微生物。实验室内常用乙醇对玻璃棒、载玻片及其他用具进行杀菌，使用浓度在70%～75%。乙醇的杀菌力比甲醇强，一般不用甲醇作为杀菌剂。乙醇的杀菌力比丙醇、丁醇、戊醇的弱，醇类杀菌剂具有分子量愈大杀菌力愈强的特点。

(3) 醛类。甲醛溶液是最常用的醛类杀菌剂，使用浓度在37%～40%。它的杀菌原理是与细菌蛋白质的氨基结合，并通过还原作用使蛋白质变性，引起菌体和芽孢死亡。常以熏蒸法使用，一般用于医院传染病病房及接种室的消毒。熏蒸时，化学物品的用量：40%甲醛10 mL/m^3、高锰酸钾5 g/m^3。情况不同，用量有所不同，但比例保持在2∶1，二者混合后会自动氧化蒸发，密闭熏蒸时间在12～24 h。甲醛对人体有害，对皮

肤、黏膜均有刺激性，不能直接接触。

2. 无机化合物　主要有卤化物和重金属。

（1）碘。碘的杀菌能力较强，且不具有选择性，它能杀灭多种微生物，如细菌、真菌和芽孢，皮肤和伤口的消毒常常用浓度为1%的碘酒。

（2）氯和氯化物。氯和氯化物的杀菌原理是氯气遇水形成次氯酸，次氯酸具有抗菌作用；次氯酸的杀菌能力是等浓度次氯酸盐的 80 倍。次氯酸通过氧化在糖类代谢中起重要作用的酶分子中的巯氢基团来抑制葡萄糖的氧化反应，从而达到杀灭微生物细胞的目的。次氯酸在氯化物中活力是最强的。氯原子侵入细胞后，可直接作用于微生物细胞内的物质，与其结合，也产生毒效。氯常被用作饮用水、游泳池的消毒剂，使用浓度为 0.2～0.5 μL/L。人们也普遍用次氯酸钙作为消毒剂，粉剂或液剂可作为食品的消毒剂，使用浓度为 5%～20%。漂白粉是含氯的化合物，常用其 2%～5%的水溶液，通过浸泡、喷雾和洗刷对微生物产生强烈的杀伤作用。漂白粉有嗜水性，应密封保存。

（3）氟。氟具有高度的腐蚀性，所以不常用，氟也可用作防腐剂。

（4）重金属及其化合物。重金属及其化合物均为强杀菌剂，其中铜、银和汞的杀菌能力最强。即使是低浓度的重金属，也足以杀死微生物。其杀菌原理是金属离子对微生物细胞中的蛋白质具有高度的亲和力，低浓度重金属溶液中的离子也会不断地进入细胞，造成细胞内离子的大量沉积，起杀菌作用，这样的致死效应称为微动作用。

氯化汞、氯化亚汞、二氧化汞和有机汞都是汞的化合物。二氧化汞是具有强烈杀菌力的杀菌剂，常用的浓度为 0.1%，剧毒，使用时应多加小心。氯化亚汞和氯化汞常被用作防腐剂，二者均不溶解。无机汞化物的毒力比有机汞化物的毒力高，但药效较短，并且对动植物的毒性较重，因此，常用有机汞化物作防腐剂和植物的杀菌剂。

硝酸银是无机银杀菌剂，其应用最为广泛，可预防传染性眼病，使用浓度为 0.1%。胶体银化合物含蛋白质和氧化银或金属银，被制成胶体溶液用作防腐剂，随时释放银离子起抑菌和杀菌作用。

硫酸铜作为主要的铜化合物杀菌剂，对真菌和藻类的杀灭能力较强，向储水池等处加入少量的硫酸铜可杀死藻类。波尔多液是由硫酸铜和石灰制成的，它是应用最普遍的杀菌剂。

3. 染色剂　在一般浓度下，染色剂只可抑制细菌的生长，具有抑菌效应而不是杀菌效应。革兰氏阴性细菌没有革兰氏阳性细菌对染色剂敏感。常用的染色剂有结晶紫、亚甲蓝、孔雀绿等，处理伤口可用 2%～4%的结晶紫。细菌对染色剂的敏感度各不相同，1∶3 000 的孔雀绿能抑制大肠杆菌的生长，但只需要 1∶1 000 000 的浓度就能抑制金黄色葡萄球菌的生长。吖啶黄的杀菌谱较广，杀菌力和抑菌力也很强。

4. 治疗剂　化学治疗剂指的是能够特异性地作用于某些微生物并具有选择性毒性的化学药剂，它们选择性地抑制、干扰或杀灭病原微生物，对比那些非特异性的化学药剂，它们对人体几乎无毒性或毒性很小，可用来治疗微生物引起的疾病，如用磺胺类药物防治痢疾、脑膜炎等细菌性传染病。抗生素是由真菌、细菌、放线菌属的微生物或高等动植物在生长代谢过程中产生的具有抗病原体或其他生物活性的一类次级代谢产物，具有干扰其他细胞发育的作用，也可以是人工合成的衍生物。抗生素作用的范围极广，如青霉素的作用原理是干扰细胞合成细胞壁，它在低浓度下抑菌，高浓度下杀菌。抗生素已被广泛用于人、动物、植物的疾病防治。

常用消毒灭菌剂的常用浓度和应用范围见表 3-9。

表 3-9 常用化学消毒灭菌剂的常用浓度和应用范围

类别	实例	常用浓度	应用范围
醇类	乙醇	70%～75%	皮肤、器械
酸类	乳酸	0.33～1.00 mol/L	空气喷雾或熏蒸
	食醋	3～5 mL/m³	空气熏蒸
碱类	石灰水	1%～3%	地面
酚类	苯酚	3%～5%	空气、地面、家具、器皿
	来苏水	2%～5%	皮肤
醛类	甲醛	10%溶液 2～6 mL/m³	接种室、接种箱或厂房熏蒸
	戊二醛	2%	物品
重金属离子	氯化汞	0.05%～0.10%	植物组织表面消毒（如根腐消毒）
	硝酸银	0.1%～1.0%	皮肤消炎
	硫酸铜	0.1%～0.5%	配成波尔多液防治植物病害
氧化剂	高锰酸钾	0.1%～3.0%	皮肤、水果、茶杯
	过氧化氢	3%	伤口清洗
	漂白粉	1%～5%	培养基、饮用水及粪便
	氯气	0.2～1.0 μL/L	饮用水
	过氧乙酸	0.2%	原液对皮肤和金属有强腐蚀性，还可爆炸
染料	甲紫	2%～4%	皮肤、伤口，是外用紫药水
去污剂	新洁尔灭（苯扎溴铵）	5%	皮肤、不能过热的器皿
金属螯合剂	8-羟喹啉硫酸盐	0.1%～0.2%	外用、清洗消毒

技能实训

实训一 培养基的配制

一、实训目的

1. 了解并掌握常用培养基的配制和分装方法。
2. 掌握棉塞的制作方法。
3. 学会本实训所用玻璃器皿的清洗、包扎方法和灭菌前的准备工作。

二、实训原理

微生物营养类型和实验研究目的的不同决定了培养基中使用原料的不同，营养物质需

要不同的搭配组合，配制满足不同需求的培养基。此外，还需要考虑 pH 和渗透压以及缓冲能力和氧化还原电位等因素。

三、材料与用具

1. 材料　牛肉膏、蛋白胨、黄豆芽、酵母膏、马铃薯、葡萄糖、琼脂、淀粉、氯化钠、七水硫酸亚铁、七水硫酸镁、磷酸氢二钾、1 mol/L 氢氧化钠、1 mol/L 盐酸等。

2. 用具　天平、称量纸、药匙、pH 广泛试纸、量筒、试管、试管架、三角瓶、漏斗、纱布、分装架、移液管、玻璃棒、烧杯、棉花、纱布、线绳、牛皮纸、水浴锅、水果刀、橡皮筋、电炉等。

四、方法步骤

（一）常用培养基

见附录七。

（二）操作步骤

1. 玻璃器皿的清洗、包扎和灭菌前的准备工作　实训中的玻璃器皿（如试管、三角瓶、烧杯等）在使用前必须彻底清洗干净，有些还需要包扎起来。玻璃器皿的新旧程度不同，洗涤方法也有所不同，下面介绍具体的清洗和包扎等方法。

（1）用过的玻璃器皿。没有被病原菌污染的玻璃器皿使用后可随时清洗；有可能被病原菌污染的器皿，消毒后除去污垢，用皂液洗刷完毕后再用清水洗净；移液管先用洗液浸泡，洗液的成分为重铬酸钾 50 g、浓硫酸 100 mL、水 85 mL，再用水洗净，烘干；用皂液未洗净的器皿，也可用洗液浸泡完之后清洗，但需要注意洗液的腐蚀性极强，使用时不要溅到皮肤和衣服上。

（2）新购置的玻璃器皿。首先要除去包装时沾上的污渍，再用热的肥皂水清洗，用流水冲刷干净，再浸泡于工业用盐酸中几个小时，盐酸浓度为 1%～2%，这样做的目的是除去游离的碱性物质，再用流水冲刷干净。量筒、大烧杯等容积大的器皿也是冲洗干净后向其中注入少许浓盐酸，转动容器使其内壁均沾有盐酸，几分钟之后同样用流水冲刷干净，将容器倒置于器皿架上，沥干水分。

（3）器皿的包扎。玻璃器皿灭菌前要包扎好，避免灭菌后被外界杂菌污染。以下介绍几种常用的器皿包扎法：培养皿可以 8～10 套一叠包扎，用双层报纸或牛皮纸包成筒形；三角瓶的包扎要在瓶口棉塞外再包一层牛皮纸，再用绳扎紧；吸管的包扎首先要用尖头镊子或曲别针在管口塞入少许长约 1.5 cm 的棉花，要松紧适宜，向里吹气时要保证能通气但棉花不脱落，多余的棉花用酒精灯烧掉，塞入棉花的目的是防止杂菌进入管内，然后用长纸条包扎吸管，纸条斜着从吸管的尖端包起，斜角大概为 45°，逐步向上卷起，剩余纸条打结（图 3-8）。

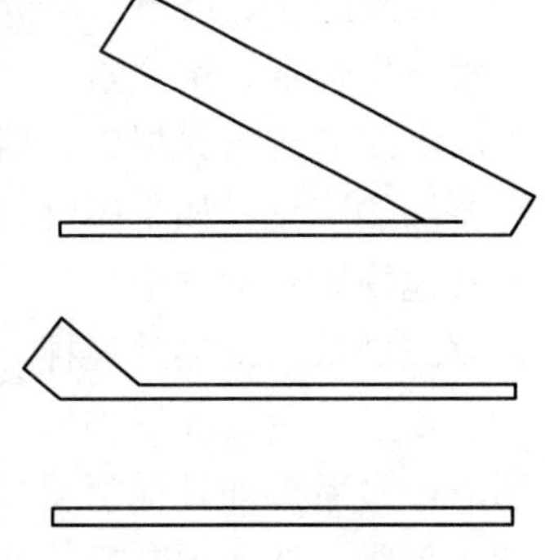
图 3-8　单支吸管的包扎

（4）棉塞的制作。装有培养基的试管、三角瓶等容器，应立即用棉塞塞好容器口，以防杂菌侵入，棉塞制作的成功与否直接影响培养基的纯度。制作棉塞应选用白色、纤维长的棉花，切记不要用脱脂棉，易吸潮。挑选薄厚和大小适中的棉花，将其折叠，外面再套上纱布，卷棉塞的方法如图 3－9 所示。棉塞与容器口的松紧度要适中，过紧会影响通气，过松易侵入杂菌；过于细小容易混入杂菌甚至脱落，过于粗大易堵塞不易拔出。一般棉塞的长度为 6～7 cm，表面光滑，松紧度适中，头较大，1/3 露于试管外部，2/3 在试管内部，用手拿棉塞将试管提起轻甩试管不脱落，拔出棉塞时以有轻微响声为宜。最后包纱布，将纱布剪成方形小块盖在棉塞上，捏住棉花卷塞入管口，把管口外的棉花收紧，用绳将纱布和棉花系好，剪掉多余的纱布和棉花便完成了棉塞的制作。在外围包纱布的目的是防止棉塞被酒精灯点燃，且还可重复使用。

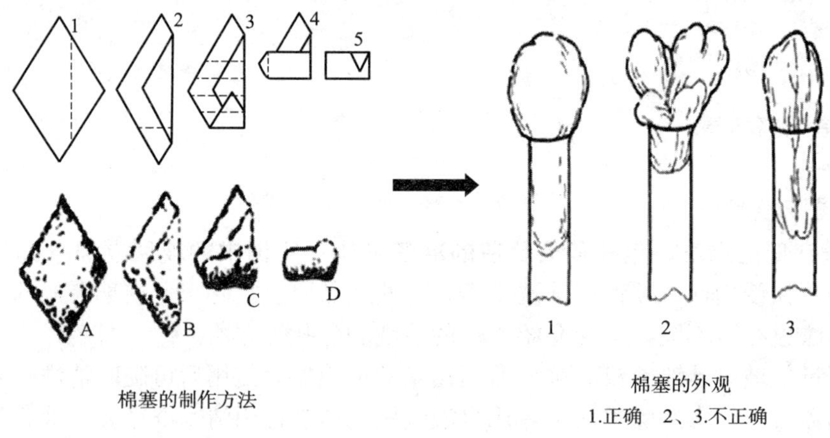

棉塞的制作方法

棉塞的外观
1.正确　2、3.不正确

图 3－9　棉塞的制作方法

2. 培养基的配制　培养基的配制流程：药品称量→溶化、溶解→定容、调节 pH→过滤分装→包扎、标记（待灭菌）。

（1）药品称量。根据培养基的配方及所需培养基的量计算出各营养成分的量，按计算结果称量药品。置于大小适中的烧杯中，注意先不要加入琼脂。容易受潮的药品如蛋白胨要迅速称量；不易称量的药品如牛肉膏可借助其他器皿如小烧杯和玻璃棒来称量；生长素和微量元素类药品，可先将其配制成溶液，再用滴管加入。

（2）溶化、溶解。培养基中各营养成分的添加是有顺序的：缓冲剂→主要元素→微量元素→生长素、维生素等，先加有机成分，后加无机成分。这样做的目的是避免营养物质生成沉淀造成营养损失。培养基中一种营养物质完全溶化后，再加入另一种物质，必要时需要加热溶化，如牛肉膏、蛋白胨等。若培养基中含有难溶物，应先将其溶解，再依次加入其他物质。配方中含有淀粉，需要先将淀粉溶解再加入其他成分，首先用少许水将淀粉调制成糊状，加热并搅拌，然后再加入足量的水及其他物质。若配方中含有马铃薯、胡萝卜、麦麸、黄豆芽等物质，先用沸水煮 30 min，再趁热用纱布（2～4 层）过滤出定量的滤液，最后再加其他物质，补足水分。当其他物质全部溶解之后，在培养液煮沸的情况下加入琼脂，然后不断搅拌使其完全溶化。

（3）定容、调节 pH。先为培养液补足水分，定容。根据培养基所需 pH，用氢氧化钠或盐酸溶液对培养液 pH 进行调节，其间用 pH 试纸来测定 pH。

（4）过滤分装。首先要安装过滤装置。如果是固体或半固体培养基，需要在玻璃漏斗中放几层纱布或者是在两层纱布之间夹一薄层脱脂棉；如果是液体培养基，则只需在漏斗中放一层滤纸。没有特殊要求，此步骤可以省略。过滤之后的分装速度要快，以免培养基凝固，在温度较低的冬季常采用保温漏斗。下面以试管培养基为例介绍分装过程（图 3－10）。分装时，左手拿 4～5 支试管，右手控制止流夹，使乳胶管中的培养基直接流入试管底部，其间不要将培养基沾到试管口，避免棉塞沾染培养基造成污染。培养基的分装量一般为试管高度的 1/5，这样可以保证试管斜面达到最大。若为液体试管培养基，分装量则为试管高度的 1/4，半固体培养基为试管高度的 1/3。如果将培养基液体分装到三角瓶中，则高度以其容积的 1/2 为宜。如果制备平板培养基，培养基液体则直接装在三角瓶中。分装好的培养基，立即塞上棉塞，隔绝空气杂菌。

（5）包扎、标记。一般 7～10 支试管捆成一捆，并在试管上包扎牛皮纸或防水纸，用绳系好，防止灭菌时被冷凝水打湿和染菌（图 3－11）。在包装纸上注明培养基名称、制备者姓名、日期等信息。三角瓶培养基也要在棉塞外层包防潮纸，并在上面做好标记，等待灭菌。

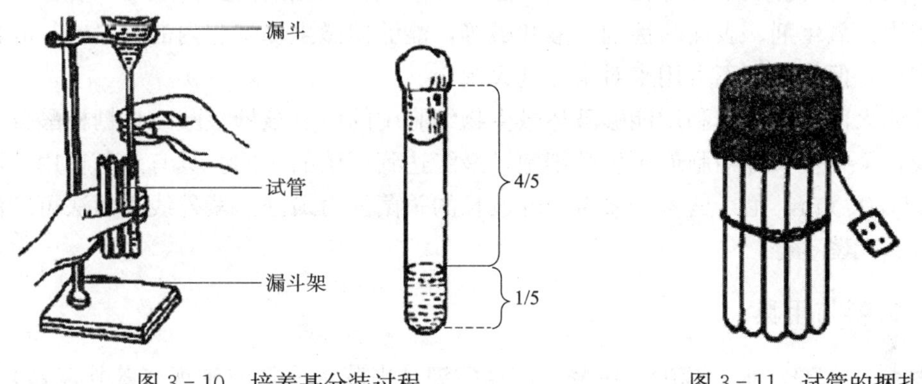

图 3－10　培养基分装过程

图 3－11　试管的捆扎

五、实训报告/思考题

1. 实训报告

（1）根据需要选择合适的培养基原料，并按比例计算各成分所需的量。

（2）记录制备培养基的整个过程及操作注意事项。

2. 思考题

（1）分装培养基用弹簧夹的目的是什么？

（2）分装好的培养基容器口为什么要塞棉塞？用胶皮塞或木塞行不行？

（3）培养基内各成分溶解后再加热的目的是什么？

（4）培养基对 pH 要求较低时，琼脂易水解或培养基中含有不宜高压灭菌的成分，该如何处理？

实训二　消毒灭菌

一、实训目的

1. 了解消毒灭菌的原理并掌握常用的消毒灭菌方法。

2. 了解并掌握干燥箱及高压蒸汽灭菌器的基本结构及使用方法。

3. 掌握玻璃器具的干热灭菌法及培养基的湿热灭菌法。

二、实训原理

消毒灭菌的方法有很多种，根据实训目的和灭菌对象的不同来选择不同的消毒灭菌方法，常用的方法有高温灭菌法、化学消毒灭菌法、紫外线灭菌法等。

高温灭菌法指的是利用热能来达到消毒或灭菌的方法。根据加热方式的不同，又可分为干热灭菌和湿热灭菌两种方法。由于蒸汽潜热大，穿透力强，而蛋白质含水量越高，其凝固所需的温度越低，因此湿热灭菌要比干热灭菌效果好。培养基一般用湿热灭菌法，即高压蒸汽灭菌，而一些金属器具和玻璃器皿可以选择干热灭菌法，牛乳、酱油、啤酒等不耐高温的物品可以选择间歇灭菌、巴氏灭菌。

化学消毒灭菌法指的是用化学药品直接作用于微生物而将其杀灭或抑制的方法。醇、酚、重金属含汞药物及甲醛等化学试剂，能够使微生物细胞内的蛋白质凝固变性，故可产生灭菌作用；氧化剂、表面活性剂、酸和碱等，能够使微生物细胞内的酶失活，故也可产生灭菌作用，但是它们不可用来对培养基灭菌。

紫外线灭菌法指的是利用能够破坏微生物细胞中的脱氧核糖核酸或核糖核酸分子结构的紫外线，杀死生长性细胞或再生性细胞，最终达到灭菌的目的。具有杀菌作用的波长范围为 200～300 nm，尤其是 265～266 nm 波长的杀菌能力最强。紫外线灭菌法可广泛应用于接种室、无菌室等。

三、材料与用具

1. 材料 乙醇、水、苯酚、甲醛、高锰酸钾、来苏水、新洁尔灭（苯扎溴铵）、漂白粉等。

2. 用具 高压蒸汽灭菌器、紫外灯、恒温干燥器、酒精灯、喷雾器、待灭菌的培养基、包扎好的玻璃器皿。

四、方法步骤

（一）湿热灭菌

实验室常用高压蒸汽灭菌器进行湿热灭菌，利用水的沸点随着蒸汽压力的增大而升高的原理。当蒸汽压力为 103 kPa、温度为 121 ℃时，灭菌时间为 15～30 min，可以将灭菌器内培养基及各种器皿上的各种微生物及它们的芽孢或孢子杀死。一般大瓶培养基需要灭菌 30 min，容积较大的物品如沙土管需要在 147 kPa、125 ℃条件下灭菌1.0～1.5 h，含糖培养基需要在 49 kPa、112 ℃条件下灭菌 30 min 以上，因其不能承受高温，故降低温度延长时间。

1. 手提式高压蒸汽灭菌器的构造 手提式高压蒸汽灭菌器一般分为三大部分，即内锅、外锅和锅盖。内锅就是薄铝桶，用来放置灭菌物品，锅壁上有个用来插排气管的壁道；外锅是厚锅桶，用来装水；锅盖上两阀一表，安全阀用来排放超额压力，避免灭菌器

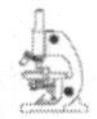

爆炸，排气阀与排气管相连，用来排放锅内冷空气，压力表用来显示锅内压力。具体构造如图 3－12 所示。

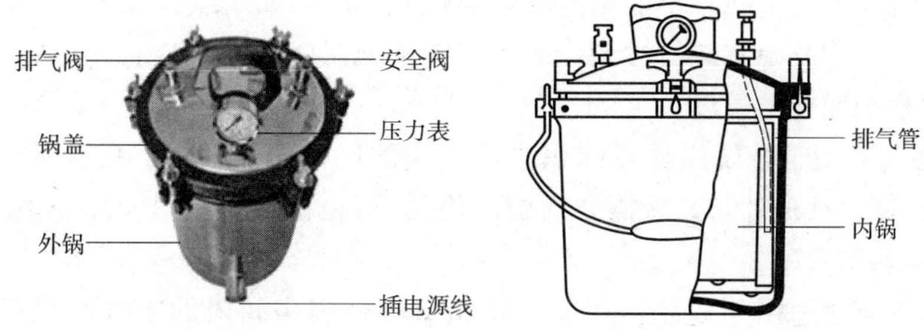

图 3－12　手提式高压蒸汽灭菌器主要构造

2. 手提式高压蒸汽灭菌器的使用方法

(1) 加水。向外锅加水，略过锅内支架。

(2) 装锅、加盖。将需灭菌物品放入锅中，注意不要装得过满，要留大概 1/5 的空间。装好锅后加盖，需要将锅盖上的排气管插入内锅排气壁道，采用对角式拧螺旋法，锅盖要拧紧，防止漏气。

(3) 加热排气。打开排气阀，加热待水煮沸后，锅内空气和水蒸气一同从排气阀排出，大量蒸汽从锅内排出大概 5 min 后锅内的冷空气就会完全排净。

(4) 升压、保压和降压放气。锅内冷空气排净后，关闭排气阀，压力开始上升。当压力升至所需压力时，调节热源，进入保压过程，并开始计算灭菌时间，达到所需灭菌时间后，停止加热，自然冷却，当锅内压力降到 20 kPa 以下时打开排气阀，压力降至零时才可以开锅。

3. 手提式高压蒸汽灭菌器使用注意事项

(1) 加水时注意不可低于锅内支架，最好使用已煮沸的水，以免锅内污垢沉积。

(2) 加热排气时注意要有大量蒸汽排出大概 5 min 后才可以关闭排气阀，以保证锅内冷空气排净。若锅内冷空气未排净，即便压力达到 99 kPa，但是温度并未达到要求，会严重影响灭菌效果，造成灭菌不彻底。

(3) 降压放气时注意要使锅内自然降压，切勿打开排气阀手动降压，否则压力变化过大，容易引起培养基沸腾污染棉塞，严重时还会冲破容器，导致灭菌失败。培养基灭菌时，略开锅盖，让蒸汽慢慢排出，利用余热烘干棉塞。

(4) 取物品时注意，培养基可在温度降至 60 ℃左右时取出；若外界温度低，可在容器外部覆盖毛巾等物品，以防降温太快造成冷凝水过多。

(5) 不要随意动锅盖上面的安全阀。

(6) 使用完毕后不要忘记倒掉外锅中的水，锅盖不宜盖严，以利于锅内干燥延长锅盖密封圈的使用寿命。

(二) 干热灭菌

1. 热空气灭菌　此法适用于金属用具、体积较大的玻璃器皿及其他耐干燥的物品。

具体操作方法：将物品置于恒温干燥器内，160～180 ℃灭菌 2 h。注意事项：灭菌温度不能过高，不能超过 170 ℃，若超过此温度，箱底靠近炉丝的部位温度会升高，棉塞、牛皮纸等纤维会燃烧，发生事故；不能用易燃物品包扎物品，如蜡纸、油纸等；灭菌期间不能打开干燥器的门；物品不宜装得过满，以免影响干燥器内温度均匀上升；工作期间要有人看管，注意观察干燥器的温度。

2. 灼烧法 适用于金属用具或体积小的玻璃器皿，如接种针、接种环、试管（口）、瓶（口）、玻璃棒、载玻片等，将需要灭菌的物品放到酒精灯火焰上灼烧灭菌。

（三）化学消毒灭菌

化学消毒灭菌法适用于皮肤、用具、实验室等密闭房间内的空气及桌面的消毒与灭菌。实验室常用的有 70%～75%酒精、2%～5%来苏水、福尔马林、0.05%～0.10%氯化汞、5%新洁尔灭等。酒精棉球的制作过程：选用脱脂棉，左手握成空拳，塞满后放入广口瓶中，用 75%酒精将其浸透，酒精棉球制作完成。

（四）紫外线灭菌法

紫外线穿透力弱，不能透过普通玻璃，只适用于物质表面和室内空气灭菌。紫外线灭菌法可广泛应用于接种室、无菌室，方法很简单。灭菌常用 30 W、220 V 的紫外灯照射 30 min。紫外灯的有效距离为 1.5～2.0 m，效果最好是在 1 m 内。为了灭菌更加彻底，常与化学消毒法一起使用。

五、实训报告/思考题

1. 实训报告

（1）简述高压蒸汽灭菌器的原理、操作步骤及注意事项。

（2）简述恒温干燥器的工作原理及操作注意事项。

（3）简述无菌操作台灭菌过程及接种工具的灭菌方法。

2. 思考题

（1）使用高压蒸汽灭菌器开始灭菌前，为什么要将锅内的冷空气排净？

（2）为什么湿热灭菌比干热灭菌效果好？

（3）沾有菌液的桌面、皮肤、移液管、载玻片，分别应该选用哪些消毒灭菌法？

实训三　菌种的移接和培养

一、实训目的

1. 掌握无菌操作规范，树立无菌操作理念。
2. 掌握微生物菌种移接技术。
3. 了解微生物培养条件。

二、实训原理

无菌操作指的是防止微生物进入人体组织或其他无菌范围内的技术。接种指的是在无

菌操作规范下，将目标微生物转接到人工配制的适宜其生长繁殖的培养基上或生物活体中的过程。无菌操作是菌种移接的关键，稍有不慎，感染杂菌，直接影响实验结果。下面介绍一下无菌操作规范。

(1) 环境清洁，无菌操作前要彻底清扫操作室，无菌操作室尽量采用拉门设计，避免空气流动造成污染，打扫完毕后用紫外灯照射灭菌。

(2) 人在操作前要洗手，指甲要修剪干净，穿着干净的实验室专用服装，一般为白大褂，发型要整洁，不要披头散发，以免造成污染，用口罩遮住口鼻。

(3) 灭过菌的物品与未灭菌物品分开放置，并且灭过菌的物品不要暴露在空气中，应放置在无菌空间即无菌包内，使用后的无菌物品，再次使用时必须要再经无菌处理，从无菌包内取出的物品，虽未使用，也不可放回去。

(4) 无菌包应注明无菌物品名称、消毒灭菌的日期，并且按照日期的先后顺序摆放，便于取用，固定放置。无菌包在未被污染的条件下可保存 7～14 d，过期后要重新进行灭菌。

(5) 取用无菌物品时，必须用无菌镊或无菌钳。未经消毒的物品不得跨越无菌区触及无菌物品。

(6) 无菌操作时，如果怀疑器具、用品被污染，则不能使用，应及时更换，重新灭菌后方可使用。

三、材料与用具

1. 材料　75%酒精、0.2%新洁尔灭（苯扎溴铵）、肥皂、菌种、菌液、土壤悬液、无菌水、斜面培养基、平板培养基等。

2. 用具　接种工具、涂布棒、超净工作台、酒精灯、酒精棉球、记号笔、标签纸、试管架等。

四、方法步骤

（一）试管斜面培养基接种及培养

1. 接种室与超净工作台消毒　接种室每天要打扫干净，拖地时用 0.2%新洁尔灭（苯扎溴铵），并且拖布要专用，操作前用紫外灯照射灭菌 30～50 min。在使用前用 75%酒精擦拭超净工作台，再用紫外灯灭菌 30 min。灭菌时，台面上物品不宜过多，并且物品不能叠放，否则会遮挡紫外光影响灭菌效果。所有物品在进入接种室之前必须先经过75%酒精擦拭。实验操作员在进入接种室之前要按照无菌操作规范搞好个人卫生。实验服、口罩、工作鞋等物品不要带到其他地方，并且要定期消毒处理。接种操作前，用肥皂洗手，并用新洁尔灭（苯扎溴铵）或 75%酒精对手进行消毒处理。整个操作过程不要离开酒精灯火焰范围。培养基棉塞不要乱放，接种工具使用前后均要在酒精灯火焰上灭菌。

2. 接种所需器具灭菌　试管、培养皿等常用器具必须在使用前进行彻底的灭菌处理，并贴好标签，注明菌种名称、培养基名称、日期等信息。培养基可以单独灭菌然后加到无菌器具中，也可以加到器具中一起灭菌。最常用的灭菌方法是高压蒸汽灭菌法，有些玻璃器具也可高温干热灭菌。

3. 接种步骤

（1）点燃酒精灯。

（2）左手持菌种管和接种管，将两支试管置于食指、中指、无名指之间，拇指压在两支试管底部侧面，使菌种管位于外侧，接种管位于内侧。使试管斜面向上，并且尽量放平。

（3）右手持接种针或接种环，将接种针头部或环部先垂直后水平灼烧至红热状态，其余部分在火焰上缓慢来回通过 2～3 次。

（4）用右手小指、无名指和手掌夹取棉塞，夹取顺序为先菌种管后接种管，将两管口迅速用酒精灯火焰灼烧 1～2 次，切记不要烧得过热。

（5）再用酒精灯火焰灼烧接种工具。

（6）接种工具冷却后，轻轻蘸取少量菌丝体或孢子，然后将接种工具移出菌种管，移出过程中注意不要碰到管壁，取出后带菌的接种工具不可以通过火焰。

（7）在火焰旁将蘸有菌种的接种工具伸入待接接种管，注意整个过程动作要迅速。在试管培养基底部由下至上来回做 S 形划线，注意不要划破培养基。

（8）划线后取出接种工具，并用酒精灯火焰灼烧试管口，在火焰旁塞上棉塞。注意塞棉塞时不要用试管去迎接，避免试管移动过程中产生空气的流动，造成污染。

（9）接种工具灼烧灭菌，再将棉塞塞紧，完成接种操作。整个接种过程如图 3－13 所示。

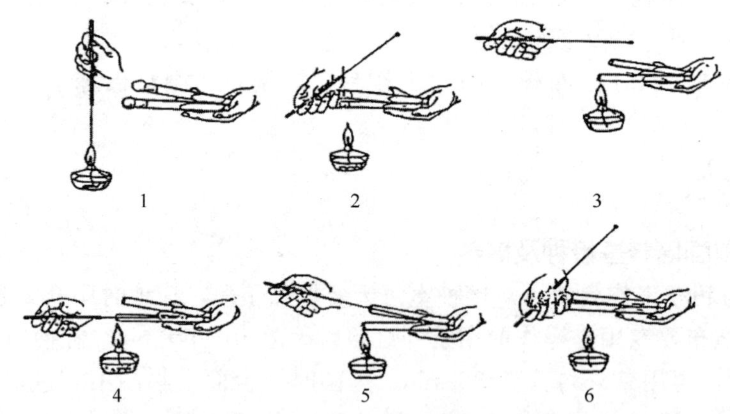

图 3－13　斜面试管培养基接种过程

4. 菌种培养　将接种好的斜面培养基置于被培养微生物所需条件下进行菌种培养。

（二）微生物的分离和纯培养

1. 平板划线分离法

（1）划线。在酒精灯近火焰处，左手拿平板培养基底部，右手拿接种工具，挑取土壤悬液在平板上划线，方法有很多种，但其目的都是稀释菌液形成单个菌落。常用划线方法有以下两种：

①用蘸有土壤悬液的接种环在平板培养基一侧划出 3～4 条平行线，灼烧环上剩余物，转动平皿约 70°，进行第二次平行划线，再重复上述方法，转动平皿进行第三次和第四次划线。划好后盖上平皿，用封口膜封口，倒置于培养箱内培养。

②用接种环在平板培养基上连续不断地划线，之后封口倒置培养（图 3－14）。

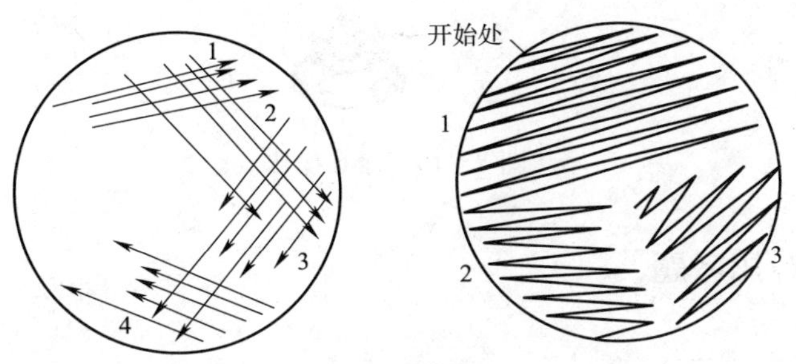

图 3－14　平板划线分离法

（2）挑菌落。将培养后分离出的单个菌落挑取少许于斜面培养基中，置于适宜温度下进行培养，若发现沾有杂菌，则需要继续分离培养，直至得到纯菌落。

（3）培养。马丁培养基和高氏Ⅰ号培养基应倒置培养，温度为 28 ℃，培养 3～5 d；牛肉膏蛋白胨培养基也是倒置培养，温度为 37 ℃，培养 2～3 d。

2. 稀释涂布平板法

（1）制备土壤稀释液。称取土样 10 g，放入三角烧瓶中，三角烧瓶中含有 90 mL 无菌水并且含有玻璃珠，振荡大概 20 min 后水与土样充分混合。用无菌吸管吸取 1 mL 土壤悬液与 9 mL 无菌水混合均匀，然后再用无菌吸管吸取 1 mL 土壤悬液与另外 9 mL 无菌水混合均匀，依此操作，就会得到不同稀释度的土壤悬液（图 3－15）。

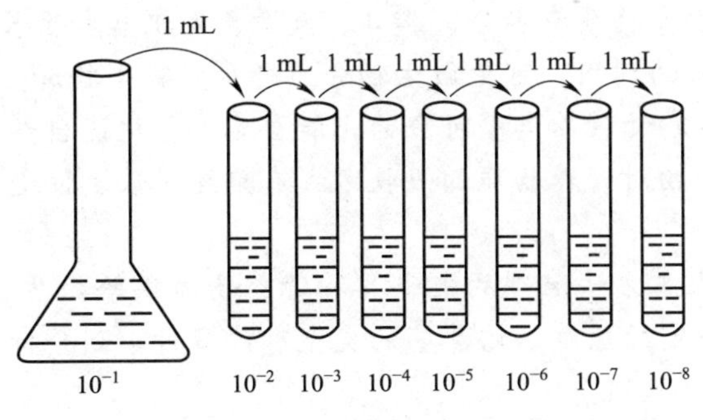

图 3－15　土壤悬液稀释过程

（2）涂布。在平板培养基底部做好标记，分别写上为 10^{-6}、10^{-7}、10^{-8} 3 个稀释度，然后吸取相应浓度的土壤悬液滴在平板培养基中央位置，若滴管上有剩余液体，只需轻轻按在培养基表面。用无菌涂布棒自平板中央向四周均匀涂布，注意千万不用将菌液推至培养皿边缘或划破培养基（图 3－16）。

（3）培养、挑菌落。用平板划线分离法直至纯培养。

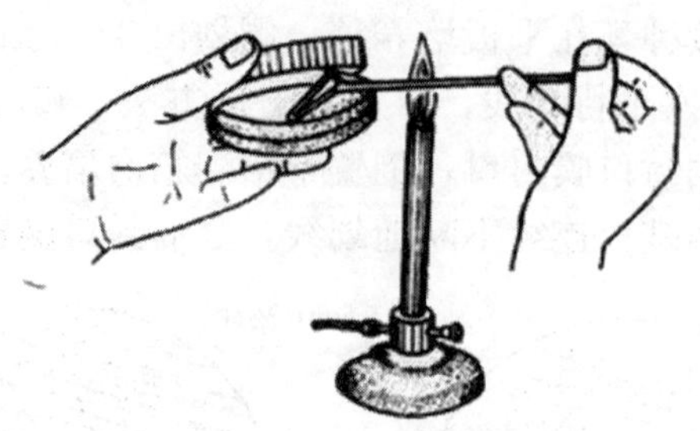

图 3-16 涂布操作

五、实训报告/思考题

1. 实训报告

（1）简述无菌操作规程。

（2）简述试管斜面培养基的接种过程。

（3）简述平板划线分离法和稀释涂布平板法的过程。

2. 思考题

（1）菌种移接过程中成败的关键点是什么？

（2）为什么平板培养基培养过程中培养皿要倒置？

项目小结

本项目主要内容有微生物的营养物质、营养类型，微生物对营养物质的吸收方式，培养基的配制以及消毒灭菌方法，并设计了3次实训操作训练。

1. 微生物需要的营养物质有水分、碳源、氮源、无机盐和生长因子。

2. 根据微生物对碳的利用，可把微生物分为自养型微生物和异养型微生物两种类型；考虑到能源因素，微生物的营养类型可分为光能自养型、化能自养型、光能异养型和化能异养型4种类型；微生物对营养物质的吸收方式有单纯扩散、促进扩散、主动运输和基团移位4种类型。

3. 培养基是指用人工方法配制的配合各种营养物质供给微生物生长繁殖的基质。培养基的配制应该遵循一定的原则。培养基的类型有许多种，划分标准不同，分的类型也不相同。

琼脂是目前实验室最普遍使用的理想的凝固剂，具有经过反复凝固熔化后营养物质不被破坏的基本性质，凝固点为40℃，熔点为96℃，在制作固体培养基时加入量为1.5%～2.0%。实验室常用琼脂来制平板或斜面培养基。

4. 掌握消毒灭菌的几个基本概念（消毒、灭菌、防腐和除菌），熟悉两类消毒灭菌方法：①物理方法，干热灭菌（灼烧和热空气灭菌）、湿热灭菌（高压蒸汽灭菌、间歇灭菌和巴氏消毒）、过滤除菌和紫外线灭菌；②化学方法，有机化合物（酚类、醇类和醛类）、无机化合物（卤化物和重金属）、染色剂、治疗剂等。

思　考　题

1. 微生物五大类营养要素是什么？其生理功能是什么？
2. 简述微生物营养类型及它们的分类依据。
3. 微生物吸收营养物质的方式及不同方式的区别是什么？
4. 什么是培养基？培养基的配制原则有哪些？
5. 琼脂的特点有哪些？如何使用？
6. 何谓消毒和灭菌？怎样区别？

探究与拓展

1. 简述自养型微生物与异养型微生物的营养特性并比较它们的不同之处。
2. 试说明常用的消毒灭菌方法及原理。
3. 想一想盐杆菌是如何在高盐环境中生存的。

项目四

微生物的代谢

项目导读

代谢是自然界所有生物都具有的生理生化过程，它是维持生命的一系列有序的化学反应的总称。生物体能够维持结构不变，生长、发育、繁殖以及对周围环境做出反应，都要归功于一系列代谢反应。微生物同其他动植物一样都是具有生命的个体，新陈代谢作用同样贯穿它们生命活动的始终，代谢分为能量代谢和物质代谢，物质代谢包括分解代谢（异化作用）和合成代谢（同化作用）。微生物代谢的特殊表现：①代谢活动旺盛；②代谢极其多样化；③代谢的灵活性和严格调节性。

分解代谢又称异化作用，指的是机体将自身存储的或环境中的糖类、蛋白质、脂类等有机营养物质一步一步降解成简单的、较小的如二氧化碳、氨、乳酸等终产物的过程，是释放能量的过程。合成代谢又称生物合成或同化作用，指的是氨基酸和核苷酸等构件分子或小的前体合成蛋白质和核酸等较大分子的过程，是吸收能量的过程。分解代谢释放的能量一部分被合成代谢利用，另一部分供机体利用或转化为热能。分解代谢的物质基础由合成代谢提供，合成代谢所需的能量与原料来源于分解代谢，二者存在明显差别又有不可分割的内在联系。同化作用和异化作用在生物体内对立而又统一，决定着生命的发展。

项目目标

【知识目标】了解微生物分解代谢和合成代谢及它们之间的相互关系；了解微生物的合成代谢途径、代谢调控与发酵生产；掌握微生物的生理生化特性。

【技能目标】认识微生物的代谢作用在农业生产上的应用以及生物热的应用；熟悉微生物发酵的类型以及生产工艺流程。

【情感目标】了解微生物代谢的过程，并培养利用微生物的代谢特点服务于农业生产的能力。

任务一 解析微生物的酶

所有生物体内的一切生化反应都离不开酶的催化作用，同样酶也影响着微生物的一切生命活动，微生物多种多样的生命活动现象都依赖酶的作用，没有酶就没有微生物。微生物体内的酶系统决定了其可以利用哪些营养物质、产生哪些代谢产物。微生物具有各自不同的酶系统，在体内会产生不同的生物化学反应。

一、酶的概念、分类、特性

（一）酶的概念

酶指的是具有生物催化功能的高分子物质，它是一类由活细胞产生的特殊蛋白质，具有高度专一性和催化活性。生物体内的包括能量转化和物质转化的各种生化反应都有特定的酶的参与。酶是生物催化剂，有酶参与的生化反应称为酶促反应，在酶的催化反应体系中发生化学变化的反应物分子称为底物。

（二）酶的分类

微生物种类繁多，并且具有各自不同的酶系统，因此酶的种类也很多。酶按照化学组成可分为单纯酶和复合酶两类。单纯酶分子中只含有肽链，这些肽链是由氨基酸残基组成的；复合酶分子中除了含有由多肽链组成的蛋白质外，还含有铁卟啉、金属离子或含B族维生素的小分子有机物等非蛋白质成分。复合酶中的蛋白质部分称为酶蛋白，非蛋白质部分称为辅酶（辅基），二者一起组成了全酶，如果酶蛋白和辅酶（辅基）分开，酶的活力便会消失，只有全酶才有催化作用。按照酶催化的化学反应性质的不同，可将酶分为6类，即转移酶类、异构酶类、裂解酶类、水解酶类、氧化还原酶类和合成酶类。按照酶在细胞内部位的不同，可将酶分为胞内酶、胞外酶和表面酶。按照酶作用底物的不同，可将酶分为蛋白酶、核糖核酸酶、淀粉酶、纤维素酶、脂肪酶等。按照酶产生条件的不同，可将酶分为诱导酶和固有酶，营养基质中有某些作用物质即诱导剂的存在就会产生诱导酶，而微生物在其所处的营养基质中固定产生的酶为固有酶。综上所述，虽然微生物中酶的种类多种多样，但这些酶在细胞内有各自严格的活动区域，从而使微生物在空间上和时间上都能高度有效、有序地进行各种不同的生理活动。

（三）酶的特性

酶除了具备一般催化剂的催化性质外，还有它自身的一些催化特性。

1. 高效性 酶有极高的催化效率，酶比无机催化剂的催化效率更高，促使反应速率更快。酶促反应速率比一般催化剂的催化反应快 10^7～10^{13} 倍，比非催化反应快 10^8～10^{20} 倍。例如，在 1 s 的时间内 1 mol 铁离子可催化 10^{-5} mol 的过氧化氢分解，然而在同样的条件下过氧化氢酶可催化 10^5 mol 的过氧化氢分解，过氧化氢酶是铁离子催化效率的 10^{10} 倍；在 2 h 内 1 g 胃蛋白酶可以分解 50 kg 煮熟的鸡蛋；65 ℃下 1 g 淀粉酶可在 15 min 内将 2 t 淀粉水解为糊精。

2. 专一性 即一种酶只作用于一种或一类底物，或者说只催化一种或一类化学反应，产生一定的产物。例如，蛋白酶只催化蛋白质水解；淀粉酶只催化淀粉水解生成一定的产物。按照酶的专一程度其专一性又可分为绝对专一性、相对专一性和立体异构专一性。绝对专一性指的是酶对其催化的底物及反应的严格选择性。这类酶具有只可催化某一种底物的性质，如脲酶只可将尿素催化水解为二氧化碳和氨，对其他物质不起催化作用。相对专一性指的是一种酶可作用于一类具有相同化学键或基团的化合物，这种不太严格的专一性称为相对专一性，如磷酸酶不仅对磷酸酯有作用，还对甘油、一元醇或酚的磷酸酯有作用。立体异构专一性指的是酶对底物的立体构型有要求，具体指某种酶只对含有不对称碳原子的异构体起作用，而不能对其另一种异构体起作用，如L-精氨酸酶只对L-精氨酸起作用，而对D-精氨酸没有作用。

3. 温和性 指的是酶参与的催化反应是在比较温和的条件下进行的。一般的催化剂需要在强酸或强碱、高温、高压等异常条件下才可以起作用，而酶则在近中性、常温和常压的水溶液中就可以发挥催化作用。

4. 易变性 大多数酶是蛋白质，对一些物理化学因素的反应比一般无机催化剂要敏感得多，因而在高温、高压、强酸、强碱和紫外线等条件下会被破坏，失去活性。例如，铜离子、汞离子等重金属离子能使酶钝化失活。因此，使酶保持最高活性的重要因素是适宜的酸碱度和温度。一般情况下，酶对温度的敏感性表现为在一定范围内，随着温度的升高酶的活性增强，超过一定限度酶的活性减弱。酶对pH的敏感性极高，每一种酶都有自己特定的最适pH范围（图4-1）。如糖化淀粉酶的最适温度范围为54～56 ℃，最适的pH范围为4.8～5.0。

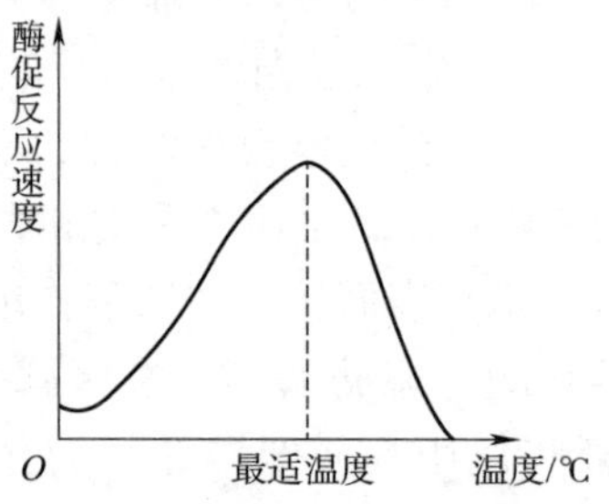

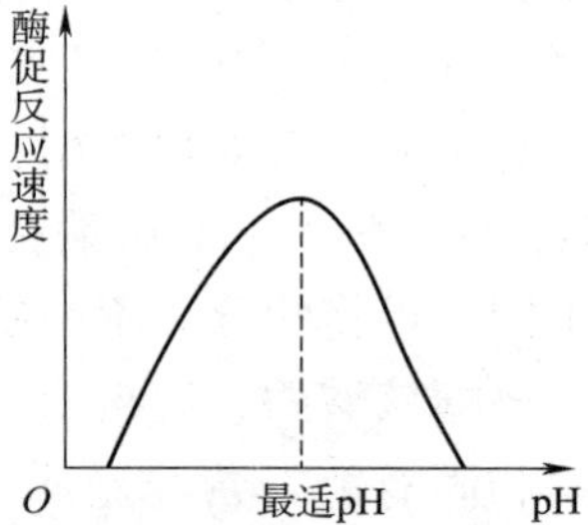

图4-1 温度、pH对酶促反应速度的影响

二、酶的应用

通常情况下，所有生物体皆可作为酶的来源，但微生物酶比其他来源的酶更有优势。微生物酶具有以下优点：微生物更易于培养，且生产周期短，易于管理，原料成本低，可通过控制外界环境和营养条件来提高微生物的产酶效率，也可通过基因工程、菌种选育等生物学遗传手段来对菌种进行改良，从而改变其产酶种类；同时微生物种类繁多，兼具多种无可替代的优点，可以利用其生产所有的酶。但要提高动植物的产酶效率或改变其产酶种类则要困难许多，而且酶的来源易受地区、季节、数量等因素的限制，满足不了生产需求。综上所述，微生物作为酶的来源具有多种优越性，目前工业上生产的酶绝大部分都来自微生物。

由酶的性质可知，酶可以提高产品的品质和产量，在生产上，酶降低了劳动强度和成本，酶及其反应物不含毒，又减少了环境污染，因此特别适用于食品加工等工业生产。酶在食品工业方面已被普遍应用于制造糖、醋、酱油、酒等；利用淀粉酶生产啤酒和酒精，淀粉酶可将淀粉糖化、液化，从而对酵母菌生长有利；利用蛋白酶生产酱类食品、调味包等，蛋白酶可将酵母蛋白质水解成氨基酸，生产酵母抽提物，会产生良好的风味。在农业方面，饲料加工生产利用淀粉酶、纤维素酶和霉菌，制麻业利用果胶酶。在轻工业方面，纺织业脱浆利用淀粉酶，毛纺业脱脂利用脂肪酶，皮革业脱毛软化利用角质蛋白酶，制丝业生丝脱胶利用蛋白酶。目前，淀粉酶、蛋白酶、果胶酶、脂肪酶、纤维素酶等微生物酶制剂的生产量较大且应用效果较好（表 4－1）。

表 4－1　主要微生物酶制剂的用途及来源

酶制剂名称	用途	来源
淀粉酶	酒类发酵、制造醋和酱、饲料生产、纤维退浆	黑曲霉、枯草杆菌等
蛋白酶	制造酱油和酱、皮革业脱毛、蚕丝脱胶、肉的嫩化、饲料加工	黑曲霉、枯草杆菌、灰色链霉、米曲霉等
果胶酶	棉麻植物纤维脱胶、果汁澄清、橘子脱囊衣	黑曲霉、米曲霉、黄曲霉
脂肪酶	羊毛脱脂、乳制品增香、羊皮软化	假丝酵母、根霉、青霉等
纤维素酶	糖化饲料、酒类发酵、果蔬加工、食醋酿造	木霉、黑曲霉、根霉、青霉等

任务二　解析微生物的呼吸作用和能量代谢

微生物在进行一切生命活动的过程中需要通过物质代谢从环境中吸收营养物质满足自身需求，同时经过分解代谢又将化学能释放出来转化为细胞和组织可以利用的能量，又利用这些能量来维持生命活动。通常来说，能量代谢指的是在物质代谢过程中所伴随的能量的转移、利用、释放和储存。微生物的各种生命活动需要消耗能量，这些能量来源于微生物体内有机物的氧化分解。呼吸作用指的是生物体细胞内糖类、脂类和蛋白质等有机物经过一系列的氧化分解，最终生成二氧化碳（CO_2）、水（H_2O）或其他产物，并且释放能量的过程，呼吸作用又可称为生物氧化，它是一个产能代谢过程。呼吸作用实现了能量的释放，制造了细胞最主要的直接能量供应者即三磷酸腺苷（ATP）。

生物体的氧化是从代谢物上脱下氢及电子，其中供氢体供给电子、质子，受氢体接受电子、质子。微生物的生物氧化过程也就是呼吸过程，最终受氢体或最终电子受体可以是分子态的 O_2、无机氧化物或简单的有机物，进而才有了 3 种不同的微生物呼吸类型。具体过程可由以下通式表示：

$$\left.\begin{array}{l}\text{基质}\xrightarrow[\text{脱氢酶}]{\text{脱氧作用}}\text{氧化了的基质}+2H^{+}+2e^{-}\\ \text{受氢体}+2H^{+}+2e^{-}\longrightarrow\text{还原的受氢体}\end{array}\right\}+\text{能量（ATP 和能量）}$$

一、呼吸类型及其微生物

根据不同的最终受氢体或最终电子受体，将微生物的呼吸类型划分为 3 类：有氧呼吸、无氧呼吸和发酵。

（一）有氧呼吸及其微生物

微生物的有氧呼吸指的是细胞在多种酶的催化作用下，有 O_2 的参与，把葡萄糖（$C_6H_{12}O_6$）等有机物彻底氧化分解，产生 CO_2 和 H_2O，并释放能量，生成大量三磷酸腺苷（ATP）的过程。该呼吸类型以分子态的氧（O_2）作为质子和电子最终受体。该类型呼吸作用的特点是：①在分子态氧（O_2）的参与下进行；②氧化彻底，最终产物是 CO_2 和 H_2O；③释放大量的能量。1 mol 葡萄糖被彻底氧化成 CO_2 和 H_2O，可以释放自由能 2 880.5 kJ，其中有 1 161.4 kJ 自由能主要通过氧化磷酸化过程储藏在 38 mol 三磷酸腺苷（ATP）的高能磷酸键中，其余自由能以热能的形式散失掉，如葡萄球菌、大肠杆菌。反应式如下：

$$C_6H_{12}O_6 + 6O_2 \longrightarrow 6CO_2 + 6H_2O + \text{能量（2 880.5 kJ）}$$

但是，也存在有氧条件下少数微生物对有机物的氧化不彻底的情况。例如，醋酸杆菌在进行有氧呼吸时并未将乙醇彻底氧化为 CO_2 和 H_2O，而是氧化为醋酸。醋酸杆菌的这种呼吸作用被广泛应用到工业生产中，人们以乙醇或酒糟为原料来生产食用醋。

好氧微生物指的是在有氧条件下生长繁殖，能够氧化有机物或无机物，最终产生能量的微生物。在自然界中，好氧微生物分布极为广泛，数量和种类是最大的，绝大多数真菌和放线菌、细菌、霉菌都属于该类型微生物。农业上常用的好氧微生物有食用菌、苏云金芽孢杆菌、白僵菌及赤霉菌等。

（二）无氧呼吸及其微生物

微生物的无氧呼吸指的是在无氧条件下，有机物在氧化过程中脱下质子和电子，最终传递给无机氧化物的过程，无氧呼吸也称为厌氧呼吸。无机氧化物代替了分子氧作为最终质子和电子受体，可作为电子受体的无机氧化物有 CO_2、SO_4^{2-}、SO_3^{2-}、NO_3^- 和 NO_2^- 等。这类特殊呼吸是在无氧条件下进行的，并且产能效率要比有氧呼吸低得多。在无氧呼吸微生物氧化有机物的过程中，其体内的酶系统比较特殊，该系统能将无机氧化物中的氧活化，活化态的氧与氢结合生成水。无氧呼吸的特点：①没有分子态氧（O_2）参与反应，质子的最终受体是无机氧化物中的氧；②若无机氧化物氧化较充分，基质能够被较彻底氧化，反应也较彻底；③能量的释放明显低于有氧呼吸。例如，在无氧条件下反硝化细菌对葡萄糖等有机物进行无氧呼吸分解，容易发生反硝化反应。

厌氧条件下，在有硝酸盐存在的水体、淤泥、土壤和废物处理系统中容易发生反硝化反应。在农业上，反硝化作用是不利的，该作用会造成有效氮的流失，但是没有反硝化作用也是不行的，氮循环将会中断。另外，水生性反硝化细菌可以去除水体中的硝酸盐，进而减少了水体富营养化和环境污染，因此反硝化作用在环境保护方面又有着重大作用。

在无氧条件下，一些厌氧菌和兼性厌氧菌可进行无氧呼吸，例如，普通脱硫弧菌的最终电子受体为硫酸盐，主要过程是将 SO_4^{2-} 还原成了 H_2S；某些芽孢杆菌属和假单胞菌属的种能将硝酸盐作为最终电子受体，主要过程是将 NO_3^- 还原为 N_2、N_2O 和 NO_2^-；产甲烷菌的

最终供氢体为氢（H_2）、甲醇（CH_3OH）、乙醇（CH_3OH_2OH）、乙酸（CH_3COOH）等物质，主要过程是将 CO 或 CO_2 还原为 CH_4。

（三）发酵作用及其微生物

通常说的发酵，多是指微生物对有机物的某种分解过程。目前所指的是一类利用好氧微生物或厌氧微生物来生产有价值的代谢物或饮料、食品等产品的生产方式。这里要介绍的发酵作用是生物体能量代谢中呼吸作用的一种方式，它是一种狭义的发酵概念，指的是在没有外源受氢体的条件下，被氧化物在氧化过程中脱下的质子和电子没有经过呼吸链传递而直接交由不彻底的中间代谢产物，最终实现了底物水平磷酸化的一类生物氧化反应。发酵可分为很多类型，可以作为发酵底物的有糖类、氨基酸、有机酸等，其中葡萄糖可以作为最直接的发酵底物。根据发酵产物的种类可将发酵分为乙醇发酵、丙酮-丁醇发酵、乳酸发酵、丙酸和琥珀酸发酵、丁酸发酵、混合酸与丁二醇发酵等。这种发酵作用的主要特点是：①有机物被氧化得不够彻底，生成了一些氧化不彻底的有机物；②没有电子传递体的参与，微生物自身缺少氧化酶系；③产生的能量较少。例如，乳酸细菌发酵类型中的同型乳酸发酵利用的底物是葡萄糖，反应式如下：

$$\left.\begin{array}{l} C_6H_{12}O_6 \longrightarrow 2CH_3COCOOH + 4H^+ \\ 4H^+ + 2CH_3COCOOH \longrightarrow 2CH_3CHOHCOOH \end{array}\right\} + \text{能量（94 kJ）}$$

发酵是微生物在无氧条件下进行的呼吸作用，是厌氧微生物和兼性厌氧型微生物获得能量的一种方式。发酵作用不是这两种类型微生物的专利，好氧微生物也能进行发酵作用。即便是在有氧条件下，好氧微生物在进行呼吸作用时，也要经过糖酵解过程生成丙酮酸，之后进入三羧酸循环，最后彻底氧化分解成 CO_2 和 H_2O。但是也有许多主要靠发酵作用获得能量的厌氧菌，如乳酸菌发酵底物葡萄糖生成乳酸，酵母菌发酵底物葡萄糖产生乙醇，沙门菌属、埃希菌属和志贺菌属中的一些细菌发酵底物葡萄糖产生乙酸、琥珀酸、乳酸、甲酸、乙醇、CO_2 和 H_2 等。

二、各呼吸类型的比较

各种类型的呼吸作用都包括反应底物的脱氢及将氢转移给受氢体的过程。区别就在于它们的氢传递过程和受氢体不同。在有氧和无氧两种呼吸作用过程中，反应底物脱下的氢经过呼吸链的传递，转移给最终受氢体，两种呼吸作用的不同之处就是无氧呼吸的呼吸链要短一些。在发酵反应过程中，反应底物脱下的氢没有经过呼吸链的传递，直接转移给了最终受氢体。产生这种区别的根本原因就是微生物体内含有不同的酶系统和不一样的最终受氢体。

好氧微生物体内有脱氢酶系统和氧化酶系统，在有氧条件下，其有氧呼吸过程以氧气为最终受氢体，脱氢酶使反应底物脱氢，氧化酶活化分子态氧，两者生成水，该过程氧化彻底，产能效果最好。厌氧型微生物体内只有脱氢酶系统而缺少氧化酶系统，在无氧条件下，其无氧呼吸过程以中间产物为最终受氢体，氧化不够彻底，能量释放得少，积累了中间产物。兼性厌氧微生物则含有两套酶系统：一套可在氧气充足的条件下利用氧气作为最终受氢体，进行有氧呼吸；另一套则在氧气缺乏的条件下，利用其他物质作为最终受氢体，进行无氧呼吸或发酵作用（表 4 - 2）。

表 4-2 各呼吸类型的比较

呼吸类型	受氢体	酶系统	底物分解度	产能量
有氧呼吸	氧	脱氢酶、氧化酶	彻底	多
无氧呼吸	外源无机氧化物	脱氢酶、特殊氧化酶	较彻底	较多
发酵作用	内源有机代谢物	脱氢酶	不彻底	少

三、生物热的利用

微生物进行各种类型的呼吸作用都会产生能量，有氧呼吸作用释放的能量最多，这部分能量一部分被用来合成高能化合物三磷酸腺苷（ATP），满足微生物各种生物合成和代谢活动的需求，另一部分则以热能的形式散发出来，可用这部分热能来提高微生物生活环境的温度，农业生产上的许多方面都利用了这部分生物热。

（一）堆肥

堆肥主要是利用在自然界中广泛分布的真菌、放线菌、细菌等微生物的作用，对植物有机残体进行矿质化、无害化和腐殖化，使各种成分复杂的有机养分转化为稳定的腐殖质，同时利用堆积过程中产生的60～70 ℃的高温来杀灭原材料中的杂草种子、病菌和虫卵，最终达到无害化的目的。在整个发酵堆肥过程中，会发生多种生物化学反应，释放大量的热能，整个过程按其温度变化可分为以下几个阶段：

1. 发热阶段 堆肥温度在15～45 ℃，主要是真菌、细菌、中温放线菌等嗜温菌较为活跃，它们利用堆肥中易分解的可溶性糖类、淀粉等旺盛增殖，由于堆肥具有良好的保温作用，因此可促使堆肥温度不断升高。

2. 高温阶段 当堆肥温度上升到45～50 ℃时，便进入了堆肥过程的第二阶段即高温阶段。进入高温阶段后，在短短不到一周的时间里堆肥温度可达到65～70 ℃，随后温度又会逐渐下降。在此阶段嗜温菌逐渐被好热性的纤维素分解菌取代，纤维素、半纤维素等复杂的有机物也逐渐开始被迅速分解。随着堆温的不断升高，嗜温性微生物的数量和种类也逐步地发生变化：温度大约为50 ℃时，主要活跃微生物是嗜热性放线菌和真菌；当堆肥温度上升至60 ℃时，主要活跃微生物是细菌和嗜热性放线菌，它们继续进行着生命活动、分解有机物，但是真菌基本上完全停止了活动；当堆肥温度上升至70 ℃时，除个别孢子外，大多数嗜热性微生物已经不能生存，大量死亡或进入休眠状态，几小时内所有的病原菌全部死亡，其他杂草种子也被杀死。

3. 降温和腐热保肥阶段 持续高温一段时间后，大部分易分解纤维素等大部分较易分解的有机物已被分解掉，余下较难分解的木质素等有机物以及刚刚形成的腐殖质。这个阶段，中温微生物又进入活跃期，重新成为优势菌群，对残留的比较难分解的有机物开始进一步分解，腐殖质不断地累积，且趋于稳定。当温度下降至40 ℃左右时，堆肥基本已经达到稳定阶段，即进入腐熟阶段。温度降低后，氧气需求量大大减少，含水量降低，堆肥的孔隙增大，氧气的扩散能力大大增强，这时候只需要自然通风便可。高温在整个发酵堆肥过程中起着至关重要的作用，不仅对快速腐热堆肥有作用，还能杀灭病原菌。通常认为，堆肥在50～70 ℃持续6～7 d，即可取得良好的杀死病原菌和虫卵的效果。

（二）酿热温床

用稻草、马粪、麦秸等加水堆积，酿热温床，能保证温床温度在一定时间范围内保持在 20～30 ℃，这种温度有利于育苗工作的开展。

任务三　分析微生物的代谢产物

在微生物细胞内多种酶的催化作用下，微生物从外界环境中吸取的各种养分经过一系列复杂的转化反应之后，一部分变成微生物自身的组成部分，或者变成细胞中的储藏物质累积起来，另一部分以排泄物或分泌物的形式排出菌体，这些排泄物或分泌物称为微生物的代谢产物。根据微生物代谢产物在机体内的作用，对一系列代谢反应进行分类，可将其分为两种类型：初级代谢和次级代谢。

初级代谢与次级代谢的关系极为密切，两种代谢其实是一对相对的概念，二者之间既存在区别又存在联系，具体表现为初级代谢是次级代谢的基础。这是由于初级代谢可以为次级代谢的合成反应提供所必需的前体物质和能量，而在微生物生长到某些特定阶段时，次级代谢则又称为初级代谢的发展和延续，这样可以避免初级代谢反应中某种或某些中间产物或中间体的过量累积对菌体产生毒害作用。此外，初级代谢反应过程中的比较关键的中间体物质同样也是次级代谢反应过程中的重要中间体，如乙酰 CoA（乙酰辅酶 A）、丙二酸、莽草酸等都是许多初级代谢和次级代谢反应过程中的关键中间体。初级代谢产物如缬氨酸、色氨酸、半胱氨酸、戊糖等一般是某些次级代谢反应的前体物质。

一、初级代谢产物

初级代谢普遍存在于一切生命体中，属于正常代谢类型。初级代谢产物指的是菌体通过初级代谢所生成的其自身生长和繁殖所必需的物质，氨基酸、糖、脂肪酸、蛋白质、核酸、多糖、脂类等化合物均属于初级代谢产物。食品加工业中醋、酒、酸奶、柠檬酸、味精、酸菜的生产均是利用了微生物的初级代谢产物。

二、次级代谢产物

微生物通过次级代谢反应可以合成多种多样的次级代谢产物。次级代谢产物指的是菌体生长到特定时期，以代谢途径明确、结构简单、代谢产量大的初级代谢产物作为前体，经过次级代谢反应途径合成的各种分子结构较为复杂、生理功能不明确或非微生物生长繁殖所必需的小分子物质。次级代谢产物的特点是一般在生长后期合成、有独特的代谢途径、分子结构复杂、生理功能不够清晰、产量低等。就目前对代谢的研究情况来讲，对初级代谢产物的研究深入程度远远超过对次级代谢产物的研究，但并非次级代谢产物同人类的日常生产生活就没有密切的联系。虽然直到现在人们对次级代谢产物分类没有统一的标准，但是根据对次级代谢产物的结构特点和生理生化作用的研究，可大致将次级代谢产物分为维生素、抗生素、色素、毒素、生长刺激素与生物碱等。

（一）维生素

这里所说的维生素并非通常意义上的维持机体正常生理生化功能所必需的一类微量有机物，而是指某些微生物在特定阶段合成的远远大于菌体自身正常生理功能所必需的量的那部分维生素。维生素种类繁多，有些是人体本身不能合成的。能够产生维生素 B_{12} 的微生物有假单胞菌、费氏丙酸杆菌、巨大芽孢杆菌等细菌和灰色链霉菌、橄榄色链霉菌等链霉菌以及某些霉菌、酵母菌；维生素 B_6（吡哆醇）是某些分枝杆菌利用碳氢化合物合成的；能够过量合成维生素 C 的微生物是某些醋酸细菌；能够产生维生素 B_2 的微生物有酵母菌、细菌和丝状真菌等。在工业生产上，人们已经能够利用棉阿舒囊霉和阿舒假囊酵母生产维生素 B_2（核黄素）。在医疗药品上，可利用微生物来发酵生产目前应用的各种维生素。

（二）抗生素

抗生素指的是由细菌、真菌、放线菌等微生物或者高等动植物在生命活动中产生的对其他种类微生物或细胞有抑制或致死作用（抗病原体作用）或其他活性的一类次级代谢产物，是能够干扰其他细胞发育功能的化学物质。抗生素或被分泌到细胞外或在胞内积累，在产生菌与其他生命物质的生存竞争中，在人类以及动物的疾病防治与植物的病虫害防治上起到了重要作用。20 世纪 20 年代末期，英国科学家弗莱明偶然发现的第一种抗生素就是由黄青霉和点青霉产生的青霉素，而青霉素被作为化学治疗剂是在 20 世纪40 年代。到现在为止人们发现的抗生素已经有近万种，大约 70%是由放线菌产生的，已经有一部分抗生素在农、林、畜牧业生产上以及临床医学上得到了普遍应用。

医疗上如今已得到普遍应用的氯霉素、链霉素、红霉素、磷霉素和四环素等都是由放线菌产生的，由此看出放线菌能产生抗生素的种类是最多的。在农业生产中被用来解决植物病虫害防治问题的抗生素主要有多抗霉素、井冈霉素、灭瘟素、庆丰霉素等。不同种类的抗生素的化学成分不一致，对微生物的作用机制也不尽相同，主要的作用机制是通过破坏细胞膜的功能或抑制细胞壁、核酸和蛋白质的合成等来达到抑制或杀灭病原菌的目的，在人类以及动物的疾病防治与植物的病虫害防治上，抗生素起到了重要作用，但要注意不要过量使用，否则会产生副作用。

（三）色素

色素指的是由微生物次生代谢产生的，或被分泌到细胞外、或积累在细胞内的使有机体呈现各种不同颜色的次生代谢产物。将微生物的色素分成两类：脂溶性色素和水溶性色素。脂溶性色素指的是不深入培养基而使菌苔本身呈色的物质；水溶性色素指的是使培养基呈色，使菌苔呈色或者不呈色的物质。积累在微生物细胞内致使菌体本身或孢子呈现各种颜色的是脂溶性色素，如经常呈现多种不同颜色的霉菌的孢子和菌丝。能够导致培养基呈现褐、黄、绿、紫、黑等颜色的是水溶性色素。目前所知的植物色素的数量远远不如微生物色素的数量，已经被开发利用的属于微生物色素的并具有较高应用价值的主要有 β-胡萝卜素、红曲色素等。我国多种食物和饮料当中，尤其是肉类等食用品的着色，应用最多的便是红曲霉产生的红曲色素。国际上目前得到最广泛开发和应用的天然色素之一是类胡萝卜素。微生物中可以产生类胡萝卜素的有好食丛梗孢菌、三孢布拉氏霉、黏红酵母、菌核青霉等。

（四）毒素

毒素指的是由微生物产生的对人类以及动物细胞有毒害作用的次生代谢产物。毒素大多是起干扰作用的蛋白质类物质，如白喉毒素（由毒性白喉棒状杆菌产生）、肉毒毒素（由肉毒梭菌产生）、破伤风毒素（由破伤风梭菌产生）等。各种内毒素和外毒素都是由其他多种病原细菌产生的，如沙门杆菌、葡萄球菌、链球菌等。伴孢晶体内毒素是由杀虫细菌苏云金芽孢杆菌产生的，此内毒素是一种分子结构较为复杂的蛋白质毒素，也是苏云金芽孢杆菌的主要活性作用成分。除了细菌，可以产生毒素的还有真菌。蕈菌有好多种都是有毒的，曲霉属也有部分可产生毒素的种类，如可以产生黄曲霉毒素的黄曲霉菌，黄曲霉毒素的耐热能力很强，温度在 268～269 ℃时才会开始分解，因此日常的烹煮加工温度并不能去除黄曲霉毒素，避免粮食类物质霉变才是最好的防治措施。

（五）生长刺激素

生长刺激素指的是大部分由植物和某些放线菌、细菌、真菌等微生物产生的并对植物生长有刺激作用的一类生理活性物质。例如植物生长刺激素——赤霉菌，是由水稻恶苗病菌产生的，它具有多种作用：打破种子休眠、促使种子发芽、诱发植物开花、激发果实生长、增加结果率、产生无籽果实及减少棉花脱蕾落铃，最终达到提高作物产量的目的。在农业上赤霉素已得到了普遍应用，在寒露来临之前对晚稻抽穗具有显著的促进作用。赤霉素也被应用于柑橘保果、杂交水稻制种、棉花保铃等。另外，还有一些可以产生类似于赤霉素的生长刺激性物质的微生物，如丝核菌属、青霉属和轮枝霉属。“5406”抗生菌即细黄链霉菌也能够产生种类较多的细胞分裂素。还有一些刺激素如萘乙酸和吲哚乙酸等物质积累在多种放线菌、霉菌和细菌的培养液中。

（六）生物碱

大部分生物碱都是由植物合成的，但也有部分生物碱是由微生物产生的，如麦角生物碱是由某种霉菌产生的，属于其次级代谢产物。在临床医学上，麦角生物碱的主要作用是治疗交感神经过敏、防止产后出血、降血压和周期性偏头痛等。

任务四　分析微生物的发酵生产

人们最早通过劳动实践掌握的一门生产技术就是发酵技术。发酵技术被广泛应用到传统产品的生产中，已经渗透到人们生活的方方面面，从日常调味用的味精、醋和酱油，到酸奶制品和酒，再到医疗用的疫苗、激素、抗生素等统统用到了微生物的发酵生产技术。随着发酵产业的快速发展，它所涉及的产业已经涵盖了农业、能源、环保、医疗、保健、材料等。

通常所说的发酵指的是借助微生物的代谢反应来获得对人们有用的代谢产物的生产方式，与微生物代谢产能所发生的发酵作用是有区别的。在大约 9 000 年前，人们就已经开始利用微生物发酵生产技术了，当时酿造啤酒用的是谷物；在大约 4 000 年前，我国就有了酿造黄酒的发酵技术；泡菜、醋、奶酪等传统的发酵产业均已有 2 000 年的历史。以上所讲的都是传统的发酵生产技术，现代微生物发酵生产技术则开始于英国弗莱明发现青霉素之后，发酵产业从小作坊式的厌氧、混菌、固体发酵衍变为大罐通气、纯种、液体深层发酵。目前，微生物发酵生产了大概200种有价值的产品，发酵行业的迅猛发展不仅仅带动了一些关联行业的快速发展，还在粮食节约、产品质量提高及环境改善等方面起关键作用。

一、微生物发酵的类型及产品

（一）微生物发酵的类型

1. 好氧性发酵与厌氧性发酵 微生物的生长繁殖因个体差异而对氧含量的要求不同。好氧微生物在氧充足的条件下生存，厌氧微生物则在无氧条件下生存，兼性厌氧微生物在有氧和无氧条件下均能生存，改变外界环境条件使微生物的代谢方式也发生改变，最终产生不一样的代谢产物。那么遵循菌体对氧喜好不同的规律，可将微生物发酵分为好氧性发酵和厌氧性发酵两种发酵类型。在实践生产中，好氧性发酵通常可以通过机械通风法和自然对流法来供给氧气，这两种通气方式已被普遍应用在酱油、醋、豆酱等食品酿造工业中。在食用菌栽培生产中，一般将棉籽壳、麦麸等原料装入菌种袋（塑料袋）中或在培养架上铺上一层有一定厚度的培养料，接种原种或栽培种至培养料中培养，培养初期利用的是培养料缝隙中透过的氧气，到了培养后期揭开塑料薄膜使菌种直接获取外界空气中的氧气。通常在好氧性发酵生产中，可向发酵罐中加入无菌的压缩空气以供给氧气。为增加氧气的溶解量，一般会在罐中安装搅拌装置，利用安装的搅拌装置将气流打成分散的微泡，从而增大气体和液体的接触面积，而且要尽量将微泡滞留于培养液中，进而增加氧气的溶解率。在厌氧性发酵生产中，采用的主要培养方法是液体静置法，就是向厌氧发酵罐中加液体培养基，在不通空气的条件下接种菌种后保温静置培养，常将此法用于啤酒、酒精、乳酸、丙酮及丁醇等的发酵生产。

2. 分批发酵与连续发酵 按微生物发酵的操作方式（有无间歇操作）将其分为分批发酵与连续发酵。

（1）分批发酵。又可称作分批培养，指的是将一定数量的营养物质投到一个密闭系统内，将少量的微生物菌种接入其中培养，让微生物生长繁殖，在特定的环境条件下仅完成微生物一个生长周期的培养，最终一次性获得微生物菌体及其代谢产物的发酵方法。此发酵类型采用中间补料的方法，这样可以使培养基中营养成分的浓度始终保持在适合培养菌生长以及利于其代谢产物积累的条件下。目前，分批发酵是发酵产业最主要的方法，这是因为该发酵技术对设备的要求相对较低，更容易掌握，传统的发酵产业采用的便是分批发酵法。

（2）连续发酵。在发酵生产中向发酵罐内以一定的速度添加新鲜的液体培养基，同时以相同的速度放出培养料，维持发酵罐中的液量恒定，从而使微生物细胞的营养状态和数量保持恒定的发酵方法。这种发酵方法在发酵工业生产中具有提高自动化水平、生产效率、设备利用率，缩短发酵周期，降低动力消耗，稳定产品质量等优点，是目前发酵产业的发展方向。但是，该方法还存在一些问题，如长时间培养过程中如何防止菌种退化和杂菌污染等问题。基于此，连续培养其实是有时间限制的，通常时间范围在数月到1～2年。除此之外，连续发酵培养法的营养物质利用率通常比分批发酵低。到现在为止，在发酵生产上，连续发酵法已经被普遍应用到乳酸、乙醇、丙酮、丁醇发酵和酵母菌体的生产中。

3. 固体发酵与液体发酵　根据培养基的物理状态可分为固体发酵和液体发酵两种类型。

（1）固体发酵。在无自由水或几乎没有自由水的条件下，在具有一定湿度的天然固体培养基上接种微生物，通过控制外界条件对菌种进行培养，以获得所需产物的方法。常通过固体发酵来生产微生物农药、食用菌、菌肥等。

（2）液体发酵。借助液体培养基质、培养菌种以达到发酵生产目的的方法，可分为浅层发酵与深层发酵。浅层发酵适用于生长繁殖速度较快的微生物菌种，但是缺少通气设备。在发酵生产中主要采用的是大型发酵罐，发酵类型是深层发酵，进行好氧性液体深层发酵时，必须安装搅拌通气装置。目前，酒精、啤酒、乳酸等的发酵生产采用的都是液体深层发酵。

（二）微生物发酵的产品

微生物发酵的产品大致可分为微生物菌体、代谢产物和酶。

1. 微生物菌体　经过一系列的发酵过程得到大量的微生物菌体，将其制备成干菌或活菌制品被人们利用。例如，应用可再生资源来进行发酵生产的有食用菌、农用的根瘤菌肥、饲料蛋白、苏云金芽孢杆菌杀虫剂等。

2. 代谢产物　在微生物发酵过程中，通过控制外界条件来获得微生物代谢产物，将其作为发酵产品进行利用。微生物的代谢产物一般包含核苷酸、氨基酸、有机酸等初级代谢产物和维生素、生物碱、激素、抗生素、细胞毒素等次级代谢产物。

3. 酶　不同种类微生物产生的酶也不同，因此可利用微生物来生产多种酶制剂，如被应用于发酵饲料的纤维素酶、被应用于蚕丝脱胶的蛋白酶等。农业上常用的微生物及其产品详见表4－3。

表4－3　农业上常用的微生物及其产品

产品名称	产品用途	所用微生物
赤霉素（生长刺激素）	刺激植物生长	赤霉菌
固氮菌肥、根瘤菌肥	提高土壤中的氮营养，促进豆科植物结瘤、固氮	圆褐固氮菌、大豆根瘤菌
灭瘟素、农用抗生素	植物病虫害防治	放线菌
细菌杀虫剂、微生物杀虫剂、病毒杀虫剂	杀灭金龟子、鳞翅目、膜翅目等昆虫	苏云金芽孢杆菌、乳状芽孢杆菌、颗粒体病毒、核型多角体病毒、质型多角体病毒

二、微生物发酵的一般过程及工艺

（一）微生物发酵的一般过程

微生物发酵的一般过程指的是任何一个微生物发酵工程课题，自实验室开始向生产转化的过程，课题的几个阶段如表4－4所示。在实验室研究阶段会出现多种多样的问题，如果得到解决，实验研究成果便可向工厂化生产转变，便可利用微生物生产多种多样的产品。

表 4-4 微生物发酵的一般过程（成果转化过程）

试验阶段	试验内容
小试	实验室规模、摇瓶培养，主要研究菌的形态、分类、鉴定、营养、生长及产物形成的环境条件
中试	研究扩大培养时种子及发酵微生物所需的营养、环境条件及产物分离、提取方法等，并确定投产时的各项工艺指标
投产	研究微生物发酵产物的积累规律，解决扩大发酵中的问题，如提高产量和质量、防止污染、降低成本、节约能源等

（二）微生物发酵的一般工艺

1. 斜面菌种培养 斜面菌种培养指的是在灭菌后的新鲜斜面培养基上接种保藏好的微生物并且使其活化的培养过程。用该种方法培养出的菌种具有纯度高、活性强的特点。在发酵生产上，菌种的质量是至关重要的，它直接关系到发酵产品是否优质高产，该菌种也称为一级种。

2. 种子扩大培养 对菌种进行扩大培养可以在较短时间内得到大量的菌体，为发酵生产提供所需要的一定量菌种。种子扩大培养指的是在种子罐、三角瓶或克氏瓶中，对经过斜面培养基活化的微生物菌种转接培养，使其能够大量繁殖，该菌种也称二级种。根据发酵规模的大小，往往还需要对二级种再进行扩大培养。

3. 发酵 发酵指的在发酵罐等大型容器中对经过扩大培养的菌种移接培养，通过控制外界环境条件促进微生物菌体大量地生长繁殖和大量地积累菌种代谢产物，最终获得所需要的高产优质产品的过程。在整个过程中要进行不间断的监测，掌握发酵进程，及时对外界发酵条件做出相应调整，要保证微生物菌种的生长繁殖和代谢过程向着生产所需要的方向进行。

4. 产品后期处理 发酵生产结束后，不同的产品应采取不同的处理方法。如果发酵产物是食用菌，直接采收即可。如果产品是活菌体（如微生物杀虫剂、菌肥等产品），若是选用的固体发酵法，该类型产品要及时晾干。若是选用的液体发酵法，用离心或过滤法将菌体从发酵液中分离出来，再加入吸附剂，最终制成菌粉。如果产物是代谢物或酶，就需要根据产物各自不同的性质来选取不同的分离提取方法。对处理过的发酵产品还应进行质量检查，检查合格的才可称为成品。

技能实训

实训一 微生物生理生化特性检验

一、实训目的

1. 了解微生物生理生化反应的主要原理及意义。
2. 掌握微生物鉴定中常用的生理生化反应方法。

二、实训原理

糖类发酵试验常被用于对肠道细菌的鉴定。本试验主要是检查细菌对糖、糖苷和醇等

的发酵能力，从而达到鉴别各种细菌的目的，因而需要同时接种多个试管。糖类作为碳源和能源被细菌利用，但是不同细菌对糖类的分解能力存在一定的差异。有的细菌可分解糖产生醋酸、丙酸、乳酸等有机酸和氢气、二氧化碳、甲烷等气体；有的细菌只产有机酸不产气体。可以通过加入指示剂的方法来判断细菌是否产酸产气。

VP 试验的原理是某些细菌具有使丙酮酸脱羧的能力，在葡萄糖蛋白胨培养液中分解葡萄糖产生丙酮酸，然后使丙酮酸脱羧，生成中性的乙酰甲基甲醇（3-羟基丙酮），在碱性条件和空气作用下，使其变成二乙酰，二乙酰在α-奈酚和肌酸的催化下生成红色化合物，为 VP 试验阳性反应。

甲基红试验的原理是某些细菌在糖代谢过程中将葡萄糖分解产生丙酮酸，丙酮酸进一步分解后产生乳酸、甲酸和乙酸等有机酸，使培养基的 pH 降低，加入甲基红指示剂后，由橙黄色变为红色。虽然肠道细菌都能发酵葡萄糖生产有机酸，但是我们仍然可以用本试验来对大肠杆菌和产气肠杆菌进行区分。培养初期它们都会生产有机酸，但是在培养后期大肠杆菌可将 pH 维持在 4，而产气肠杆菌到了后期则将有机酸转化为非酸性末端产物，如丙酮酸、乙醇等，使 pH 上升到 6 左右。因此，在甲基红试验中大肠杆菌是阳性反应，而产气肠杆菌为阴性反应。

吲哚试验可用来检测微生物产生吲哚的情况。在蛋白胨培养基中，有些能产生色氨酸酶的细菌可将培养基中的色氨酸分解为吲哚和丙酮酸，加入对二甲基氨基苯甲醛，它可与吲哚反应生成玫瑰色的玫瑰吲哚，为吲哚试验阳性。

三、材料与用具

1. 菌种 大肠杆菌、产气肠杆菌、普通变形杆菌的斜面菌种。

2. 培养基 糖发酵培养基、葡萄糖蛋白胨培养基、蛋白胨培养基。

3. 药品试剂 1.6%溴甲酚紫指示剂、40%氢氧化钠溶液、肌酸、甲基红、乙醚、吲哚试剂。

4. 器具 试管、试管架、培养皿、接种工具、三角瓶、烧杯、药匙、标签纸、酒精灯、杜氏小套管、移液管、高压蒸汽灭菌器、超净工作台、恒温培养箱。

四、方法步骤

（一）糖类发酵试验

1. 标记试管 取 12 支试管，4 支装葡萄糖发酵培养液、4 支装蔗糖发酵培养液、4 支装乳糖发酵培养液，每个试管内放有倒置的杜氏小套管，在每种培养液的 4 支试管上分别标注大肠杆菌、产气肠杆菌、普通变形杆菌和空白对照。

2. 接种培养 在无菌操作的条件下，按标记接种少量的大肠杆菌、产气肠杆菌、普通变形杆菌的菌苔，空白对照管不接任何菌种，然后置于 37 ℃恒温培养箱中，分别培养 1 d、2 d、3 d，观察结果。

3. 观察并记录结果 若试管中的细菌发生了糖酵解反应，则会导致培养基的 pH 降低，使指示剂发生酸性反应，颜色变黄，若试管中的细菌不仅发酵产酸还产生了气体，则从倒置的杜氏小套管中会观察到气泡产生。若试管中的细菌不发生糖酵解反应，则不发生任何变化。

反应之后的试管均与空白对照管进行比较，若试管中液体培养基仍保持原有颜色不变，则试验结果为阴性，用“－”表示，结论：该菌种不能分解利用该种糖。若试管中的液体培养基变为黄色，则试验结果为阳性，用“＋”表示，结论：该菌种可以分解利用该种糖并产生有机酸。若试管中倒置的杜氏小套管中有气泡产生，则试验结果为阳性，用“＋”表示，结论：该菌种不仅可以发酵糖产生有机酸还可以产生气体。若试管中倒置的杜氏小套管中无气泡产生，则试验结果为阴性，用“－”表示，结论：该菌种可以发酵糖产生有机酸。

（二）VP 试验

1. 标记试管 取 3 支试管，试管内装有葡萄糖蛋白胨培养液，分别标注大肠杆菌、产气肠杆菌和空白对照。

2. 接种培养 在无菌操作的条件下，按标记接种少量的大肠杆菌、产气肠杆菌的菌苔，空白对照管无须接种任何菌种，然后置于 37 ℃恒温培养箱中培养 1～2 d。

3. 观察并记录结果 将试管从培养箱中取出，振荡约 2 min。再取 3 支不含培养液的空试管，标记好菌种名称，向试管中对应加入 3～5 mL 培养液，再加入 10～20 滴 40%氢氧化钠溶液，最后加入 0.5～1.0 mg 的肌酸，再对试管进行振荡，目的是溶入空气中的氧，然后置于 37 ℃恒温培养箱中 15～30 min，保温处理后，若试管中的培养液变为红色，则试验结果为阳性，用“＋”表示，结论：该菌种可以使丙酮酸脱羧。若试管中的培养液不变红，则试验结果为阴性，用“－”表示，结论：该菌种不能使丙酮酸脱羧。

注意：原试管中剩余培养液可用于甲基红试验。

（三）甲基红试验

向 VP 试验剩余的培养液中分别加 2～3 滴甲基红试剂，注意一定要顺着管壁加入，观察上层培养液颜色，若试管上层培养液的颜色变为红色，则试验结果为阳性，用“＋”表示，结论：该菌种不会转化有机酸。若试管上层培养液的颜色保持黄色不变，则试验结果为阴性，用“－”表示，结论：该菌种具有转化有机酸的能力。

（四）吲哚试验

1. 标记试管 取 3 支试管，试管内装有蛋白胨培养液，分别标注大肠杆菌、产气肠杆菌和空白对照。

2. 接种培养 在无菌操作的条件下，按标记接种少量的大肠杆菌、产气肠杆菌的菌苔，空白对照管无须接种任何菌种，然后置于 37 ℃恒温培养箱中培养 1～2 d。

3. 观察并记录结果 向试管培养液中加入 3～4 滴乙醚，振荡数次，目的是使吲哚被萃取到乙醚中，然后静置 1～3 min，待乙醚上升，顺着试管壁慢慢滴入吲哚试剂 2 滴，若试管中培养液呈玫瑰红色，则试验结果为阳性，用“＋”表示，结论：该菌种可分解色氨酸产生吲哚。若试管培养液不是玫瑰红色，则试验结果为阴性，用“－”表示，结论：该菌种不可以分解色氨酸产生吲哚。

五、实训报告/思考题

1. 实验结果以填表的形式完成，如表 4－5 所示。用“＋”和“－”表示实验结果的阳性和阴性。

表 4－5　微生物生理生化特性检验

菌名	糖类发酵试验	VP 试验	甲基红试验	吲哚试验
大肠杆菌				
产气肠杆菌				
普通变形杆菌				
空白对照				

2. 各生理生化反应的试验原理是什么？
3. 空白对照的作用是什么？

实训二　参观当地微生物发酵生产企业

一、实训目的

1. 充分做到理论联系实际，在实践中得到锻炼。
2. 培养分析问题、解决问题的能力。
3. 了解当地微生物发酵企业主要产品的生产工艺流程。

二、材料与用具

1. 材料　生产企业资料。
2. 用具　交通工具、相机、笔、记录本等。

三、方法与步骤

1. 对发酵企业进行参观

（1）参观与学校进行校企合作的企业或由指导教师联系的相关企业，在企业技术人员的陪同和讲解下进行参观，深刻地了解发酵产品的生产工艺流程。分组深入生产车间的各个工段，了解和熟悉操作原理及要点。

（2）参观理化检验室，由企业技术人员介绍检测仪器的原理及操作方法。

2. 调查企业的经营管理状况　学生在指导教师的带领下对当地多个发酵企业进行参观调查，了解企业的生产规模、生产状况、经营情况，分析其存在的问题及如何改进（可组织学生利用现有资源查阅资料）。

四、实训报告/思考题

1. 写出发酵产品的生产工艺流程。
2. 通过企业调查研究谈谈自己的感受，并写出可行性报告。

项目小结

本项目共有4个任务，主要解析了微生物的酶、微生物的呼吸作用和能量代谢、微生物的代谢产物以及微生物的发酵生产。代谢是生命活动的最基本特征，酶在代谢过程中起着至关重要的作用，微生物体内的一切化学反应都是在酶的催化作用下进行的，微生物也是酶的主要来源。在微生物的代谢过程中既有物质代谢，又有能量代谢，既有物质合成，又有物质分解，既有能量产生，又有能量消耗。微生物代谢类型的多样化带来了微生物不同的呼吸类型。该项目还设置了两次实践操作训练以巩固基础知识、开阔学生视野。

1. 酶的概念、分类和特性　酶是一类由活细胞产生的、具有催化活性和高度专一性的特殊蛋白质。按照化学组成可分为单纯酶和复合酶。酶具有四大特性：高效性、专一性、温和性和易变性。

2. 呼吸作用和能量代谢　呼吸作用实质上就是物质在生物体内经过一系列连续的氧化还原反应逐步分解并释放能量的过程，既有物质代谢，又有能量代谢。微生物有3种呼吸类型：①好氧微生物的有氧呼吸，即以分子态的氧（O_2）作为氢和电子最终受体的呼吸类型，这种呼吸类型氧化彻底，最终产物是 CO_2 和 H_2O，释放大量能量；②厌氧微生物的无氧呼吸，即厌氧呼吸，是指在无氧条件下，微生物以无机氧化物（NO_3^-、NO_2^-、SO_4^{2-}、SO_3^{2-} 或 CO_2 等无机物）中的氧作为氢和电子受体的呼吸作用，如果无机氧化物氧化充分，基质也能彻底氧化，产物也较彻底，释放的能量较多，但低于有氧呼吸；③发酵作用，有机物氧化不彻底，生成一些氧化程度比较低的有机物，产生的能量比较少。

3. 微生物代谢产物　可分为初级代谢产物和次级代谢产物。酿酒、制醋以及味精、酸奶等的生产都是对微生物初级代谢产物的利用；抗生素、生长刺激素、维生素、色素、毒素与生物碱等为次级代谢产物。

4. 微生物发酵　微生物的发酵类型有好氧性发酵与厌氧性发酵、分批发酵与连续发酵、固体发酵与液体发酵；微生物发酵的产品有微生物菌体、代谢产物和酶；微生物发酵的工艺流程为斜面菌种培养→种子扩大培养→发酵及产品后期处理。

思考题

1. 什么是酶？酶的特性有哪些？
2. 微生物的呼吸类型及其划分依据是什么？总结各呼吸类型的异同点。
3. 什么是微生物发酵？发酵工艺和管理要点是什么？
4. 举例说明微生物酶在农业生产上的应用。
5. 举例说明微生物发酵在农业生产上的应用。

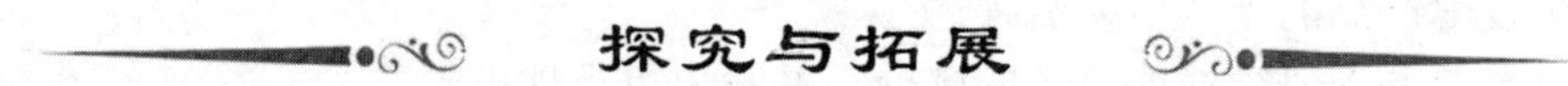

探究与拓展

酿酒酵母在代谢过程中为什么会产生芳香气味？

项目五

微生物的生长

NONGYE WEISHENGWU

项目导读

生长是一个复杂的生命活动过程。微生物的生长是代谢的结果，在适宜的环境条件下，微生物不断吸收营养物质，按照自己的代谢方式进行新陈代谢活动。正常情况下，同化作用超过了异化作用、使个体重量和体积增加的现象就是生长。生长是繁殖的基础，微生物生长到一定阶段会使菌体个数增加的现象称为繁殖。生长阶段性的发展称为发育。微生物形态的变化表现了不同的发育阶段。微生物的个体体积很小，不论在什么条件下都是以群体起作用的，没有一定的数量就很难体现微生物的存在和作用。因此在微生物学上，将微生物生长定义为在一定时间和条件下细胞数量的增加，以微生物群体的改变作为生长的指标，通过繁殖反映微生物生长的情况。

微生物和环境条件是统一的，环境条件是旺盛生长的保证。微生物在生产实践上的各种应用都与促进或抑制它们生长繁殖的环境条件有关。

项目目标

【知识目标】掌握微生物纯培养的分离方法，了解细菌纯培养生长曲线各个时期的特点以及与生产实践的关系、环境因素对微生物生长的影响及其实际应用。

【技能目标】掌握微生物纯培养分离技术，熟悉微生物的生长规律。

【情感目标】敬畏微生物，在以后的生活和工作中做好应用和防控。

任务一　观察微生物的生长

微生物个体极小，研究其生长比较困难，需要用微生物纯培养的方式进行。在微生物学中，纯培养是最重要最常见的方式之一，其目的在于微生物的生理研究，方法是依靠灭菌和分离，是由巴斯德（L. Pasteur）和科赫（R. Koch）建立的（图 5-1）。

巴斯德（1822—1895）：微生物学的奠基人

科赫（1843—1910）：微生物猎手

图 5－1　巴斯德和科赫

一、微生物的纯培养

微生物的生长是以群体的变化来衡量的。微生物的群体是指单一纯培养微生物的群体。要获得大量菌体或其代谢产物，只有纯培养的微生物群体大量生长才能达到目的。

微生物通常是肉眼看不到的微小生物，在自然状态下都混杂在一起，要研究某种微生物，需要通过分离纯化技术将其从混杂的天然微生物群中分离出来，并保持微生物纯培养物的“纯洁”，防止其他微生物的混入，得到只含有一种微生物的培养物。从一个菌体培养得到的后代通常称为纯培养物。

微生物的纯培养方法有多种，应用最广的是平板法分离纯培养物。纯培养技术包括两个基本步骤：①从自然环境中分离培养对象；②在以培养对象为唯一生物种类的隔离环境中培养、增殖，获得这一生物种类的细胞群体。

（一）稀释分离法

1. 制备样品稀释液　在无菌条件下，先将待分离的材料用无菌水作一系列的稀释（如 10^{-1}、10^{-2}、10^{-3}、10^{-4}……），稀释的次数依据样品含菌数确定，得到不同稀释度的样品稀释液。

2. 稀释分离

（1）倒平板法。分别取不同稀释度的菌液少许与已灭菌熔化并冷却至 50 ℃左右的琼脂培养基混合，摇匀后倾入已灭过菌的培养皿中，待琼脂凝固制成平板，放入恒温培养箱培养一段时间即可出现菌落。如果稀释得当，在平板表面就可出现分散的单个菌落，这个菌落可能就是由一个菌体细胞繁殖形成的。随后挑取该单个菌落，或重复以上操作数次，便可得到纯培养菌落（图 5－2）。

该方法菌落分离较为均匀，进行微生物计数时结果相对准确。但操作相对麻烦，像一些特别的如热敏感菌，因需要先加到较烫的培养基中再倒平板，有时易被烫死。一些严格好氧菌也可能因被固定在培养基中缺乏氧气而受到影响。

（2）涂布平板法。将已灭菌熔化的培养基先倒入无菌培养皿，制成无菌平板，冷却凝固后，将一定量的某一稀释度的样品滴加在平板表面，再用无菌玻璃涂棒将菌液均匀分散至整个平板表面，培养后挑取单个菌落（图 5－3）。

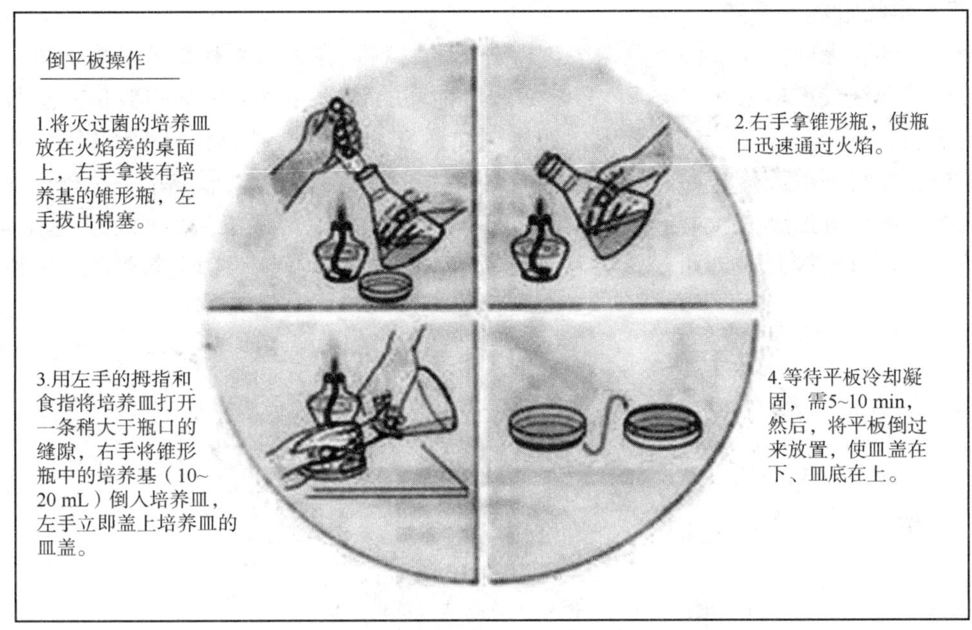

图 5－2　稀释后用倒平板法分离细菌单菌落

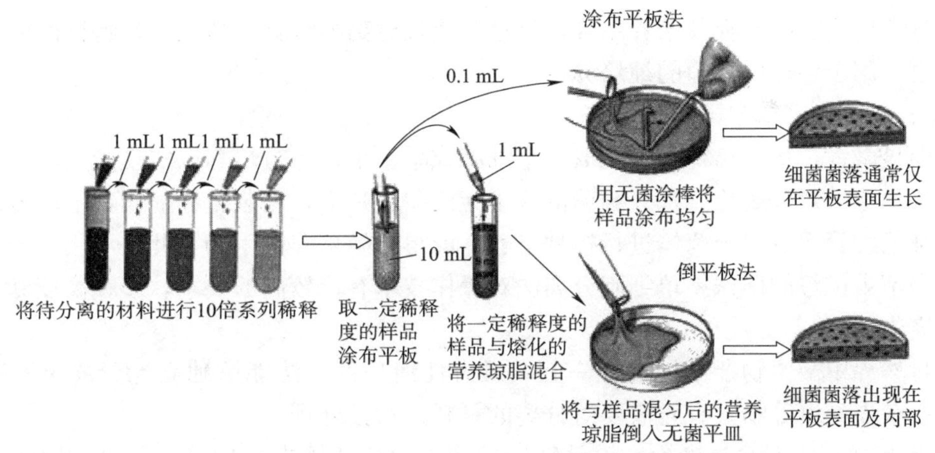

图 5－3　稀释后用平板分离细菌单菌落（沈萍，2000）

此方法操作相对简单，是较常使用的方法，在微生物学研究中可采用。但有时也会因涂布不均匀使某些部位的菌落不能分开，因而进行微生物计数时需对稀释和涂布过程的操作特别注意，否则误差会比较大，不易得到准确的结果。

（3）摇管法。该方法为平板法的一种变通形式，但由于菌落形成在琼脂柱的中间，观察和挑取都相对十分困难。常用于在缺乏专业的厌氧操作设备的情况下对严格厌氧菌进行分离和观察。

稀释法是纯种分离的重要方法之一，但有一个缺点，它只能分离出混杂微生物群体中数量占优势的种类，不适用于分离在自然群落中不占优势的菌株。

（二）平板划线分离法

用接种环在无菌操作条件下蘸取少许待分离的材料，在无菌平板培养基表面进行扇形划线、连续划线或方格划线（图 5-4），随着接种环的移动，微生物细胞数量将随着划线次数的增加而减少，并逐渐分散开来，如果划线适宜，微生物能单独分散，经适温培养，可在平板表面得到单菌落。在开始划线区域内菌体分散度小，难以形成单一菌落，在最后划线区域的菌体分散度大，可形成单菌落。将符合要求的菌落移接到斜面培养基上培养，获得纯菌种，再复接几次即可。该方法操作简单，多用于对已有纯培养菌的确认和再次分离。

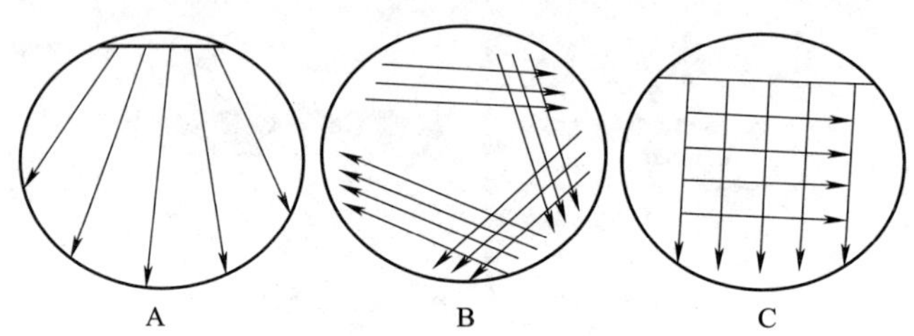

图 5-4 平板划线分离法（沈萍，2000）
A. 扇形划线 B. 连续划线 C. 方格划线

上述方法可用于所有能在固体培养基表面及内部形成菌落的微生物的纯培养分离，并且，通过选用适当的平板及培养条件，可达到直接分离各种具有特定生理特征的微生物的目的，也可用于各种厌氧菌的纯培养。

（三）单细胞（单孢子）分离法

借助显微镜，从分离材料中挑取一个细胞或单个个体进行培养以实现纯培养的方法为单细胞（单孢子）分离法。把一滴菌液置于无菌载玻片上，用装置在显微镜上的显微挑取器的极细毛细管挑取一个菌体进行接种培养，即得到纯培养微生物。此法可用于分离在自然群落中不占优势的菌株。单细胞分离法对操作技术有比较高的要求，多在高度专业化的科学研究中采用。

在自然界中微生物杂乱地混在一起，没有任何一种方法能够独立地分离出所有微生物，直接获得纯培养物，有时需要对分离的材料进行预处理。

1. 富集培养 对目标微生物设计特定的营养生长环境进行加富培养，使原本在自然环境中占少数的微生物的数量大大提高，再通过平板法进行相应微生物的分离培养和检测。

2. 选择培养 在基础培养基中加入抑制剂，使大多数微生物不能生长，或使环境有利于目标微生物的生长，经过一定时间的培养后使该微生物在群落中的数量上升，再进行纯培养分离。

二、微生物群体的生长规律

通过对某些单细胞微生物在封闭式容器中进行分批（纯）培养，发现在适宜条件下，纯培养微生物的群体生长有规律性变化，掌握群体生长规律对生产实践具有重要意义。单

细胞微生物的生长以菌数的增加为指标，菌丝体状的微生物通常以菌丝体积和重量的增加来衡量其生长。

将一定数量的单细胞微生物（如细菌）接种到一恒定容积的新鲜液体培养基中，在适宜的条件下培养，定时取样测定菌体的数量，菌体数目随生长时间而呈规律性变化。以生长时间为横坐标，以细菌数目的对数值为纵坐标，可以绘制出一条反映细菌数目在培养期间变化规律的曲线，这种曲线称为生长曲线。生长曲线可反映单细胞微生物在不更换定量培养条件下的生长、繁殖、衰老、死亡。整个过程可以分为迟缓期、对数生长期、稳定生长期和衰亡期 4 个生长时期（图 5 - 5）。

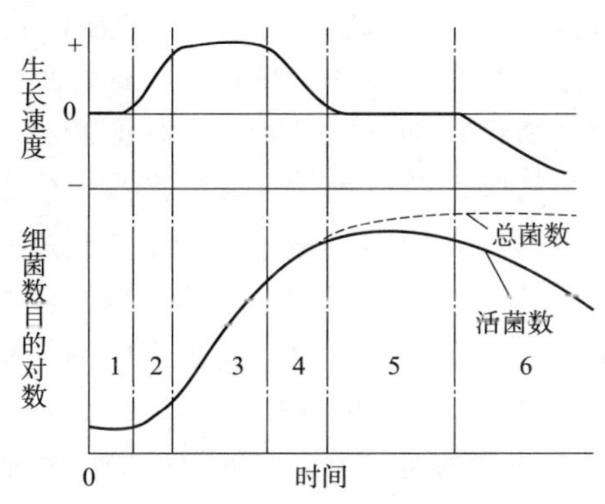

图 5 - 5 细菌生长曲线

1、2. 迟缓期 3、4. 对数生长期 5. 稳定生长期 6. 衰亡期

1. 迟缓期 又称延滞期、适应期或调整期，细菌被接种到新鲜培养基而处于一个新的生长环境中时，在最初一段时间里并不马上分裂，细菌的数量维持恒定或增加很少，可能还稍有减少。此时细菌细胞内的 RNA、蛋白质等物质含量有所增加，相对来说此时的细胞体积最大，说明细菌并不是处于完全静止的状态。微生物被接种到一个新的环境中，暂时缺乏足够的能量和必需的生长因子，“种子”老化（即处于非对数生长期）或未充分活化，或接种时造成损伤等。微生物需要合成新的酶、辅酶或某些中间代谢产物，所以需要一段时间调整以适应新的生活环境。该时期的特点：生长速度近于零，菌体体积增长快（如巨大芽孢杆菌接种后在 0→3.5 h→5.5 h，长度变化为 3.4 μm→9.1 μm→9.8 μm）；细胞代谢活力强，易产生各种诱导酶，细胞中的储藏物消失，原生质更均匀，嗜碱性强；对不良环境较敏感，易被杀死或变异，在实践中利于消毒灭菌或诱变育种工作。

迟缓期的长短与菌种特性、菌龄、接种量和培养条件有关。缩短迟缓期就会缩短生产周期，提高生产效率。在工业发酵和科研中迟缓期的存在会延长生产周期而产生不利的影响，但是迟缓期也是必需的，因为在细胞分裂之前，细胞内部各组分的复制与装配等也需要时间，因此在实际操作上应该采取一定的措施克服迟缓期的不良影响。迟缓期以后，菌体细胞逐步进入生理活跃期，少数菌体开始分裂，曲线稍有上升。

2. 对数生长期 又称指数生长期，细菌经过迟缓期进入对数生长期之后，能够以最大的速率生长和分裂，分裂的间隔缩短到最短，菌数以几何级数 2^n 迅速增加，n 是以 2 为底的繁殖总数的对数，曲线几乎直线上升，而且细菌内各成分按比例有规律地增加，此时期内的细菌生长是平衡生长。此阶段的菌体较小、整齐、健壮、染色均匀，代谢活跃、酶活性高而稳定，生长速率高、生命力强，对营养的消耗最快，需要供给充足的碳源和氮源。对数生长期的菌体形态大小、生理特性、细胞的化学组成比较一致，可作为代谢、生理等研究的理想材料，对数生长期也是发酵生产中菌种的最好菌龄。若适当补充养分，排除不利因素，延长对数期，能为获得高产量的菌体和代谢产物奠定基础。

3. 稳定生长期 也称平衡期或最高生长期，对数生长期过后，由于营养物质消耗、有害代谢产物积累和酸碱度改变等生长环境的变化，新鲜培养基逐步不适于细菌生长，细菌生活力开始减退，芽孢菌开始形成芽孢，少数菌体开始死亡，导致生长速率降低直至等于零（即细菌分裂增加的数量等于细菌死亡的数量），曲线停止上升，此时对数生长期结束，进入稳定生长期。此时细菌数量最高并维持稳定，菌体形态大小典型；生理生化反应相对稳定，可作为分类鉴定的依据；细胞内开始积累代谢产物，是发酵产物增长的重要时期；菌体对不良环境的抵抗力较强。若以菌体为发酵产品，应在此期刚开始时收获；若以代谢产物为发酵产品，可采取延长此期的措施，在产量达到最高水平时收获。

这一时期如果及时采取措施，通过补充营养物质、取走代谢产物或调节酸碱度和通气量等改善培养条件，使稳定生长期延长，可以获得更多的菌体物质或代谢产物。

4. 衰亡期 这个时期营养物质耗尽和有毒代谢产物大量积累，生长条件继续恶化，变得更不适合细菌生长，只有少数细胞繁殖，多数细菌代谢活性降低，生长速度越来越慢，死亡的细菌以对数方式增加，死亡菌数超过新增菌数，活菌数显著减少，曲线急剧下降。但在衰亡期的后期，部分细菌产生抗性也会致使细菌死亡的速率降低。此期的菌体形态改变，如呈现畸形、膨大等不规则的形态，芽孢菌形成芽孢，有的菌体开始自溶，使培养液的浑浊度下降，有的微生物产生或释放次级代谢产物。若以芽孢、孢子或伴孢晶体毒素等的次级代谢产物为发酵产品，应在此期收获。

图 5－5 是细菌的典型生长曲线，反映了单细胞微生物在一定环境中生长、繁殖和死亡的规律，只适用于单细胞微生物（如细菌和酵母菌）。霉菌和放线菌都是菌丝顶端生长（伸长、分枝），很难以细胞数目的增加来表示菌丝体的生长，且其繁殖方式也不同于单细胞微生物。从菌丝重量的增加及其生长导致培养液浑浊度的变化来看，它们的群体生长也有规律性的变化，可画出一条“非典型”的生长曲线，如真菌的生长曲线大致可分 3 个时期，即滞留适应期、快速生长期和生长衰退期，没有指数生长期。

三、微生物的生长规律在生产实践中的应用

掌握微生物的生长规律，在生产实践中具有非常重要的意义。针对微生物不同时期所具有的不同特性，可采取不同的措施对其进行利用。

1. 缩短迟缓期 在工业发酵生产和科学研究中，迟缓期的存在会导致生产周期延长而降低设备的利用率，对此常采用一定的措施来缩短迟缓期：①用遗传学方法改变菌种的遗传特性，使菌种迟缓期尽可能缩短；②采用指数生长期的健壮菌种接种培养，可以缩短乃至消除迟缓期的影响；③尽量使发酵培养基的组成接近种子培养基，并且适当丰富些，或在种子培养基中加入发酵培养基的成分，研究表明，接种到营养丰富的天然培养基中的微生物比接种到营养单调的组合培养基中的微生物迟缓期短；④适当增加接种数量，利用

较大的接种量以缩短甚至消除迟缓期。在迟缓期，菌体的生理特性对外界因素敏感，因此杀灭有害微生物宜在此时进行。且菌体遗传保守性差，给予低于致死剂量的因素刺激就能使其发生变异，是进行诱变育种的好时期。

2. 把握对数生长期　对数生长期，细菌数量增加最快，生长速率最大，生理代谢旺盛，短时间内可以得到大量菌体。但培养液中的营养成分会减少，有害产物增加，要注意排除这些不利因素。发酵工业中往往通过连续流加或补加发酵原料使菌体随着营养物质浓度的增加而提高生长速率，以保持较长时间的旺盛繁殖，可以获得更多的菌体。对数生长期的菌体是代谢、生理等研究的良好材料，也是发酵工业中种子的最佳原材料。

3. 延长稳定生长期　这一时期，菌种繁殖速度和生理活性不再提高，产生初级代谢产物（根瘤菌、单细胞蛋白、乙醇、氨基酸、核苷酸、乳酸）等，初级代谢产物对微生物的生存是必需的，各种微生物会产生很多种类相似的初级代谢产物，并且这些初级代谢产物的形成往往与微生物细胞的形成过程同步。在微生物分批培养过程中，微生物的稳定生长期是这些产物的最佳收获时期，也是代谢产物的最佳测定时期。对于另一些需获得次级代谢产物如抗生素、维生素、色素、毒素、生物碱、生长刺激素等的发酵来说，次级代谢产物与微生物的生存、生长和繁殖无关，其形成过程往往与微生物细胞生长过程不同步，要在积累代谢产物的高峰期收获。在分批培养中，它们形成的高峰时段往往出现在微生物稳定生长期后期或衰亡期，收获时间宜适当延迟。此时可通过连续培养等方式延长稳定期、提高次级代谢产物的产量。

微生物稳定生长期的长短主要取决于菌种特性和环境条件，在发酵工业中为了获得更多的菌体或代谢产物，还可以通过补料、调节 pH、调控温度或通气量等措施来延长稳定期，以积累更多的代谢产物。也可采用连续培养的培养方式即向发酵体系中连续流加营养物并移走代谢产物。

4. 监控衰亡期　进入成熟期，芽孢细菌产生芽孢，霉菌形成孢子，是保存菌种的适宜时期。如在该期苏云金芽孢杆菌开始释放芽孢和伴孢晶体，“5406”抗生菌已形成孢子，是收获的适宜时期。工业发酵中要尽量延迟衰亡期的到来。当然，衰亡期是不可避免的，一旦进入衰亡期，便会积累微生物代谢的有毒物质，它们可能与一些代谢产物发生反应或影响提纯，或使其分解。因此必须在合适的时候结束发酵。

在工业发酵生产和科学研究中，要尽可能缩短迟缓期、把握对数生长期、延长稳定生长期，尤其是稳定生长期初级代谢是给予生物能量和生成中间产物的过程，产生的初级代谢产物往往与微生物细胞的形成过程同步。掌握微生物的生长规律，把控好不同时期，可大幅度提高工农业产值、增加经济效益。

任务二　测定微生物数量与生长量

在微生物实验及生产中，要及时了解微生物的生长情况，需要用各种方法定期测定微生物的生长。针对不同的微生物所采用的测定方式也不同。对于单细胞微生物来说，既可以用细胞数目，又可以用细胞重量或菌体体积作为生长的指标；而对于多细胞丝状微生物来说，则常常以菌丝生长的长度或菌丝的重量作为生长指标。也可以依据某种细胞物质的含量或某个代谢活性的强度进行间接测定。

一、测定单细胞微生物的数量

(一) 全数法（直接计数法）

此法除用活体染色外，一般不能分辨出活菌和死菌，甚至杂质，故测得的数据常较实际值高，测得的结果通常是死菌体和活菌体的总和。不过设备简单．易操作，可以快速得到结果。

1. 计数器直接测数法 取定量稀释的单细胞培养物悬液放置在血球计数板（适用于细胞个体形态较大的单细胞微生物，如酵母菌等）或细菌计数板（适用于细胞个体形态较小的细菌）上，在显微镜下计数一定体积悬液中的平均细胞数，再通过换算计算供测样品的细胞数。

(1) 血球计数板及细胞计数。血球计数板（图 5－6、图 5－7）是指一种在特定平面上画有格子的特殊载片。特殊载片上画有格子的区域中，有分别用双线和单线分隔而成的方格，其中有以双线为界画成的方格 25（或 16）格，这种格子称为大格，其中还有以单线为界的 16（或 25）小格。因此，用于细胞计数的区域的总小格数为 25×16＝400，这 400 个小格排成一个正方形的计数室，每条边的边长为 1 mm，所以该大正方形的面积即 400 个小格的总面积，为 1 mm^2。

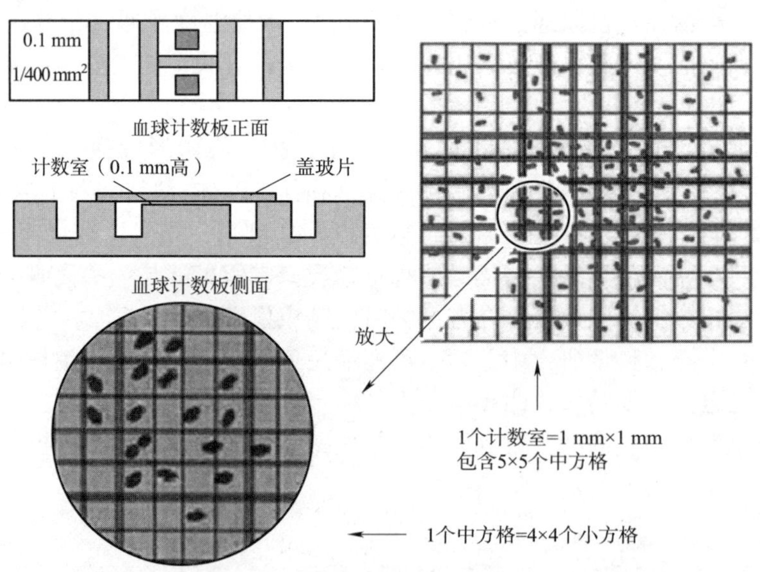

图 5－6　血球计数板计数示意

在进行细胞计数前，首先取盖玻片盖于计数方格上。盖玻片的下平面与刻有方格的血球计数板平面之间留有 0.1 mm 的间隙。含有细胞的供测样品液被加注在此间隙中。因而加注在 400 个小格（1 mm^2）之上与盖玻片之间的间隙中的液体总体积应为 1.0 mm×

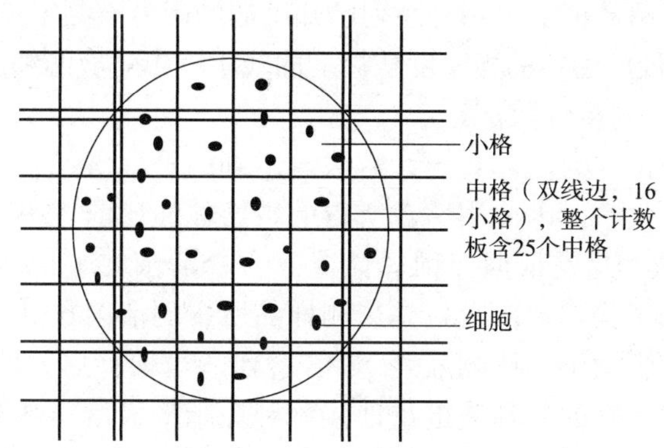

图 5－7　血球计数板方格示意

1.0 mm×0.1 mm＝0.1 mm³。一般表示样品细胞浓度的常用单位为亿个/mL。因此，将在计数后获得的 400 个小格中的细胞总数再乘以 10^4，即可换算成每毫升所含细胞数。其具体计算公式如下：菌液的含菌数（个/mL）＝每小格平均菌数×400×10 000×稀释倍数。在进行具体操作时，取格的方法一般有两种：取计数板斜角线相连的 5 个大格或取计数板 4 个角上的 4 个大格和计数板正中央的 1 个大格。对于横跨于方格边线上的细胞，在计数时只计一个方格 4 条边中的 2 条边线上的细胞，而另两条边线上的细胞则不计。取边的原则是每个方格均取下边线与左边线或上边线与右边线。

（2）细菌计数板及细胞计数。细菌计数板与血球计数板在结构上大同小异，差别仅在于画有格子的计数板平面与盖玻片之间的间隙高度变为 0.02 mm。因此在该计数方法下，菌液样本的含菌数（个/mL）＝每一小格平均菌数×400×50 000×稀释倍数，其余与血球计数板计数法相同。

2. 涂片染色计数法　该方法在操作上用计数板附带的 0.01 mL 吸管吸取定量稀释的细菌悬液，放置于有 1 cm² 标识区域的玻片上，使菌液均匀地涂布在 1 cm² 区域内，固定后染色，随后在显微镜下任意选择几个乃至十几个视野进行细胞计数。最终依据计算出的视野面积核算每平方米的菌数，然后再用每平方米的菌液量和稀释度计算每毫升原液中的含菌数。具体计算公式为原菌液的含菌数（个/mL）＝视野中的平均菌数×1 cm²/视野面积×100×稀释倍数。

3. 比浊法　这是测定菌悬液中细胞数量的快速方法，根据菌悬液的透光量间接测定细菌的数量，可以连续测定，适合自动控制。其原理是菌悬液中的单细胞微生物的细胞浓度与浑浊度、光密度成正比，与透光度成反比，细胞越多，浑浊度越大，透光量越少。而光密度或透光度可以由光电池精确测出。因此，测定菌悬液的光密度、透光度或浑浊度便可以直接知晓细胞的浓度。要测定菌悬液中的细胞数量，直接将未知细胞数的菌悬液与已知细胞数的菌悬液相比，即可求出未知菌悬液所含的细胞数。测定菌悬液细胞浓度常用的仪器有浊度计、分光光度计。此法虽然比较简便，但使用上有局限性。但光密度或透光度除了受菌体浓度影响之外，还受细胞大小、形态、培养液成分以及所采用的光波长等因素的影响。要求菌悬液颜色不宜太深，也不能混杂其他物质，否则误差会很大。一般在用此法测定细胞浓度时，应先用计数法对应计数，取得经验数据并制作菌数对光密度（OD）

的标准曲线以便于查得菌数值。可用一系列已知菌数的菌悬液测定光密度，作出光密度-菌数标准曲线，根据样品液所测得的光密度从标准曲线中查出对应的细菌数量。

（二）活菌计数法（间接计数法）

活菌计数法又称间接计数法。直接计数法测定到的是菌落死、活细胞的总数，而间接计数法测得的仅是活细胞数。因此用后者所得的数值往往比前者小。

1. 平板菌落计数法 这是根据在稀释情况下一个活菌在平板培养基上形成一个菌落的原理测定菌体数目的方法，菌落数就是待测样品所含的活菌数。

具体操作为将单细胞微生物待测液经 10 倍系列适当稀释后，使其中的微生物充分分散成单个细胞，将一定浓度的稀释液定量地接种到琼脂平板培养基上培养，每个单细胞生长繁殖形成肉眼可见的菌落，长出的菌落数即定量稀释液中含有的活菌数，根据其稀释倍数和取样接种量即可换算出供测样品中含有的活菌数。但需要注意，由于各种原因，平板上的单个菌落可能并不是由一个菌体细胞形成的（有些菌落可由多个菌体细胞形成），往往导致平板菌落计数的结果偏低。因此在表达单位样品含菌数时，常用单位样品中形成的菌落单位来表示，即 CFU/mL 或 CFU/g（CFU 即菌落形成单位）。

平板菌落计数法由于可以获得活菌的信息，因此被广泛用于生物制品检验以及食品、牛乳、饮料和水等的含活菌指数或污染程度的检测。操作较烦琐，技术要求高，需要的时间较长，而且测定结果易受多种因素的影响。也有一定误差，并非所有微生物都可以在实验条件下或实验期间形成菌落，此外在操作过程中可能会造成一些菌的损坏或外界菌的传入。

2. 液体稀释最大或然数法 该操作方法首先取定量（1 mL）单细胞微生物悬液，然后用培养液作定量 10 倍系列稀释，重复操作 3～5 次，将不同稀释度的系列稀释管置于适宜温度下培养。在稀释度合适的前提下，在菌浓度相对较高的稀释管内均有活菌生长，而自某个稀释度较高的稀释管开始至稀释度更高的稀释管中均没有活菌生长。微生物学上，按稀释度由低到高的顺序，把最后 3 个有菌生长的稀释管的稀释度称为临界级数。在该计数方法下，菌液样本的含菌数计算方法：由 3～5 次重复的连续三级临界级数获得指数，然后查相应重复的最大或然数表求得最大可能数，再乘以出现生长的临界级数的最低稀释度，即可得到比较可靠的样品活菌浓度。

3. 薄膜过滤计数法 该操作方法非常简便，主要用于测定含菌浓度低的样品中的活菌数量。比如测定水与空气中的活菌数量时，由于含菌浓度低，则可先将待测样品（一定体积的水或空气）通过微孔薄膜（如硝化纤维薄膜）过滤浓缩，然后把滤膜放在适当的固体培养基上培养，长出菌落后计数即可。

二、测定微生物的生长量

微生物的生长，实际上是细胞物质重量的增加。所以物质增加测定能较准确地反映微生物的生长量，此法更适合菌丝体状微生物。

（一）干重测定法

用离心或过滤的方法将菌体从培养基中分离出来，洗涤除去培养基成分后转移到适当的容器中，烘干至恒重后称量，求得培养物中的细胞干重。一般细菌干重为湿重的

20%～25%，1 mg 干菌相当于 4～5 mg 湿菌；酵母菌干重为湿重的 15%～30%；霉菌干重为湿重的 10%～15%。此法直接且可靠，但要求测定时菌体浓度较高、样品中不含非菌体的干物质。此法适用于单细胞和多细胞微生物的生长量的测定。

（二）含氮量测定法

微生物细胞中的蛋白质含量相对来说是比较稳定的，蛋白质含量可以反映微生物的生长量。可以通过菌体含氮量求出蛋白质的含量，并大致算出细胞物质的重量。从一定量培养物中分离出菌体，洗净（排除培养基带入的含氮物质），用凯氏微量定氮法测定总含氮量，再乘以 6.25 就是组蛋白的含量，再由菌体含氮量大致算出细胞的量和微生物的生长量。一般细菌的含氮量约为原生质干重的 14.0%，酵母菌为 7.5%，霉菌为 6.0%。常见微生物总含氮量与细胞蛋白质总量的关系可用下式计算：蛋白质总量＝总含氮量×6.25。

（三）DNA 测定法

建立荧光微量 DNA 含量测定方法，用于重组细胞因子的质量控制。应用 PicoGreen 荧光试剂与 DNA 结合能产生可激发荧光的复合物，再用荧光酶标仪对复合物进行检测并用 SoftmaxPro 分析软件进行分析。这种方法是基于 DNA 与 DABA - 2HCl［新鲜配制的 20%（*W*/*W*）3，5 -二氨基苯甲酸-盐酸溶液］结合能显示特殊荧光反应的原理定量测定培养物的菌悬液的荧光反应强度，即可求得 DNA 的含量，近而直接求得所含细胞物质。也可以根据 DNA 含量计算细菌数量，每个细菌平均含 8.4×10^{-5} ng DNA。

（四）其他生理指标测定法

微生物新陈代谢必然要消耗或产生一定量的物质。在一定条件下，可以用某物质的消耗量或某种产物的生成量来表示微生物的生长量。例如，代谢作用所消耗的含碳或含氮化合物、氧或形成的二氧化碳、发酵糖产生的酸等物质的含量均可用来作为微生物生长状况的指标。但使用时必须注意作为生长指标的那些生理活动应不受外界其他因子的影响或干扰，否则会影响测定结果的准确性。

测定微生物生长量的方法有很多，哪一种方法都有其优缺点和适用范围，应合理选用。

任务三　解析微生物生长的环境条件

微生物的生长繁殖不仅受营养条件的影响，还和环境有着密切的关系，环境条件影响着微生物的生长繁殖，微生物的生长反过来又影响环境。只有在适宜的环境条件下，微生物才能旺盛生长繁殖。环境条件改变，微生物的生命活动就会受到抑制，甚至死亡。人们常常通过调节某些环境条件以促进有益微生物的生长或达到控制、消灭有害微生物的目的。

不同种类的微生物对环境条件的要求不同。同一种微生物在不同的生长发育阶段对环境条件的要求也不同。

一、温度

温度是微生物生长的非常重要的环境因素之一，微生物生长的温度范围很广，在地球上，从0 ℃以下到100 ℃以上，均发现有微生物存在。但具体到某一种微生物，则只能在一定的温度范围内生长，并具有最低、最适和最高3个温度值，称为生长温度三基点。各种微生物也有它们各自的致死温度。

最适生长温度是指最适合微生物生长的温度，在适应温度范围内，随着温度的逐渐升高，微生物代谢活动加强、生长增殖加快，如大肠杆菌的最适生长温度是37 ℃，与哺乳动物的体温相同。微生物生长繁殖的温度下限即最低生长温度，在最低生长温度时，微生物生长速率很低，低于此温度微生物不能生长。最高生长温度是微生物生长的温度上限，高于此温度时微生物亦不能生长，甚至死亡。

根据微生物生长的最适生长温度范围，可将微生物分为低温、中温和高温3种类型（表5-1）。

表5-1　微生物的生长温度及其范围

微生物类型		生长温度范围/℃			主要存在环境
		最低	最适	最高	
低温型	专性嗜冷型	−12	5～15	15～20	地球两极、深水及冷藏食品中
	兼性嗜冷型	−5～0	10～20	25～30	
中温型	室温型	10～20	20～35	40～45	大多数环境中
	体温型	10～20	35～40	40～45	人、动物体内
高温型	嗜热型	25～45	45～60	70～95	土壤、堆肥、温泉中
	极端嗜热型	＜80	80～110	≥110	火山泉中

低温型微生物又称嗜冷微生物，可分为专性嗜冷微生物和兼性嗜冷微生物，多存在于地球两极地区、深海、冷泉和冰仓中，冷藏品的变质、冷藏血浆的污染及某些被雪长期覆盖的冬播作物的雪腐病往往是这类微生物作用的结果。一般认为该类微生物耐低温是因为细胞内的酶在低温下仍能缓慢而有效地发挥作用，同时细胞膜中不饱和脂肪酸含量较高，在低温下仍能进行活跃的代谢活动。

农业上常用的微生物大多数是中温型的，一般适合生长在20～40 ℃环境中，在25～30 ℃范围内生长最快，一般病原菌也属这一类。中温型微生物分为室温型和体温型，大多数土壤微生物和植物病原菌是室温型，在分解有机物质、推动自然界物质循环中起重要作用；体温型微生物多为人和动物的病原菌，它们的最适温度与宿主的体温相近。

高温型微生物适合在50～60 ℃环境中生长，可分为嗜热微生物和极端嗜热微生物。温泉、堆肥、厩肥、秸秆堆和土壤中都有高温型微生物存在，它们参与堆肥、厩肥和秸秆堆高温阶段的有机质分解过程，有利于堆肥的腐熟，也常给罐头加工业带来麻烦。高温型微生物一般是产芽孢细菌，但不是病原菌。

高温型微生物耐高温的原因可能是菌体内的酶和蛋白质较抗热，同时高温型微生物的蛋白质合成机构（核糖体）和其他成分对高温也具有较大的抗性，而且细胞膜中饱和脂肪

酸含量较高，使细胞膜在高温下能保持较好的稳定性。

高温与低温对微生物生长的影响是不同的。高温能使微生物细胞内的蛋白质凝固，使酶变性失活、代谢停止进而死亡。利用这一特性在生活中可以用高温杀灭有害微生物。通常把在一定条件下和一定时间内（通常为 10 min）杀死某种微生物的最低高温称为致死温度，在致死温度时杀死该种微生物所需的时间为致死时间。在致死温度以上，温度越高，致死时间越短。不同微生物的致死温度不同，有的差距很大，如大多数细菌、真菌营养体的致死温度为 50～65 ℃，放线菌和真菌的孢子的致死温度为 75～80 ℃，细菌芽孢抗热能力极强，能耐 100 ℃以上的高温，在沸水中数分钟甚至数小时仍能存活。在 0～5 ℃条件下，许多微生物通常呈休眠状，此时微生物的生命活动基本停止，但其活力仍然存在，利用这个特点，在生产上常采用冷藏法保存微生物菌种和食品。

二、水分及空气湿度

水分不仅是微生物细胞的重要组成部分，还是微生物生长繁殖的重要影响因子之一。环境中的水分能否被微生物利用取决于环境中水的有效性（即水的可给性），环境中水的有效性一般以水活度（a_w）为指标。水活度是指在一定温度和压力下，溶液蒸气压（P_s）与纯水蒸气压（P_w）之比。

通常状况下，纯水的 a_w 为 1.00，饱和 NaCl 溶液的 a_w 为 0.80，饱和蔗糖溶液的 a_w 为 0.85，饱和甘油的 a_w 为 0.65。而微生物生长所要求的 a_w 为 0.66～0.99，但每一种微生物都有其最适 a_w。总体而言，常见微生物中细菌对水活度要求较高，一般为 0.93～0.99；大多数酵母菌的最适 a_w 为 0.88～0.91；丝状真菌比其他微生物耐干燥，生长的 a_w 为 0.80 左右；嗜盐细菌可在 a_w 为 0.76 的环境中生长；嗜高渗酵母可在 a_w 为 0.60 的环境中生长。

水活度不仅与环境中水分的含量多少有关，还与溶解在水中的溶质的浓度有关。溶质浓度越高，水活度越低，在日常生活中用高浓度的食盐溶液（10%～15%）或高浓度的蔗糖溶液（50%～70%）腌渍食品防止食物腐败，采用的就是此原理。

水分是微生物生长的基本要素，湿度也是微生物生长不可缺少的因素。湿度一般是指环境空气中含水量的多少，有时也泛指物质中所含水分的量。培养微生物时，除培养基要有足够的水分外，还应提供适宜的空气湿度。培养基水分过多会影响通气，水分过少则微生物生命活动无法正常进行。空气湿度过小水分散失快，湿度过大通气不畅。微生物在空气中的生存和传播也以湿度较大为宜，在干燥条件下，微生物会因逐步失水而发生代谢活动停止或死亡，所以人们常用干燥法保藏谷物、纺织品与食品等，其实质就是夺微生物细胞之水，从而防止微生物生长引起的霉腐。不同微生物抗干燥的能力不同，一般情况下，细胞壁薄的长形细胞对干燥敏感，细胞壁厚的圆而小的细胞抗干燥能力强。细菌的芽孢及放线菌、霉菌的一些孢子因为有厚壁而抗干燥能力较强，故常用芽孢和孢子制成沙土管保存菌种，在干燥条件下能保存几年甚至几十年。

在自然条件下，微生物基本生活在湿润的物体表面或水中。湿润的物体表面常有一层薄薄的水膜，微生物细胞实际上就生长在这一水膜中。人工培养时，一般要求培养基的含水量在 60%～65%，空气相对湿度应保持在 80%～90%。放线菌和霉菌基内菌丝生长在水溶液或含水量较高的固体基质中，气生菌丝则暴露于空气中，基质含水量不高、空气干燥，细胞壁较薄的气生菌丝易失水萎蔫，不利于甚至可终止代谢活动，空气湿度较大则有利于微生物生长。在酿造业中，制曲的曲房要求空气接近饱和湿度，促使霉菌旺盛生长。在食用菌出菇管理中，要求湿度保持在80%～90%。

三、酸碱度（pH）

酸碱度也是影响微生物生命活动的重要环境因素，主要影响微生物细胞膜的电荷、对营养物质的吸收、酶的活性及代谢产物的形成等。在一般情况下，不适宜的酸碱度对微生物生长有抑制作用，pH极高或极低时有直接杀菌作用。微生物生长所需酸碱度的范围极广，在pH<2或pH>10的环境中都可找到不同的微生物，但大多数微生物生长在pH为4.0～9.0的环境中。

每种微生物都有最适宜的pH和一定的pH适应范围。多数细菌和放线菌需要的pH偏高，细菌最适pH为6.5～7.5，放线菌最适pH为7.0～8.0；大多数酵母菌和霉菌需要的pH偏低，最适pH为3.0～6.0。一般来说，真菌适应的pH范围比细菌广。放线菌适合生长在微碱性环境中，酵母菌喜欢微酸性环境，细菌要求中性或弱碱性环境（表5-2）。

表5-2 各类微生物对酸碱度的要求

微生物种类	最低pH	最适pH	最高pH
细菌	4.0	6.5～7.5	10.0
放线菌	5.0	7.0～8.0	10.0
酵母菌	3.0	5.0～6.0	8.0
霉菌	1.5	3.0～6.0	11.0

根据微生物所需的最适pH，可将其分为嗜碱性微生物、嗜酸性微生物及兼性嗜酸性微生物。能在低pH条件下生长的微生物称为嗜酸性微生物，如乳杆菌、醋酸杆菌、硫杆菌等；能在高pH条件下生长的微生物称为嗜碱性微生物，如硝化细菌、尿素细菌、多数放线菌等；在酸性和中性条件下均能生长的微生物称为兼性嗜酸性微生物，如一部分真菌。一般来说，大多数真菌是嗜酸性的。

此外，微生物在不同生长阶段对酸碱度的要求也不同，pH也常随微生物的生长而发生变化。如乳酸菌分解葡萄糖产生乳酸，使pH降低；尿素细菌水解尿素产生氨，使pH上升。因此，在培养基中要加入缓冲物质，如磷酸盐、碳酸盐等，以防止培养过程中pH发生较大变化。对于产酸能力特强的微生物，还要在培养基中加入一定量的碳酸钙，以中和培养过程中产生的多余的酸。

酸碱离子（氢离子和氢氧根离子）对微生物的影响具体表现为酸类物质可大幅度增加氢离子浓度，高浓度的氢离子可引起菌体表面蛋白质等物质的水解，破坏酶的活性。碱类物质除能改变环境的pH外，还能引起细胞物质的水解，对微生物有一定的毒害作用，以至于能杀死微生物。在生产实践中，还可利用微生物对pH的不同要求促进有益微生物的生长或控制杂菌污染。如在食品业中常用氢氧化钠、石灰水、碳酸钠等强碱性物质或水解显碱性的物质进行机器、工具及冷库等的消毒。

四、氧气及氧化还原电位

自然界的微生物生活在含氧量不同的环境中，不同微生物对氧的需求或耐受性是不一样的。对一些微生物来说，氧气是不可缺少的生命物质，但对另一些微生物来说，氧气却是十分有害的毒性物质。

氧气和氧化还原电位与微生物的关系十分密切，对微生物生长的影响极为明显。按照微生物与氧气的关系，可把它们分成好氧微生物、厌氧微生物和兼性厌氧微生物三大类，并可进一步细分为五类（表 5－3）。

表 5－3 微生物与氧的关系

微生物类型		与氧的关系	代谢类型	例子
好氧	专性好氧	需氧，要求较高氧浓度	有氧呼吸	固氮菌属
	微好氧	需氧，要求非常低的氧浓度	有氧呼吸	霍乱弧菌
厌氧	耐氧	不需氧，分子氧对它们无用，但也无害	发酵	乳杆菌
	专性厌氧	分子氧对这类微生物有毒杀作用	发酵或无氧呼吸	产甲烷菌
兼性	兼性厌氧	有氧或无氧的环境，一般以有氧生长为主	有氧呼吸、无氧呼吸、发酵	酿酒酵母

好氧微生物与兼性厌氧微生物细胞内普遍存在着超氧化物歧化酶和过氧化氢酶，能分解微生物生命活动产生的有毒物质；而严格厌氧微生物不具备这两种酶，因此严格厌氧微生物在有氧条件下生长时，有毒的代谢产物在胞内积累，引起机体中毒死亡。耐氧微生物只具有超氧化物歧化酶，不具有过氧化氢酶，因此在生长过程中产生的超氧基化合物被分解去毒，过氧化氢则通过细胞内某些代谢产物进一步氧化而解毒，这是耐氧微生物在有氧条件下仍可生存的内在机制。

自然界大多数细菌和真菌都是好氧微生物或兼性厌氧微生物，已知的专性厌氧微生物在自然界很少，如产甲烷菌和硫酸盐还原菌，它们一般在特殊生境中生活。

农业上常用的微生物大多是好氧的，培养时应有良好的通气条件，以不断供应新鲜空气，并排出产生的废气。若通气条件不好，微生物的呼吸作用受到抑制，就会影响其生长或致其死亡。如在食用菌生产中，菇房空气污浊易导致子实体畸形、病虫害严重等，因此菇房要求有全方位的通气孔。在培养菌种的试管或瓶子口部堵棉塞、固体发酵时用浅盘或液体深层发酵的搅拌装置都是为了满足好氧微生物对氧气的需求。

培养厌氧微生物时应隔绝空气，以免对微生物产生毒害作用。实验室常用真空培养、在培养容器中加入焦性没食子酸吸去氧、在表面覆盖无菌液状石蜡及用橡皮塞取代棉塞以隔绝空气的方法培养厌氧微生物。

五、辐射

辐射是能量通过空间传播的一种物理现象，辐射分电磁辐射和电离辐射两种形式。

1. 可见光 波长 400～800 nm 的电磁辐射即可见光。对于光合微生物而言，可见光是其能量来源。绝大多数微生物都不需要光线，在黑暗中就能生长良好。有少数微生物有一定的趋光生长现象，散射光对微生物影响不大，一些真菌在形成子实体、担子果、孢子囊和分生孢子时，还需要一定散射光的刺激，但强光对微生物是有害的，它可诱发微生物产生光氧化作用，使酶或敏感部位失活。

2. 紫外线 波长范围100～400 nm的光线即紫外线。紫外线可引起微生物体内DNA产生胸腺嘧啶二聚体，导致DNA双链结构扭曲变形，在生长繁殖时会阻碍DNA复制的正常配对，使微生物突变或死亡，其中260～280 nm波长的杀菌效果最明显。但需注意的是紫外线的穿透力很弱，只适用于室内空气、物体表面灭菌。

3. 电离辐射 电离辐射能使被照射物的某些微生物分子电离，产生游离基使之与细胞中敏感部位的蛋白分子作用使其失活，导致细胞损伤或死亡。一般低剂量的照射可促进微生物生长或诱导其发生变异，高剂量的处理则有杀菌作用，对人的危害也较大。常见的X射线、α射线、β射线和γ射线等都是电离辐射，现已知γ射线具有非常强的穿透能力和杀菌效果，在农业生产上已利用放射源钴发射出高能量的γ射线辐照保藏粮食、果蔬、畜禽产品等，不仅能防腐，还能使其保持原有的营养和风味。在食品与制药等工业上，也常将高剂量γ射线应用于罐头食品、饮料和不能进行高温处理的药品、塑料制品等的放射灭菌。

六、化学药剂

许多化学药剂都能杀死或抑制微生物的生长。我们把那些能破坏微生物细胞结构或代谢机能，进而杀死微生物的化学药剂称作化学杀菌剂，而将那些不破坏微生物细胞结构而只干扰微生物新细胞物质合成和生长繁殖的化学药剂称作化学抑菌剂。根据化学药剂对微生物的具体作用，抑制或杀灭微生物的化学药剂大致可分为消毒剂、防腐剂和化学治疗剂3类。

1. 消毒剂和防腐剂 能够抑制或杀死微生物，对人体也可能产生有害作用的化学药剂被称为消毒剂，主要用于抑制或杀死物体表面和周围环境中的微生物。而那些可以抑制微生物生长但对人体或动物体毒性较小的化学药剂即防腐剂，其主要作用于机体表面，如防止皮肤、伤口等感染，也可以用于食品、饮料、药品的防腐。当然，消毒剂和防腐剂之间并没有严格的界限，有些化学药剂在浓度较高时被用作消毒剂，而在浓度较低时则被用作防腐剂。如3%～5%的石炭酸被用于器皿表面消毒，而0.5%的石炭酸则被用于生物制品的防腐。

2. 化学治疗剂 化学治疗剂是指能选择性地抑制或杀死人体或畜禽体内病原微生物，并可用于临床治疗的特殊化学药剂。化学治疗剂常划分为抗生素和抗代谢物两类。

（1）抗生素。这类化学治疗剂是由微生物产生或半合成的一类能抑制或杀死另一类微生物的化学药剂。作为微生物在其生命代谢活动过程中产生的一种次级代谢产物，在低浓度时就能抑制或影响其他生物的生命活动，因而可用作优良的化学治疗剂，如青霉素。迄今为止已发现的抗生素中，被广泛应用于临床的有几十种。而一些微生物合成的抗生素，经过化学或生物化学方法改造生成疗效更好的半合成化学物质，称为半合成抗生素。

抗生素无论是在医疗上还是在农业上都具有广泛的应用前景，如阿维菌素可用于防治蔬菜等植物的害虫，井冈霉素可用于防治水稻纹枯病等。农业上应用的抗生素称为农用抗生素。

（2）抗代谢物。抗代谢物是指某些化合物在结构上与生物体所必需的代谢物很相似，以至于可以和特定的酶结合，从而阻碍酶的功能，干扰微生物正常代谢活动。第一个被发现的抗代谢物是磺胺类药物，其在结构上与对氨基苯甲酸相似，而对氨基苯甲酸本身是维生素叶酸的一部分。由于很多细菌需要利用对氨基苯甲酸合成生长所需的叶酸，而磺胺可与对氨基苯甲酸竞争，与二氢叶酸合成酶结合，从而阻止叶酸的合成，从而达到抑制细菌的生长的目的。抗代谢物在生产方式上都是人工化学合成，因此这些药物也称为合成药。

另外，需要注意的是，有些消毒剂与防腐剂在高浓度时是杀菌剂，在低浓度时可能被微生物利用作为养料或生长刺激因子。

七、渗透压

任何两种浓度的溶液被半渗透膜隔开均会产生渗透压，溶液的渗透压决定于其浓度。渗透压对微生物生命活动有很大的影响。微生物的生活环境必须具有与其细胞相适应的渗透压，超过一定限度或突然改变渗透压会抑制微生物的生命活动，甚至会引起微生物的死亡，这是因为微生物所具有的半渗透性细胞膜在不同的渗透压的溶液中呈现不同的状态。

1. 在等渗透压溶液中 当细胞外界溶液溶质总浓度与细胞内的浓度相等时，微生物的代谢活动最好，细胞既不收缩又不膨胀，保持原形不变，有利于微生物生长。常用的生理盐水（0.85% NaCl 溶液）就是一种等渗溶液。

2. 在低渗透压溶液中 当细胞外界溶液溶质总浓度比细胞内的浓度低时，水分向细胞内渗透，细胞吸水膨胀，甚至破裂。因此进行微生物样品稀释时，要用 0.85% NaCl 溶液代替蒸馏水，以防止微生物细胞吸水膨胀。

3. 在高渗透压溶液中 外界溶液溶质总浓度高于微生物细胞内的物质浓度，细胞容易脱水，原生质收缩，细胞质变稠，引起质壁分离，影响微生物的生命活动或使其死亡。所以采用盐渍（5%～30%的食盐）或糖渍（30%～80%的糖）的方式可以保存食品。少数微生物能在 25%～30%的食盐或 60%～80%的糖中生长，这些微生物被称为嗜高渗微生物，如花蜜酵母菌属、盐杆菌属和一些真菌，它们常使盐渍或糖渍食品腐败。有些耐糖真菌是好氧的，能在高浓度糖液中生长，使蜜饯、果酱等变质，用密封或抽气等方法造成缺氧环境可以控制它们的生长。

适合微生物生长的渗透压范围比较广，一般微生物适合在渗透压为 300～600 kPa 的基质中生长。微生物对渗透压有一定的适应能力，逐渐改变环境的渗透压，微生物能适应这种变化。

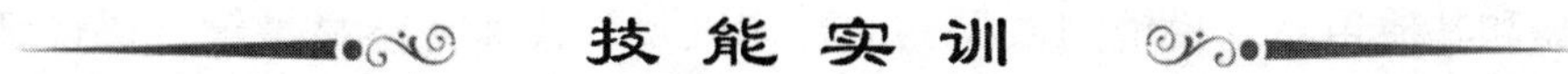

技能实训

实训一　微生物细胞计数及微生物细胞大小的测定

一、实训目的

（1）了解血球计数板计数法的原理，熟悉血球计数板的构造，掌握用血球计数板测定微生物细胞或孢子数量的方法。

（2）了解显微镜目镜测微尺和镜台测微尺的构造和使用原理，熟悉使用测微尺测量微生物细胞大小的方法。

二、实训原理

（1）血球计数板是一块特制的厚玻片，上刻有一定深度和宽度的小方格网，将经过适当稀释的菌悬液（或孢子悬液）放在血球计数板载玻片与盖玻片之间的计数室内，测数时在显微镜下直接计数单位容积内分散的单个菌体，由于计数室的容积是一定的（$0.1\ mm^3$），可以换算出一定容积的微生物细胞总数。此法的优点是直观、快速，得到的是活菌和死菌的总和。这是一种常用的微生物细胞计数方法。

（2）不同的微生物，其形态特征、细胞大小也不同，可作为分类鉴定的依据。利用一根已知长度的显微镜测微尺（图 5－8）校正目镜中未知长度的测微尺，确定其在不同放大倍数和镜筒长度中每小格的长度后，就可用此尺测量镜台上观察到的细胞大小。

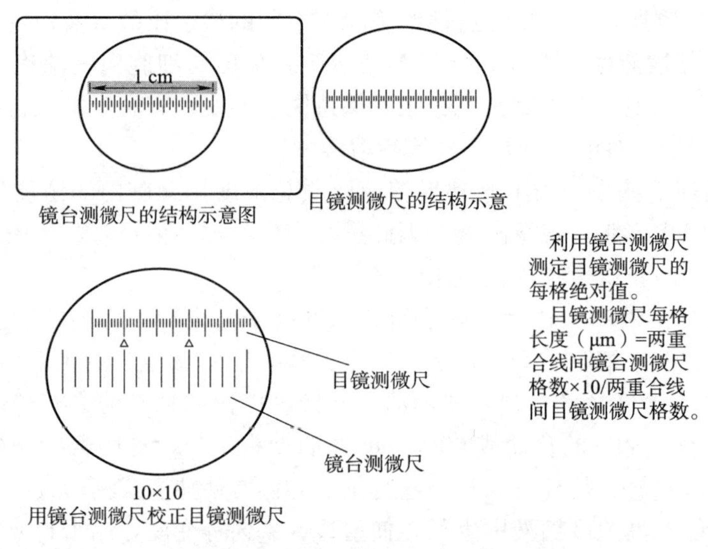

图 5－8　利用镜台测微尺校正目镜测微尺

三、材料与用具

1. 菌种　枯草芽孢杆菌、酿酒酵母（培养 24 h 的斜面培养物）。

2. 试剂　香柏油、二甲苯、亚甲蓝染液。

3. 仪器和其他用品　目镜测微尺、镜台测微尺、普通光学显微镜、擦镜纸、软布、血球计数板、凹载玻片、盖玻片、接种环、酒精灯、试管、滴管、移液枪等。

四、方法步骤

（一）用血球计数板测酵母菌细胞数目

1. 血球计数板简介　血球计数板的载玻片上有 4 道沟槽构成的 3 个平台，中间的平台又被一短横槽分隔成两段，每段上各刻有一个方格网。中间平台Ⅱ比两边平台Ⅰ低，盖上盖玻片后，形成一个高度为 0.1 mm 的间隙（图 5 - 9）。

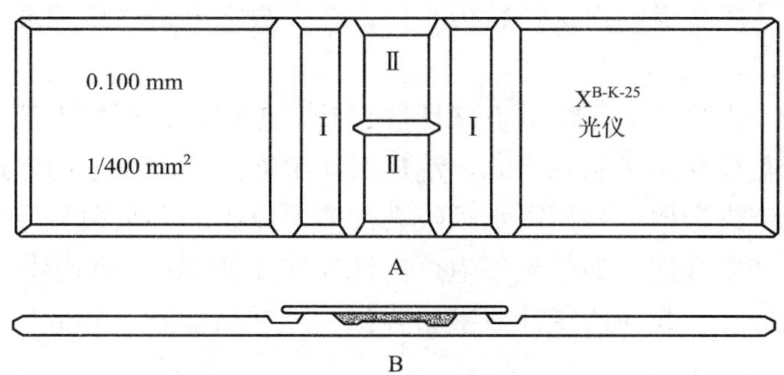

图 5 - 9　血球计数板的构造

A. 平面图（中间平台分为两半，各刻有一个方格网）　B. 侧面图（中间平台与盖玻片之间有高度为 0.1 mm 的间隙）

方格网共分 9 个大区，其中间的 1 个大区是计数室（只在此区进行计数）。计数室的刻度有两种：一种是由双线将计数室分成 16 个大方格，而每个大方格又被单线分成 25 个小方格（25×16）；另一种是计数室被双线分成 25 个大方格，而每个大方格又被单线分成 16 个小方格（16×25）。但是不管计数室是哪一种构造，它们都有一个共同特点，每区都由 400 个小方格组成，即每个小方格的体积都是一样的，每个小方格的边长为 1/20 mm，盖上盖玻片后的高度是 0.1 mm，其体积是 1/4 000 mm^3（图 5 - 10）。

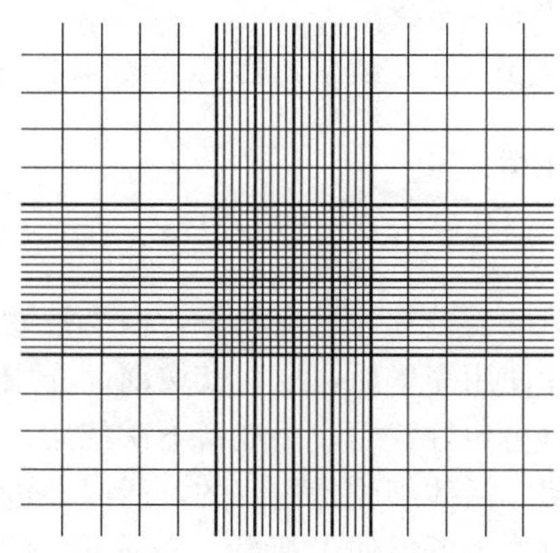

图 5 - 10　血球计数板的构造

注：图中为放大后的方格网，中间大区为计数室。

使用血球计数板直接计数时，在计数室注满菌悬液后，平均每小方格（1/4 000 mm^3）菌悬液的含菌数可在显微镜下计出，然后再换算成每毫升菌悬液（或每克样品）中微生物细胞的数量，并乘以菌悬液的稀释倍数，即原菌液的含菌量。

2. 操作步骤

（1）准备。①菌悬液稀释，按照实验所需倍数稀释菌悬液，将酿酒酵母斜面菌种稀释 50～200 倍，制成一定浓度的适合计数的菌悬液；②血球计数板的检查，在加样前，先对血球计数板的计数室进行镜检，若有污物，可先用自来水冲洗，再用 95%酒精棉球轻轻擦拭，然后用吸水纸吸干或用电吹风吹干。需注意：计数板上的计数室的刻度非常精细，清洗时切勿使用刷子等硬物，也不可用酒精灯火焰烘烤计数板。

（2）制片。取洁净干燥的血球计数板一块，在计数室上盖一块盖玻片，盖住中央平台上的网格和两边的槽。

（3）样品添加。先将清洁干燥的血球计数板盖上盖玻片，再用无菌的毛细滴管将摇匀的酿酒酵母悬液由盖玻片边缘滴一小滴，滴加后让菌液沿缝隙靠毛细渗透作用自动进入计数室，多余菌液便流进沟槽，并用吸水纸吸去沟槽中流出的多余菌悬液（注意勿使菌悬液溢到盖玻片上面或产生气泡，如产生气泡，需洗净擦干重做），再用镊子轻压盖玻片，以免菌悬液过多将盖玻片顶起而改变计数室的容积。加样后静置 5 min，使细胞或孢子自然沉降。

（4）显微镜计数。将加有样品的血球计数板置于显微镜载物台上，先用低倍镜找到计数室所在位置，再换成高倍镜进行计数。计数时若发现菌悬液太浓或太稀，需重新调节稀释度后再计数。常规样品稀释度要求为每小格内有 5～10 个菌体。每个计数室选 5 个大格（可选 4 个角和中央的 1 个大格）中的菌体进行计数，而位于格线上的菌体一般应计上不计下、计左不计右。计数时若遇酵母菌出芽，芽体大小达到母细胞的一半时即作为两个菌体计数。最终计数一个样品的含菌量要根据从两个计数室中计得的平均数值来计算。

（5）结果计算。

$$\text{菌数（个/mL）}=\text{每小方格平均菌数}\times 4\times 10^{6}\times\text{稀释倍数}$$

刻度为 25×16（大格）的计数板：

$$\text{菌数（个/mL）}=\frac{\text{100 个小方格内的菌数}}{25\times 4}\times 400\times 10^{4}\times\text{稀释倍数}$$

刻度为 16×25（大格）的计数板：

$$\text{菌数（个/mL）}=\frac{\text{80 个小方格内的菌数}}{16\times 5}\times 400\times 10^{4}\times\text{稀释倍数}$$

（6）注意事项。计数室上的盖玻片为悬空状态，极易被物镜压破，使用显微镜计数时要小心。血球计数板和盖玻片使用完毕后，要将其按前面介绍的程序进行彻底的清洗、干燥，镜检无残留菌体及杂质时再包好放回盒中以备下次使用。

此法不能区分死菌和活菌。活体细胞是透明的，所以在进行显微镜计数或悬滴法观察时均应适当降低视野宽度，以增大反差便于观察，增强准确性，降低误差。细菌在不同的生长时期细胞大小的差别较大，若需自己制样进行细胞大小的测定，应注意最好选择处于对数生长期的菌体细胞材料，在微生物旺盛生长期死菌较少时进行测定才能获得较准确的测定结果。

（二）微生物细胞大小的测定

微生物的大小一般用测微尺测量。显微镜测微尺由目镜测微尺和镜台测微尺组成。

1. 安装目镜测微尺 取出目镜测微尺，把目镜上的透镜旋下，将目镜测微尺刻度朝下放在目镜筒内的隔板上；然后旋上目镜透镜，再将目镜插回镜筒内。双目显微镜的左目镜通常配有屈光度调节环，不能被取下，所以使用双目显微镜时目镜微测尺一般都安装在右目镜中。

2. 校正目镜测微尺　将镜台测微尺刻度面朝上放在显微镜载物台上。先用低倍镜观察，将镜台测微尺有刻度的部分移至视野中央，调节焦距，清晰地看到镜台测微尺的刻度后，转动目镜使目镜测微尺的刻度与镜台测微尺的刻度平行。随后利用推进器移动镜台测微尺，使两尺在某一区域内的两线完全重合，最后分别数出两重合线之间镜台测微尺和目镜测微尺所占的格数。可以用同样的方法换成高倍显微镜和油镜进行校正，分别测出在高倍镜和油镜下，两重合线之间两尺所占的格数。已知镜台测微尺每格长 10 μm，根据公式即可分别计算出在不同放大倍数下目镜测微尺每格所代表的长度。

具体计算公式：

$$\text{目镜测微尺每格长度（}\mu\text{m）} = \frac{\text{两重合线间镜台测微尺格数} \times 10}{\text{两重合线间目镜测微尺格数}}$$

由于不同显微镜及附件的放大倍数不同，目镜测微尺校正后只能在特定的情况下重复使用，更换不同放大倍数的目镜或物镜时，必须重新校正目镜测微尺每一格所代表的长度。

3. 菌体细胞大小的测定　校正目镜测微尺完毕后，取下镜台测微尺，换上细菌染色制片。先用低倍镜找到标本后换油镜测定枯草芽孢杆菌的宽度和长度和酿酒酵母的直径。测定时，通过转动目镜测微尺和移动载玻片测出细菌宽和长或直径所占目镜测微尺的格数。该菌的实际大小即所测得的格数乘以目镜测微尺每格所代表的长度。需要注意的是，同一种群中的不同细菌细胞之间也存在明显的个体差异，为使测得的数据误差较小，在测定每一种细菌细胞的大小时应随机选择 10～20 个细胞（一般取处于对数生长期的菌体）进行测量，然后计算平均值。

4. 测定完毕　测量完毕后取出目镜测微尺，先将目镜放回镜筒，再将目镜测微尺和镜台测微尺放回盒内保存，放之前分别用擦镜纸擦干净。

5. 注意事项

（1）使用镜台测微尺进行校正时，开始若无法直接找到测微尺，可先对刻尺外的圆圈线进行准焦，再通过移动标本推进器进行寻找。

（2）进行微生物大小测定，观察时光线要适中，不宜过强，否则难以找到镜台测微尺的刻度；由于细菌个体微小，在进行细胞大小测定时一般应尽量使用油镜，以减少误差；换高倍镜和油镜校正时，必须十分细心谨慎，防止物镜压坏镜台测微尺及损坏镜头。

五、实训报告/思考题

1. 实训报告　将实训结果填入实训报告册。

（1）目镜测微尺的校正结果（表 5－4）。

表 5－4　目镜测微尺校正结果

物镜	倍数	目镜测微尺格数	镜台测微尺格数	目镜测微尺每格代表的长度/μm
低倍镜				
高倍镜				
油镜				

（2）微生物大小的测定（表 5 - 5）。

表 5 - 5　酵母菌、枯草芽孢杆菌大小测定记录

			次数									平均值
			1	2	3	4	5	6	7	8	9	10	
目镜测微尺格数		长											
		宽											
菌体大小/μm	酵母菌	长											
		宽											
	枯草芽孢杆菌	长											
		宽											

（3）酵母菌数量的测定（表 5 - 6）。

表 5 - 6　酵母菌数量测定记录

项　目	第一次					第二次					平均值
	1	2	3	4	5	1	2	3	4	5	
细胞数											
每毫升细胞数											

2. 思考题

（1）为什么更换不同放大倍数的目镜和物镜时必须重新用镜台测微尺对目镜测微尺进行校正？

（2）血球计数板计数的误差主要来自哪些方面？应如何减少误差？

实训二　土壤微生物分离和培养（混菌法）及培养特征观察

一、实训目的

1. 了解从土壤中分离与纯化微生物的基本原理和方法。
2. 掌握几种常用的微生物分离纯化技术。

二、实训原理

微生物的分离纯化技术是微生物学中重要的基本技术之一。自然条件下的微生物绝大多数都是混杂生活在一起的。为准确地研究某种微生物的特性或者要大量培养和使用某种微生物，就必须从这些混杂的微生物群落中将其分离出来，得到只含有某一种微生物的纯培养物，这种获得纯培养物的方法称为微生物的分离与纯化。为了挖掘更多的微生物资源和不断提高微生物制品的产量和品质，就必须注重选种工作，选育就是在自然界混杂的状态下，根据选种目标和菌种特性，采用各种方法，经过不断地分离纯化，挑选性能良好的优良菌株。

在自然界中，土壤是微生物生活的天然优良环境，土壤中生活的微生物数量和种类都

是极其丰富的，是寻找和发现有重要应用潜力的微生物的主要菌源。不同土壤中微生物种类的和数量也不同。1 g 土壤中就有微生物几亿至几十亿个，一般来说，1 g 耕作层土壤中，各种微生物含量有依次 10 倍系列递减的规律，即细菌（10^8）＞放线菌（10^7）＞霉菌（10^6）＞酵母菌（10^5）＞藻类（10^4）＞原生动物（10^3）。在通气良好的土壤中，微生物数量最多，好氧微生物占有绝对优势。本实训就以花园土、麦田土为材料分离土壤中的好氧微生物。

微生物分离纯化常用的方法有平板分离法，该法操作简单，主要包括稀释平板法和平板划线法。通过一系列的稀释使菌液含菌浓度大大降低，再将经过反复稀释的菌液移接于固体培养基上，适宜温度下，经过一定时间的培养后，可在平板上获得彼此分离的单菌落，从中挑选所需要的菌落，再进行接种培养，如此反复进行就可获得纯种。具体分离时要根据不同的材料采用不同方法，选择适于待分离微生物的生长条件，其最终目的是在培养基上出现预分离微生物的单个菌落，必要时再对单体菌落进一步分离纯化。在用稀释平板法分离微生物的同时还可以对待分离的微生物的数量加以测定。

注意：从微生物群体中分离培养的生长在平板上的单个菌落并不能保证是纯培养。因此，除了要观察菌落形态特征外，还要结合显微镜检测个体形态特征。有些微生物的纯培养要经过一系列的分离纯化过程和多种特征的鉴定才能得到。

三、材料与用具

1. 菌种　变形杆菌（大肠杆菌）、枯草芽孢杆菌、金黄色葡萄球菌。

2. 无菌培养基　细菌、放线菌、真菌培养基（牛肉膏蛋白胨琼脂培养基、高氏Ⅰ号培养基、豆芽汁葡萄糖琼脂培养基、马丁培养基等）；平板、斜面、液体、半固体培养基。

3. 器材　新鲜花园土和麦田土，盛有 99 mL 无菌水（或无菌生理盐水）的两个三角瓶（内有小玻璃珠）（1 个备用），内有 9 mL 无菌水的 6 支试管（2 支备用），0.03%链霉素稀释液，10%苯酚；无菌 1 mL 移液器，无菌枪头，直径为 9 cm 的无菌平皿，试管架，无菌三角玻璃棒（涂布棒），托盘天平，称量纸，酒精灯，火柴，接种环，记号笔，标签纸，水浴锅等。

四、方法步骤

（一）土壤微生物分离、培养

1. 准备

（1）倒平板。将三角瓶内的无菌培养基在微波炉中熔化，冷却到 55～60 ℃，向高氏Ⅰ号培养基中加几滴 10%苯酚（抑制细菌），向马丁培养基中加几滴链霉素溶液，混匀，取灭菌的培养皿，分别倒平板，每组在无菌操作条件下倒 12 个平板。

（2）土壤稀释液的制备。在天平上称取 1 g 花园土或麦田土，无菌操作倒入一盛有 99 mL 无菌水的三角瓶中，然后在振荡器中振荡 20 min，使微生物细胞分散，静置 20～30 s 后即成 10^{-2}稀释液；随后用 1 mL 移液器，吸取 10^{-2}稀释液 1 mL 放入装有 9 mL 无菌水的试管中，振荡，让菌液混合均匀，即成 10^{-3}稀释液；用同样的操作方法，再换一支无菌吸头吸取 10^{-3}稀释液 1 mL，移入装有 9 mL 无菌水的试管中，振荡，即成 10^{-4}稀释液；依此类推，连续稀释，就可制得 10^{-2}、10^{-3}、10^{-4}、10^{-5} 等一系列浓度的稀释菌液。

2. 分离

（1）平板涂布。先将培养基平板编号后，利用移液枪吸取 10^{-3}、10^{-4}、10^{-5} 等一系列稀释菌液各 0.1 mL，对号接种在不同稀释度编号的琼脂平板上（每个编号设两个重复），然后再用无菌涂布棒将菌液均匀涂布在平板上，每个稀释度用一个灭菌涂布棒（注意：更换稀释度时需对涂布棒进行灼烧灭菌）。将涂布好的平板平放于桌上 20～30 min，使菌液逐步渗透入培养基内。

（2）划线分离。用灭菌接种环蘸取 10^{-2} 稀释液一环于已凝固的平板上进行划线。划线常用以下两种方式进行：①连续划线法。从平板边缘的一点开始，连续做紧密的波浪式划线，直至平板中央，然后转动培养皿 180°，再从平板另一边（不烧接种环）同样划线至平板中央。②交叉划线法。具体操作是在平板的一边做第一次 Z 形划线，然后转动培养皿约 70°，将接种环在火上烧过并冷却后，做第二次 Z 形划线，依此类推，用同法进行第三次、第四次划线。

3. 培养

将平板倒置，37 ℃培养 2 d 后观察。

（二）其他环境中的微生物

1. 空气中的微生物（可作为对照样本） 取一个平板移去皿盖，让培养基暴露在空气中，将另一个平板移去皿盖，放在相对较干净的环境中，0.5 h 后将两个皿盖盖上，将平板倒置于恒温箱中 37 ℃培养 2 d 后观察。

2. 体表不同部位的微生物 取一个平板，用记号笔在平板背面划分几个不同区域，每部分标记好要检测的部位，如手、头发、衣服等，也可在洗手前后分别做检测；然后将不同的人体部位按在标记好的平板区域，将平板倒置，37 ℃培养 2 d 后观察。（选做）

（三）培养特征观察

1. 接种 分别取斜面、半固体和液体培养基并做好标记，分别按要求接种金黄色葡萄球菌、变形杆菌和枯草芽孢杆菌。

2. 培养 将接种好的培养基放置于 37 ℃环境中培养 2 d 后观察。

五、实训报告/思考题

1. 在平板划线法中，操作时为什么每次都需将接种环上的剩余物烧掉？
2. 为什么培养时要将培养皿倒置？
3. 得到的单菌落是否是纯种如何加以确定？

实训三 菌落形态观察和平板菌落计数

一、实训目的

1. 观察微生物分离平板培养基上的菌落形态特征、微生物的培养特征并识别微生物。
2. 正确计数培养的土壤微生物（上次分离培养的土壤微生物）。

二、实训原理

在微生物学上，区分和识别各大类微生物的方法通常是通过观察菌落形态（群体形态）和细胞形态（个体形态）两方面来判断。细胞的形态构造是群体形态的基础，而群体形态又是无数细胞形态的集中反映，因此每一大类微生物都有一定的菌落特征，所以它们在形态、大小、色泽、透明度、致密度和边缘等特征上都有差异，故一般根据这些差异就能识别大部分菌落，并计数上次培养的土壤微生物数量。

1. 微生物的菌落特征　在固体平板培养基上，单个微生物细胞或孢子通过生长繁殖可以形成一个具有特定形状的菌落。在一定的培养基和培养条件下，微生物的菌落特征相对是稳定的，所以通过对菌落特征的观察可以识别细菌、放线菌、酵母菌和霉菌等几大类微生物。菌落的基本特征包括菌落形状、大小、颜色、隆起度和边缘等。

2. 微生物的培养特征　对微生物进行培养，培养基上所表现出来的群体形态和生长情况称为微生物的培养特征。一般可用斜面、液体和半固体培养基来检验微生物的培养特征。将不同微生物培养在斜面培养基上，可以呈现各种不同的形状，如丝线状、刺毛状、串珠状、舒展状、树枝状或假根状等；若培养在液体培养基内，可以呈浑浊絮状、黏液状，形成菌膜，上层清晰而底部呈沉淀状；若穿刺接种在半固体培养基中，微生物生长可以沿穿刺线向四周蔓延，或仅沿穿刺线生长，或上层生长得好，甚至连成一片而底部很少生长，或底部长得好而上层甚至不生长。

三、材料与用具

分离培养的土壤微生物、接种培养的细菌菌落、显微镜、记号笔等。

四、方法步骤

（1）选择具有代表性的单菌落，在培养皿反面划个小圈，同时编号，可直接用低倍显微镜观察每个圈内的菌落边缘生长特点以及菌落的质地、颜色和表面结构。

（2）观察上述菌落的侧面，描述其隆起程度。

（3）计数培养的土壤微生物数目。

（4）将废弃的染菌平板煮沸杀死微生物后再清洗，并晾干备用。

五、实训结果/思考题

1. 正确描述平板上分离得到的微生物的菌落特征，主要包括菌落的形态、大小、色泽、透明度、致密度和边缘隆起程度等。

2. 根据菌落特征能初步区分金黄色葡萄球菌、大肠杆菌和枯草芽孢杆菌。

3. 计数培养的土壤微生物。

项目小结

微生物的生长是一个复杂的生命活动过程，既有个体细胞重量的增加，又有群体细胞数目的增多，一般研究微生物群体生长指标。在微生物学中，在人为规定的条件下培养、繁殖得到的微生物群体称为培养物，而只有一种微生物的培养物称为纯培养物。纯培养物能较好地被研究和利用。典型的细菌（单细胞）群体生长分为迟缓期、对数生长期、稳定生长期和衰亡期，每个时期都有不同的特点和规律。微生物的生长规律能在生产实践中被加以利用。

在生产和科研中，需要对微生物的生长情况进行测定。因单细胞微生物个体大小的变化难以测量，生长与繁殖是不可区分的，因此，单细胞微生物的生长是以个体数量的增加和群体生物量的增长来表示的。测定方法主要有计数器直测测数法、涂片染色计数法、比浊法、活菌计数法、干重测定法、含氮量测定法、DNA测定法等，针对丝状真菌也可采用菌丝长度测定法。根据实际情况选择不同的测定方法。

可以把特定的微生物从自然界混杂存在的状态中分离、纯化出来。具体方法有稀释分离法、平板划线分离法、单细胞分离法等。

微生物的生长受环境因素的影响，温度、水分、pH、辐射、化学药剂等因子都会影响微生物的生长繁殖，了解各种环境因子对微生物生长繁殖的影响对于在实践中控制和利用微生物有着十分重要的指导意义。

思考题

1. 什么是纯培养？怎样获得微生物纯培养物？

2. 什么是生长曲线？细菌典型生长曲线分为哪几个时期？各时期有何特点？在生产实践中如何应用这种生长规律？

3. 微生物的生长繁殖与高等动植物有什么不同？测定微生物生长常用哪些方法？试比较一下它们的优、缺点。

4. 血球计数板计数法与平板菌落计数法的原理有何不同？

5. 简述影响微生物生长繁殖的主要环境因子有哪些。应该怎样调节和控制这些环境因子？

探究与拓展

1. 日常生活中，为了防止食物变质，我们常采用加热的方法来处理，为什么？你还能说出其他防止食物变质的方法吗？它们的原理是什么？

2. 你注意过现在市场上常见或经常使用哪些消毒剂或防腐剂吗？它们的有效成分是什么？如何使用？

项目六

微生物的选育与菌种保藏

NONGYE WEISHENGWU

项目导读

随着分子生物学和基础生物化学的不断进步，生命科学也得到迅猛发展。现在人们对遗传、变异、生长、发展、衰老、死亡等生命现象有了新的认识。而研究生命科学的模式生物就是微生物，我国有丰富的微生物资源，发掘这些宝贵资源和提高已有菌种的性能在生命科学研究及生产实践中意义重大。

项目目标

【知识目标】熟悉微生物选育和菌种保藏的基本原理和方法，从而有目的地应用微生物资源。

【技能目标】掌握微生物遗传学基本理论，能够熟练掌握微生物选育、菌种保藏和复壮的基本操作技能。

【情感目标】培养严格认真的工作作风、一丝不苟的工作方法，学会利用身边的微生物资源为当地经济发展服务。

任务一　解析遗传与变异

一、微生物遗传变异的特点

（一）遗传和变异的概念

遗传是微生物的性状保持相对稳定，子代与亲代生物学性状基本相同，且代代相传。变异是在一定条件下，子代与亲代之间以及子代与子代之间的生物学性状出现的差异，有利于物种的进化，是生物体在某种外因或内因的作用下发生的遗传物质结构或数量的改变。只有借助变异，生物才能更好地适应不断变化的环境条件，即所谓的适者生存法则。

变异分为可遗传的变异和不可遗传的变异。可遗传的变异是由遗传物质的变化引起的，主要有3个来源，即基因重组、基因突变和染色体变异；不可遗传的变异是由环境引起的，遗传物质没有发生变化。可遗传的变异具有概率低（10^{-10}～10^{-5}）、变异性状的幅度大、新性状具有稳定性和遗传性等特点。

（二）遗传和变异的特点

微生物的遗传和变异本质上和高等动植物相同，但也有它自己的特点。

（1）微生物代谢作用旺盛，有极高的繁殖速度，生活史周转快，环境因素可在短期内重复影响其生长和繁殖，易发生变异，有利于自然选择和人工选择。

（2）微生物细胞体积小、表面积大，与外界环境直接接触。当环境条件剧烈变化时，大多数个体易死亡而被淘汰，个别细胞则发生变异而适应新环境。

（3）大多数微生物均进行无性繁殖，营养体一般都是单倍体，便于建立纯系及长期保存大量品系。如果发生变异，也能在性状上迅速反映出来。

研究微生物的遗传变异规律具有重大意义，不仅促进了现代分子生物学和生物工程学的发展，还为育种工作提供了丰富的理论基础。

二、微生物遗传变异的物质基础

（一）DNA是主要的遗传物质

遗传的物质基础是蛋白质还是核酸，曾是生物学中激烈争论的重大问题之一。利用微生物作为生物对象设计的3个著名试验以确凿的事实证明了DNA和RNA为遗传变异的物质基础。

1928年，F. Griffith将肺炎链球菌作为研究对象，试验结果表明只有S型菌株的DNA能将R型菌株转化为S型，F. Griffith分别用蛋白酶和核酸酶处理转化因子，进一步证实了转化现象与蛋白质、荚膜多糖和RNA无关，只与DNA有关，而且DNA纯度越高，转化效率也越高。1952年，A. D. Hershey和M. Chase用同位素对大肠杆菌噬菌体T_2的感染过程进行了示踪研究，在噬菌体感染过程中，蛋白质外壳未进入宿主细胞，进入宿主细胞的是DNA，并增殖、装配成完整的子代噬菌体。这有力证明了DNA是噬菌体遗传信息的载体。1956年H. Fraenkel-Conrat用含RNA的烟草花叶病毒（TMV）做的著名的植物病毒重建试验证明：烟草花叶病毒（TMV）的主要感染成分是其核酸（RNA）。

这3个具有历史意义的经典试验得到了一个共同结论：核酸是负载遗传信息的真正物质基础。DNA是主要的遗传物质，在真核微生物中主要集中于染色体上，在原核微生物中则集中于核质中。有些病毒没有DNA，只有RNA，遗传物质就是RNA。

（二）DNA的结构

原核微生物的染色体通常只有一个核酸分子（DNA或RNA），其遗传信息的含量也比真核生物少得多。病毒染色体只含一个DNA或者RNA分子，可以是单链也可以是双链；大多呈环状，少数为线状分子。细菌染色体均为环状双链DNA分子（图6-1、图6-2）。

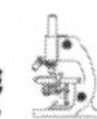

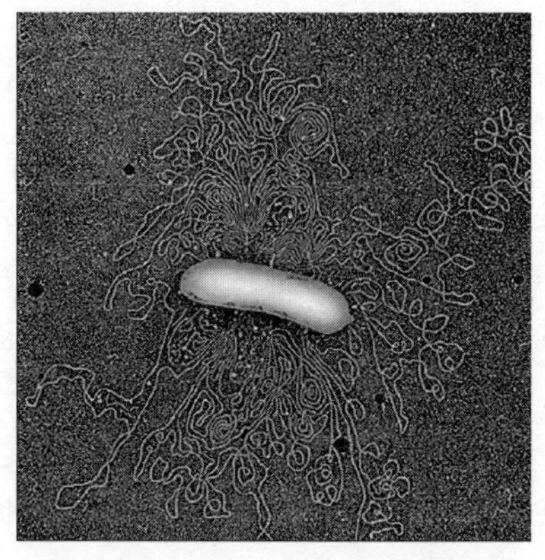

图 6-1　大肠杆菌染色体

图 6-2　原核微生物染色体

在真核微生物中，染色质是 DNA 和蛋白质及少量 RNA 组成的复合物，是染色体在细胞分裂的间期所表现的形态，呈纤细的丝状结构，故亦称为染色质线，DNA 的含量约占染色质重量的 30%。蛋白质包括组蛋白和非组蛋白两类，组蛋白是与 DNA 结合的碱性蛋白，有 H1、H2A、H2B、H3 和 H4 五种，它们在细胞中的比例大致为 1∶2∶2∶2∶2。染色质的基本结构单位是核小体、连接丝和一个分子的组蛋白 H1。每个核小体的核心是由 H2A、H2B、H3 和 H4 各两个分子组成的八聚体，其形状近似于扁球状（图 6-3）。DNA 双螺旋就盘绕在这八个组蛋白分子的表面。连接丝把两个核小体串联起来，它是两个核小体之间的 DNA 双链。组蛋白 H1 结合于连接丝与核小体的接合部位，影响连接丝与核小体结合的长度。

染色体是由两条染色单体组成的。每条染色单体是一个 DNA 分子与蛋白质结合形成的染色质线。每条染色单体包括一条染色质线以及位于染色质线上的许多颜色很深、颗粒状的染色粒。在细胞分裂过程中染色质线会卷缩为一定形态结构的染色体（图 6-4）。

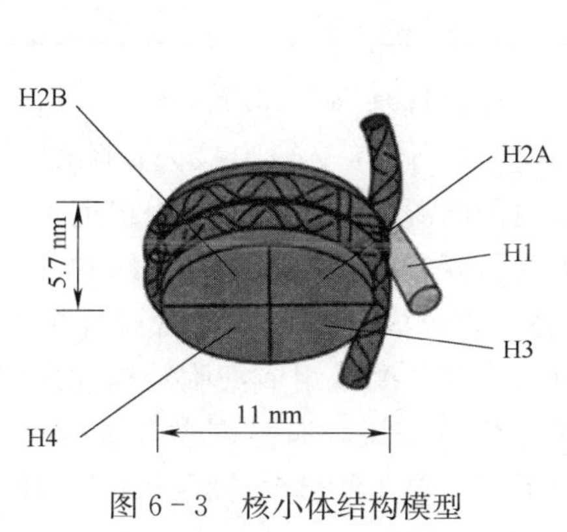

图 6-3　核小体结构模型

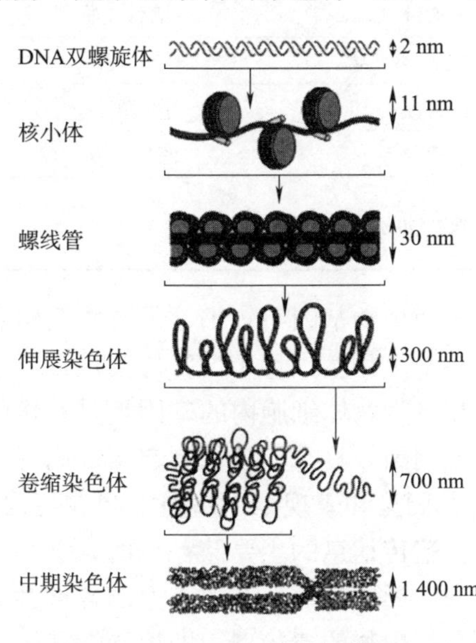

图 6-4　染色体结构模型

（三）基因与基因组的概念

1. 基因的概念 DNA是主要的遗传物质，基因是DNA分子链上的一个片段。基因是一个具有特定核苷酸序列的核酸片段，是生物体内具有自主复制能力的遗传功能单位，包括编码蛋白质多肽链的核酸序列，也包括保证转录所必需的核酸调控序列以及一些非翻译序列。基因并不是不可分割的最小结构遗传单位，而是复杂的遗传和变异的功能单位。即基因可转录为一条完整的RNA分子，或编码一条多肽链；基因在功能上可被顺反测验或互补测验。一个DNA分子中含有许多基因，不同基因所含碱基对的数量和排列顺序都不相同，从而控制了不同的遗传性状。如果一个基因的碱基组成或排列顺序发生改变，这个基因将失去其正常功能，导致生物体缺陷、性状改变或死亡。不同的基因上面的遗传信息也不相同。不同的生物基因的数目也不同。

现在人们将基因分为几种不同类型：结构基因，可编码RNA或蛋白质的一段DNA序列；调控基因，其产物参与调控其他结构基因的表达；重叠基因，指同一段DNA的编码序列由于阅读框架的不同或终止早晚的不同，同时编码两个或两个以上多肽链；隔裂基因，指一个结构基因内部的一个或更多的不翻译的编码序列；跳跃基因；假基因。还有人根据基因来源将基因分为核基因、线粒体基因、叶绿体基因等。

2. 基因组的概念 自然界绝大多数生物体的遗传信息储存在DNA的核苷酸排列顺序中。DNA是巨大的生物高分子，细菌在一般情况下是一套基因，即单倍体；真核微生物通常是有两套基因，称二倍体。基因组就是细胞中基因以及非基因的DNA序列组成的总称，包括编码蛋白质的结构基因、调控序列以及目前功能还不完全清楚的DNA序列。

同一物种的基因组DNA含量总是恒定的，不同物种间基因组的大小和复杂程度差异极大，一般来讲，进化程度越高的生物体其基因组构成越大、越复杂（表6-1）。

表6-1 有代表性的生物体内DNA的大小

项目	代表性生物	相对分子质量	碱基对/bp
最简单的微生物	SV40病毒	3.0×10^{6}	5.0×10^{3}
病毒	λ噬菌体	3.4×10^{7}	5.0×10^{4}
细菌	大肠杆菌	2.2×10^{9}	4.6×10^{6}
哺乳动物	小鼠	1.5×10^{12}	2.3×10^{9}
	人	1.8×10^{12}	2.8×10^{9}

原核微生物基因组较小，没有核膜包裹，形式多样，且基因是连续的，不含内含子序列。真核微生物基因组DNA与蛋白质结合形成染色体，储存于细胞核内；除配子细胞外，真核微生物体细胞内的基因组是双份的，即有两份同源的基因组，基因组远大于原核生物的基因组，具有许多复制起点，而每个复制子的长度较小，基因是不连续的。

3. 基因型和表现型 基因控制着蛋白质（即酶）的合成。染色体上含有许多不同的基因，是遗传信息的主要储存场所，这些信息通过形成各种酶或组成细胞结构的蛋白质才表现出来，形成生理上和形态上的各种性状。就某一性状来说，有基因型和表现型之分。基因型是指生物的遗传型，即控制性状的基因组合类型，是生物体从它的亲本获得的基因

的总和。一个生物体的性状是很多的，控制这些性状的全部基因统称为生物体基因型，但一般情况下是指生物体被研究性状的有关基因的组成，它是性状表现的内在因素、潜在形式。

表现型是指个体形态和功能等各方面的表现，如身高、大小、颜色、酶活力、药物耐受力等，是遗传性状的表现形式。由基因型转化为表现型的过程称为基因的表达。

三、微生物遗传信息的传递

（一）微生物遗传信息的传递特点

1. 原核微生物具有操纵子结构 功能相关的结构基因常常串连在一起，并转录在同一个 mRNA 分子中；DNA 分子绝大部分用于编码蛋白质，不编码部分（又称间隔区）通常包含控制基因表达的序列。

原核微生物基因不仅存在于染色体上，还存在于细胞中的染色体外的遗传因子上，这些染色体外的遗传因子如质粒、类质粒等参与遗传信息的复制与传递。

2. 真核细胞的转录特点 真核细胞基因转录产物为单顺反子，即一个结构基因转录、翻译成一个 mRNA 分子，一条多肽链；存在大量重复序列，即在整个 DNA 中有许多重复出现的核苷酸序列，重复序列可长可短，短的仅含两个核苷酸，长的多达数百个乃至上千个，重复频率也不尽相同。基因组中不编码的区域多于编码区域，这些不编码蛋白质的间隔序列称为内含子，编码区域则称为外显子。内含子与外显子相间排列，转录时一起被转录下来，然后 RNA 中的内含子被切掉，外显子连接在一起成为成熟的 mRNA，作为指导蛋白质合成的模板。

真核生物的细胞中也有质粒、线粒体等携带遗传信息的细胞器存在，只不过不像细菌那样普遍，其遗传和核染色体没有关系，只表现出一种细胞质遗传模式。大部分真核质粒没有明显的表型效应。

（二）中心法则

微生物遗传信息的传递都遵循一定的规律，这被称为中心法则，是生物大分子间遗传信息转移的基本法则。遗传信息的转移包括核酸分子间的转移、核酸和蛋白质分子间的转移。1957 年克里克最初提出的中心法则是 DNA→RNA→蛋白质。遗传信息在不同的大分子之间的转移都是单向的、不可逆的，只能从 DNA 到 RNA（转录）、从 RNA 到蛋白质（翻译）。1970 年特明和巴尔的摩在一些 RNA 致癌病毒中发现它们在宿主细胞中的复制过程是先以病毒的 RNA 分子为模板合成一个 DNA 分子，再以 DNA 分子为模板合成新的病毒 RNA。前一个步骤被称为反向转录，对早期中心法则的单向传递做了补充。因此克里克在 1970 年重申了中心法则的重要性，提出了更为完整的图解形式（图 6－5）。

遗传信息的转移可以分为两类。第一类用实线箭头表示，包括 DNA 的复制、RNA 的转录和蛋白质的翻译，即 DNA→DNA（复制）、DNA→RNA（转录）、RNA→蛋白质（翻译）。这 3 种遗传信息的转移方向普遍地存在于所有生物细胞中，是主要的传递方式。第二类用虚线箭头表示，是特殊情况下的遗传信息转移，包括 RNA 的复制、RNA 反向转录为 DNA，即 RNA→RNA（复制）、RNA→DNA（反向转录）。RNA 复制只在 RNA

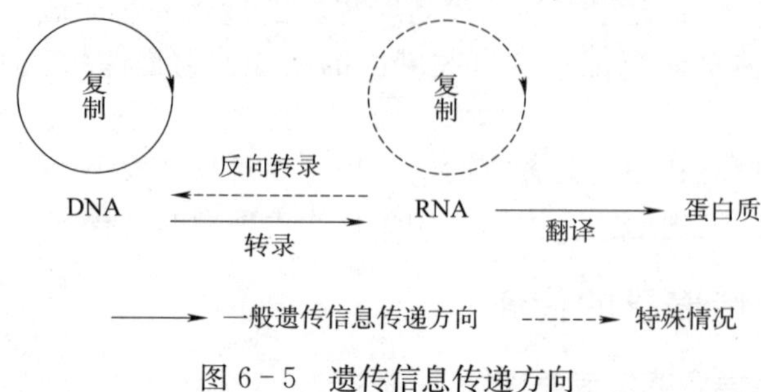

图 6-5　遗传信息传递方向

病毒中存在。RNA 的自我复制和逆转录过程在病毒单独存在时是不能进行的，只有寄生到寄主细胞中后才发生。逆转录酶在基因工程中是一种很重要的酶，它能以已知的 mRNA 为模板合成目的基因，在基因工程中是获得目的基因的重要手段。

任务二　选　　种

选种就是经过比较鉴定自然界的微生物，从中选出某种性能较强并符合一定要求的菌种。这种过程在微生物学上一般被称为筛选。

一、从自然界筛选

自然界中蕴藏着大量的微生物，这些微生物的种类和数量受到所处环境中有机物、氧、温度、水、pH、光线等各种因素的影响。目前全世界能分离培养的微生物还不到其总数的 1%。土壤中的大量微生物已成为分离各种抗生素、生理活性物质、酶及氨基酸产生菌的主要来源。

自然环境中的微生物是混杂生长的，要获得理想的菌株，必须快速、准确地进行微生物菌种的分离和筛选。微生物的直接来源包括土壤、水、新鲜的或腐烂的水果和食物、有生命的动植物、废水等。也可以向菌种保藏机构索取有关菌株。

典型的微生物菌种分离筛选过程可分为样品采集、增殖培养、分离纯化、性能测定等几个重要步骤。

（一）样品采集

采样应根据筛选的目的、微生物分布情况、菌种的主要特征及其生态关系等因素确定具体的时间、环境和目标物。

自然界的土壤、水、空气、动植物及其腐败残骸中的微生物极其丰富，但总体来讲土壤样品的含菌量最多，土壤具备了微生物所需要的营养、空气、水，是我们采集样品的首选目标。每克土壤中不同微生物种类的含量大体有如下规律：细菌>放线菌>霉菌>酵母菌>藻类>原生动物。由于微生物生理特性不同，季节、土壤表面的植被、温湿度、通风情况、养分、水分、pH 和光照等都会影响土壤中的微生物分布。采样时应注意几点：

1. 土壤种类　有机质丰富的土壤如耕作土、菜园土和近郊土壤，通气保水性能好，适合细菌、放线菌生长繁殖；森林土植被多、枯叶多、有机质含量丰富，但阴暗潮湿，适合霉菌、酵母生长繁殖；沙土、无植被的山坡土等有机质含量少，微生物含量少。

2. 土层　采土样最好的土层是5～25 cm。1～5 cm的表层土受阳光照射，蒸发量大，受紫外线影响，微生物数量少；25 cm以下的土层土质紧密，空气、营养和水分缺乏，含微生物少。

3. 土壤酸碱度　偏碱的土壤（pH 7.0～7.5）环境适合细菌、放线菌生长；偏酸的土壤（pH<7.0）环境适合霉菌和酵母菌生长。植物根部的分泌物对微生物分布也有一定影响，如葡萄或其他果树的根部附近土壤中酵母菌多，而豆科植物根部的根瘤菌较多。

4. 采样季节　秋季采土样最为理想，夏季和秋季温度高，植被丰富，土壤水分含量和通气性适宜，微生物数量多；冬季温度低，气候干燥，微生物生长慢而数量少；春季气温升高，微生物生长旺盛，但雨水多，土壤含水量高，通气不良。

5. 土壤采样方法　选好采土样地点后，用小铲子去除5 cm表土，取离地面5～15 cm处的土样10～25 g，盛丁预先灭菌的牛皮纸袋中扎紧，并标明时间、地点和环境等情况，以备考查。

筛选一些具有特殊性质的微生物时，需要根据该微生物独特的生理特性到特殊的环境中采样。在极端环境如高温、低温、高酸、高碱、高辐射等环境中存在少数极端微生物，这也是目前微生物研究的热点之一。

（二）增殖培养

一般在采集的样品中待分离的微生物在数量上并不占优势，为提高分离的效率，我们根据目标微生物的生理特点设计一种选择性培养基，创造有利的生长条件，使目标微生物在最适环境中生长繁殖，可使天然样品中的劣势微生物转变为人工环境中的优势微生物，便于将它们从样品中分离。这种方法称为增殖培养或富集培养。增殖培养主要根据微生物的碳源、氮源、pH、温度、需氧情况等生理因素来控制。

1. 控制培养基的营养成分　微生物的代谢类型丰富，其分布因环境条件而不同，所需营养成分也不一样。控制增殖培养基中的营养成分，特别适合分离产水解酶类（纤维素酶、淀粉酶等）的微生物，可在富集培养基中以相应底物为唯一碳源，加入含目标微生物样品，并给目标微生物以最佳的培养条件，使能分解利用该底物的目标微生物得以繁殖，而其他微生物则因得不到碳源而无法生长。

但是许多的碳源、氮源可被多种微生物利用。在常规实验研究中，各大类微生物已确定基本的营养成分，如细菌用蛋白胨、牛肉膏、放线菌用淀粉、酵母菌、霉菌用麦芽汁或米曲汁等。

2. 控制培养条件　通过微生物对pH、温度及通气等条件的特殊要求来控制培养，达到富集微生物的目的。

（1）pH。配制培养基时要考虑微生物生长代谢产物如有机酸和培养基成分利用后造成的pH的变化，一般通过添加磷酸盐缓冲液体系、碳酸钙以及必要时补加酸或碱的方式来调节pH。

（2）培养温度和热处理。利用不同培养温度可使不同的嗜温性微生物的生长速度不同。筛选耐高温菌株有利于发酵工业节约冷却用水，采用50～60 ℃的温度培养，就可使嗜冷、嗜温微生物被大量淘汰。细菌芽孢是特别耐热的，可以抵抗100 ℃或更高的温度，要分离内生孢子生成型细菌，可对采集样品进行短时间的巴氏杀菌，以消除不产孢子细菌的竞争，浓缩产芽孢菌种。

（3）通风。一般所筛选的微生物通常是好氧微生物，但有时也分离厌氧微生物，严格的厌氧微生物可省略通气和搅拌步骤。这时除配制特殊的培养基外，还需要厌氧培养箱、厌氧罐等特殊设备以创造有利于厌氧微生物生长的环境。

3. 添加抑制剂 添加专一性抑制剂也可达到抑制不需增殖的微生物的目的。在土样悬浮液中加数滴10%苯酚可抑制霉菌和细菌的生长，而放线菌仍能生长；添加青霉素、链霉素之类抗生素能抑制细菌的生长。不同抗生素能抑制的菌类的范围不同，所用浓度等也不同，应区别分离对象、药物性质及添加量。经常被用于选择培养基的药物如表6-2所示。

表6-2 选择培养基使用的药物及其浓度

被分离的微生物	添加物质及其浓度/(mg/mL)	被抑制的微生物
放线菌	放线菌酮（50）、制霉菌素（50）、环己亚氨（50）、那他霉素（50）、丙酸钠（4）	霉菌
	环己亚氨+多黏菌素+枯草菌素（各20单位）、多黏菌素B（5）+青霉素（1）	霉菌
细菌	放线菌酮（50～500）、制霉菌素（100）、曲古霉素（500）、优洛杀菌素（30～100）	霉菌、酵母菌
	原虫霉素（5）	原生动物
革兰氏阳性菌	多黏菌素B（5）	革兰氏阴性菌
革兰氏阴性菌	青霉素（1）、月桂酸钠（2 mg）	革兰氏阳性菌
酵母菌	氯霉素（100）、青霉素（20）+链霉素（40）、玫瑰红（50）+放线菌酮（10）	细菌
霉菌	氯霉素（100）、青霉素（20）+链霉素（40）、玫瑰红（35～67）	细菌
	氯霉素（50）+放线菌酮（10）、青霉素（100）	细菌、酵母菌

（三）分离纯化

经过增殖培养，目标微生物增殖占了优势，其他微生物在数量上相对减少，但富集后的培养液仍是各类微生物的混合体。为了获得某一特定的微生物，必须进行分离纯化，把目标微生物直接从样品中分离出来。

1. 好氧微生物的分离纯化

（1）常规方法。常用的微生物纯化方法有很多，一般只能达到"菌落纯"的水平，其方法有划线分离法、稀释涂布法。划线分离法简单、较快，而稀释涂布法获得的单菌落均匀，获得纯种的概率大，特别适合分离具有蔓延性的微生物如根霉、毛霉等霉菌，较为精细的方法是单细胞或单孢子分离法，可达到"菌株纯"的水平，就是利用培养皿或凹玻片等分离小室进行细胞分离，或利用复杂的显微操作装置进行单细胞挑取。

（2）平皿反应快速检出法。控制增殖培养条件的同时，选用特异的检出方法和筛选方案，可显著提高菌株分离纯化的效率。目前在分离筛选工作中常采用平皿反应快速检出法，根据目的微生物特殊的生理特性或利用某些代谢产物生化反应来设计特殊的分离培养基，通过观察微生物在选择性培养基上的生长状况或生化反应如透明圈、变色圈或抑菌圈等进行分离。在分离淀粉酶产生菌时，培养基以淀粉为唯一碳源，将样品涂布到平板上经过培养形成单个菌落后，再用碘液浸涂，根据菌落周围是否出现透明的水解圈来区别产酶菌株（图 6-6）；在分离谷氨酸产生菌时，可在培养基中加入溴百里酚蓝，它是一种酸碱指示剂，若平板上出现产酸菌，其菌落周围会变成黄色，从而筛选出谷氨酸产生菌。用抑菌圈法已得到许多有用的抗生素，如春雷霉素和青霉素等。抑菌圈法是常用的抗生素产生菌的初筛方法，其检测菌采用抗生素的敏感菌，可根据抑菌圈大小（抑菌圈直径与菌落直径之比）选出高产菌株（图 6-7）。此外，常用于分离筛选氨基酸、核苷酸和维生素的产生菌生长圈法也非常快捷。

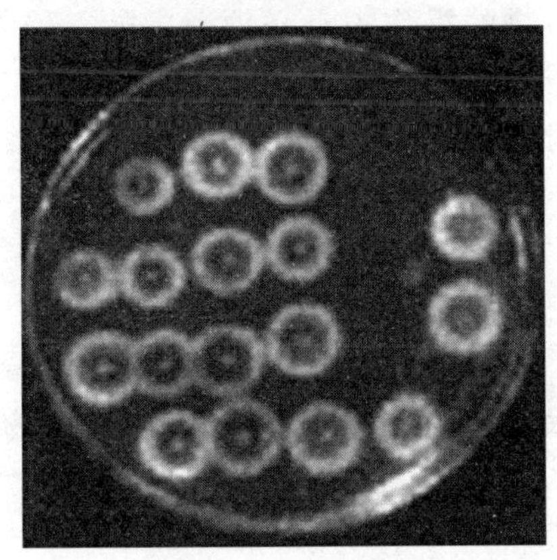
图 6-6 淀粉透明圈

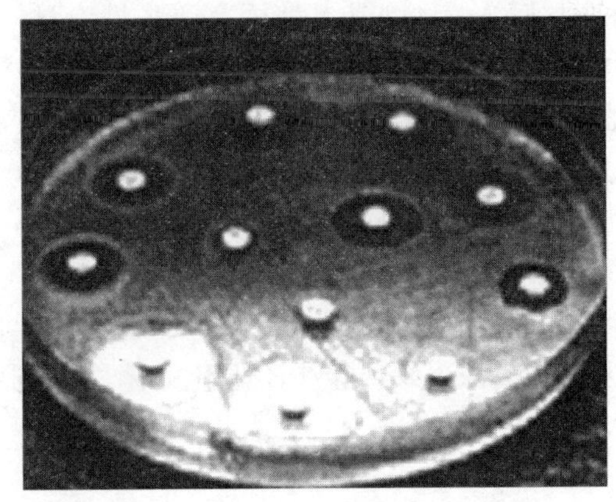
图 6-7 抑菌圈

2. 厌氧微生物的分离纯化 白酒生产上增香用的丁酸菌、已酸菌及用于环境污水处理和水产养殖的光合菌、反硝化菌和脱氮硫杆菌等都属于厌氧微生物，要从样品中分离这类微生物，需采取厌氧培养法。因为专性厌氧微生物与分子氧接触很快会被杀死，培养时要求微生物与空气的接触降至最少或完全隔绝。具体做法：将培养基“预还原”，即在培养基中加入半胱氨酸、巯基化合物、硫化钠或抗坏血酸等还原剂，然后将此类培养基隔绝空气储藏（如向容器内充 CO_2 或 N_2）。若分离时菌株可以短暂接触空气，就可用划线法，划线后放到一密封的容器中抽真空或充 N_2 加以培养。也可用化学法吸收氧，如利用焦性没食子酸与 NaOH 反应将氧除去，每吸收 100 mL 空气中的氧，需用焦性没食子酸 1 g 及 10% NaOH 溶液 10 mL。目前较先进的厌氧培养方法采用在厌氧培养箱或厌氧袋中进行培养。

（四）性能测定

1. 菌种筛选 菌株的分离和初筛往往是结合在一起进行的，分离时所采用的选择培养基和特异性平板检测方法等本身就包含了筛选的内容。但菌种分离多是固体培养，与液体培养条件差距还较大，需进一步采用摇瓶培养法来筛选。初筛菌株量相对较大，故一般一个菌株接一个瓶，在摇床上合适的温度条件下振荡培养，并对产物进行活性测定。初筛的淘汰率在85%～90%，剩下的较好菌株要进行摇瓶复筛。经过复筛，进一步挑选出应用价值高的菌株。

菌种性能测定包括菌株的毒性试验和生产性能测定。此时一个菌株通常要重复3～5个瓶，筛选时的培养条件是关键，如培养基、温度、pH和氧气等，应该根据菌株性能、产物代谢途径、类似产品的培养条件及经验等进行综合考查，防止漏筛。培养后的发酵液采用精确的分析方法测定，选出较优良的菌株2～3株。这样经过初筛、复筛或再次复筛，重复至获得可靠的少数几株后再进行较全面的考查。

这种从自然界样品中分离出来具有一定生产性能的菌株称为野生型菌株，其往往低产甚至不产所需的产物，必须经过进一步的人工改造才能被真正用于工业发酵生产，所以我们常将这种野生型菌株称为进一步育种工作的原始菌株或出发菌株。

2. 初步鉴定 确定菌种的类别时尽可能将其分类到种或属，这样可使我们预测该菌种对植物、动物或人是否有致病性，这一点在微生物的操作中是必须考虑的。另外，还可以在某种程度上推测一下在研究这些微生物时要考虑的生长特性和其他要求。微生物的分类通常是一个耗时、费力的过程，我们一般不进行详细分类，只分至大类就可以了。

二、从生产中筛选

在生产和使用过程中，微生物也会发生自然变异。从这些变异菌株中筛选，也有希望选出较原菌株更好或至少不退化的菌株，也可获得优良菌株。这种筛选一般不对微生物进行特殊处理。

任务三　微生物育种

从自然界分离到新菌种仅仅是工作的开始，为了不断提高产量和质量、增加新产品和适应工艺改革的要求，还需要不断改造菌种性能，培育新的菌株，这就是微生物的育种任务。

一、基因突变和诱变育种

（一）基因突变

1. 基因突变的概念 突变是遗传物质中不是因遗传重组产生的任何可遗传的改变，这种改变可以是基因内部遗传物质结构或DNA序列的任何改变而导致的可遗传的变化。突变包括染色体畸变和基因突变两大类。染色体畸变是大段染色体的缺失、重复、倒位、易位；基因突变是指染色体上基因的一个或多个序列的改变，包括一个或多个碱基对的替换、增加或缺失。基因突变是诱变育种的理论基础。

基因突变分为自发突变和诱发突变两类。自发突变是指在自然条件下，在没有人为诱变因素处理下发生突变，突变率极低，通常自发突变的概率在10^{-9}～10^{-6}。诱发突变可由物理因素或化学因素引起，如放射线可使染色体断裂产生遗传物质损伤或导致DNA之间异常链的形成。某些化学物质在DNA复制过程中参与碱基类似物的取代、碱基的化学修饰以及碱基的插入和缺失，从而引起突变。诱发突变是诱变育种的主要手段。

2. 基因突变的特点 基因突变（自发突变或诱发突变、形态突变或生化突变等）适用于整个生物界，具有以下几个特征：

（1）不对应性。突变的性状与突变原因之间无直接的对应关系，即抗药性突变并非由于接触了药物而产生，药物只是起着选择作用。

（2）独立性。在微生物群体中，基因突变是独立发生的，某一个基因的突变与另一个基因的突变是互不相关的独立事件，基因的突变率不受他种基因突变率的影响。

（3）可诱发性。通过理化因子等诱变剂的诱变作用可提高自发突变的频率，但不改变突变的本质。

（4）稳定性。基因突变后的新遗传性状是稳定的，基因突变的实质是遗传物质发生改变。因此，突变型基因和野生型基因一样具有相对稳定性的结构，也是可遗传的。

基因突变是多样性的，就突变表型来看，自发突变和诱发突变都显示出DNA改变所产生的后果，这也是蛋白质功能改变的结果。

（二）诱变育种

从自然界直接分离到的野生型菌株积累产物的能力往往很低，无法满足工业生产的需要，这就要求我们对它们进行菌种改造，即育种。诱变育种是指利用物理因素或化学诱变剂处理均匀分散的微生物细胞群，促使其突变频率大幅度提高，然后设法采用简便、快速和高效的筛选方法，从中挑选少数符合育种目的的突变株，以供生产实践或科学实验之用。诱变育种具有极其重要的实践意义。当前发酵工业和其他微生物生产部门所使用的高产菌株几乎都是通过诱变育种途径大大提高了生产性能。

1. 出发菌株的选择 出发菌株就是用于育种的原始菌株。适合的出发菌株具有特定生产性状的能力或潜力，即菌株具有能产生特定代谢产物的催化酶系的基因，能有效提高育种工作效率。选择出发菌株时应注意以下几点：最好以单倍体纯种为出发菌株，可排除异核体和异质体的影响；选用具有优良性状的菌株，如生长速度快、营养要求低以及产孢子早而多的菌株；选择对诱变剂敏感的菌株；高产突变往往要经过逐步累积才能变得明显，可挑选一些已经过诱变的菌株为出发菌株，进行多步育种，确保获得高产菌株。

2. 制备单孢子（或单细胞）悬液 诱变育种要求所处理的细胞必须是处于对数生长期同步生长的细胞，并且是均匀状态的单细胞悬液。

细胞的生理状态对诱变处理会产生很大的影响，如细菌在对数生长期诱变处理效果较好；霉菌或放线菌的分生孢子一般处于休眠状态，诱变处理对孢子影响不大，但萌发后的孢子则比较敏感。分散状态的细胞既可以均匀地接触诱变剂，又可避免长出不纯的菌落。

由于不同种类的微生物形态特性有差别，获得单细胞悬液的方法也需具有针对性。对产孢子或芽孢的微生物最好采用其孢子或芽孢作诱变材料。诱变霉菌或放线菌时，应处理它们的孢子；芽孢杆菌则应处理它们的芽孢。

在实际工作中，要得到均匀分散的细胞悬液，通常可用无菌的玻璃珠来打散成团的细胞，然后用脱脂棉或滤纸过滤。菌悬液的细胞浓度：真菌孢子或酵母菌细胞为10^6～10^7个/mL，放线菌或细菌为10^8个/mL。菌悬液一般用生理盐水（0.85% NaCl溶液）稀释。有时，也需用0.1 mol/L磷酸缓冲液稀释，因为用有些化学诱变剂处理时，常会改变反应液的pH。

3. 诱变处理 诱变处理主要采用物理诱变和化学诱变。常用的诱变剂有紫外线（UV）、硫酸二乙酯、1-甲基-3-硝基-1-亚硝基胍（MNNG）和亚硝基甲基脲（NMU）等。各种诱变剂有不同的剂量表示方法，如紫外线的强度是尔格，X射线的单位是伦琴（R）或拉得（rad）等，化学诱变剂的剂量则用在一定温度下诱变剂的浓度和处理时间来表示。但是仅采用诱变剂的理化指标控制诱变剂的用量常会造成偏差，不利于重复操作。例如，同样功率的紫外线照射诱变效应还受到紫外灯质量及其预热时间、灯与被照射物的距离、照射时间、菌悬液浓度、菌悬液厚度及其均匀程度等诸多因素的影响。因此，在育种实践中，常采用致死率作为各种诱变剂的相对剂量。致死率是诱变剂造成菌悬液中死亡菌体数占菌体总数的百分比，它是最好的诱变剂相对剂量的表示方法，因为它不仅反映了诱变剂的物理强度或化学浓度，也反映了诱变剂的生物学效应。

诱变剂的作用：①提高突变的频率；②扩大产量变异的幅度；③使产量变异向正变（即提高产量的变异）或负变（即降低产量的变异）的方向移动（图6-8）。凡在高诱变率的基础上既能扩大变异幅度又能促使变异移向正变范围的剂量都是合适的剂量（图6-8C）。

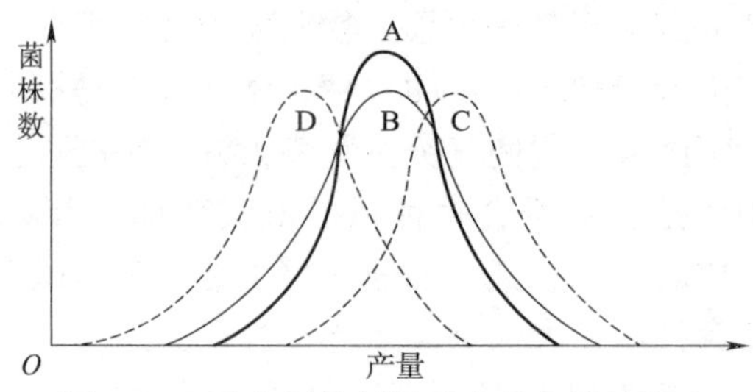

图6-8　诱变剂的剂量对产量变异的影响

A. 未经诱变剂处理　B. 变异幅度扩大　C. 正变占优势　D. 负变占优势

根据对紫外线、X射线和乙烯亚胺等诱变效应的研究发现，正变较多地出现在偏低的剂量中，而负变则较多地出现于偏高的剂量中，还发现经多次诱变而提高产量的菌株中更容易出现负变。因此，在目前的诱变育种工作中，人们比较倾向于采用较低的剂量。例如，近年来用紫外线作诱变剂时，则倾向于采用杀菌率为70%～75%甚至更低（30%～70%）的剂量，特别是经多次诱变的高产菌株更是如此。

诱变育种中还采取诱变剂复合处理，使它们产生协同效应，可以是两种或多种诱变剂的先后使用，或是同一种诱变剂的重复使用，或是两种或多种诱变剂的同时使用。

二、基因重组和杂交育种

基因重组是两个独立基因组内的遗传基因通过交换与重新组合形成新的稳定基因组的过程。通过基因重组所获得的子代具有不同于亲代的新基因组合。重组是在核酸分子水平上的一个概念，是遗传物质在分子水平上的杂交。基因重组是杂交育种的理论基础，在方向性和自觉性上比诱变育种前进了一步。

（一）原核微生物的基因重组

原核微生物的基因重组可由3种基因转移方式产生，既接合、转导和转化，它只是部

分遗传物质的转移和重组，供体基因转入受体后，根据遗传材料的性质，可以在受体细胞内游离存在（质粒）或整合到受体的染色体 DNA 上。自然条件下，原核微生物基因重组的频率较低。

1. 接合 接合作用是指供体菌（“雄性”）通过性纤毛与受体菌（“雌性”）直接接触，通过 F 质粒或其携带的不同长度的核基因组片段传递，产生的遗传信息的转移和重组过程（图 6－9）。通过接合而获得新遗传性状的受体细胞称为接合子。

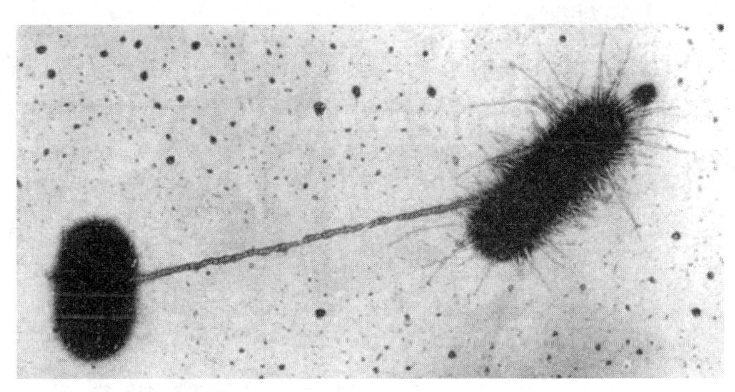

图 6－9 大肠杆菌的接合现象

接合现象存在于细菌和放线菌等原核生物中，但重组的频率极低。在革兰氏阴性细菌中最为普遍，如大肠杆菌属、沙门氏菌属等，在放线菌中以链霉菌属和诺卡氏菌属最为常见。

人们对大肠杆菌的接合现象研究得较为清楚。大肠杆菌的性别分化是由 F 质粒（F 因子）决定的。F 质粒是一种染色体外的环状 DNA 小分子，它是一种属于附加体性质的质粒，它既可脱离染色体自身复制在细胞中独立存在，也可插整到细菌染色体组上同步复制。它既是合成性纤毛基因的载体，也是决定细菌性别的物质基础。F 性纤毛是从供体细胞表面伸出的一种长附属物，供体与受体细胞相互接合后，F 性纤毛就成了两个细胞之间原生质的通道，或称接合管。可通过吖啶类化合物、溴化乙啶或丝裂霉素等的处理而从细胞中消除 F 质粒。

将大肠杆菌 K-12 的两个不同菌系混合培养，在后代中除出现与亲本相同的细胞外，还出现许多重组型。可将大肠杆菌 K-12 分为 F^+、F^-、Hfr 3 种类型。F^+ 菌株是细胞内存在游离的 F 质粒，细胞表面有性纤毛的菌株；F^- 菌株无 F 质粒，也无性纤毛；Hfr 菌株重组率极高，其 F 质粒可从游离态转变成在核染色体组特定位点上的整合态。Hfr 菌株与 F^- 菌株的基因重组频率比单纯 F^+ 与 F^- 接合后的基因重组频率高出数百倍。

当 F^+ 菌株与 F^- 菌株接触时，F^+ 细胞的 F 质粒由接合管向 F^- 传递，使 F^- 变成 F^+。转移时，F 质粒双链中的一条链切开，这切开的链从 $5'$ 端先进入受体 F^-，在 F^- 中沿 $5'\rightarrow3'$ 的方向复制形成一个完整的 F 质粒。另一条没有切口的完整链留在供体内作为模板进行复制，也形成一个完整的 F 质粒。在接合中，F 质粒传递和复制的过程是按 DNA 复制的滚环模型进行的。两个接合的产物即接合体都是 F^+，各具备一个 F 质粒。这种通过接合而转性别的频率接近 100%。

F^+菌株与 Hfr 菌株混合时，后代均与亲本相似。Hfr 菌株与 F^-混合培养时，很快出现重组，Hfr 菌株的染色体向 F^-菌株的转移过程与 F^+质粒转移至 F^-的过程基本相同，都是按滚环模型进行的。不同的是细菌的染色体和转移链相连，也随着进入 F^-细胞。转移的链进入受体后立即按 5′→3′方向进行复制。进入 F^-菌株的单链片段经双链化后，形成部分合子或部分二倍体，然后与染色体同源部位双链交换完成基因重组。由此推断，遗传物质的转移是由 F^+和 Hfr 到 F^-方向进行的，现已用接合的方法成功地把肺炎克氏杆菌的固氮基因传递给了大肠杆菌。

DNA 转移过程有着稳定的速度和严格的顺序性，通过振荡等手段在不同时间中断转移过程，可以知道完整的大肠杆菌染色体的基因顺序。原核生物的染色体呈环状也是通过这种方法被认识的（图 6-10）。

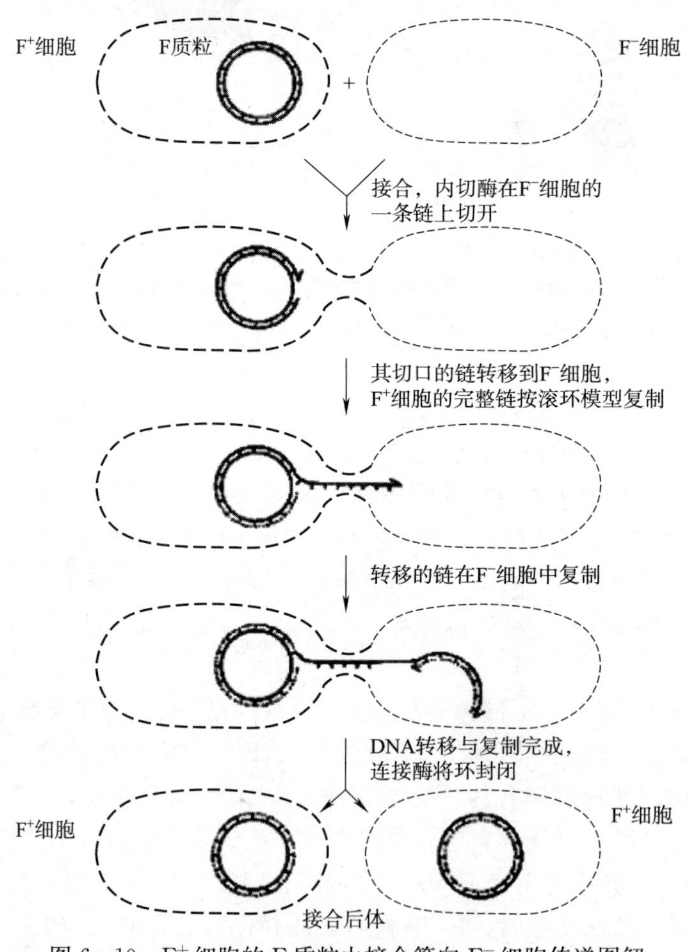

图 6-10　F^+细胞的 F 质粒由接合管向 F^-细胞传递图解

2. 转导　转导是指以噬菌体为媒介所进行的细菌的遗传物质重组的过程，它是细菌遗传物质传递和交换的另一种重要方式。在这一过程中，细菌的一段染色体被错误地包装在噬菌体的蛋白质外壳内，并通过感染而转移到另一个受体细菌内。获得部分新性状的重组细胞称为转导子。转导现象在自然界较为普遍，在许多原核生物中被陆续发现，如鼠伤

寒沙门氏菌、变形杆菌属、假单胞菌属、弧菌属和根瘤菌属等，转导可能是低等生物进化过程中产生新基因组合的一种重要方式。转导主要分为两种类型，即普遍性转导和局限性转导。

（1）普遍性转导。普遍性转导是通过以温和噬菌体为转导的媒介，将供体菌基因组上任何小片段 DNA 携带到受体细胞中，使后者获得前者部分遗传性状的现象。在噬菌体感染的末期，细菌染色体被断裂成许多小片段，在形成噬菌体颗粒时，少数噬菌体将细菌的 DNA 误认作它们自己的 DNA，并以其外壳蛋白将其包围，从而形成转导噬菌体。由于可以转导细菌染色体组的任何部分，因此称为普遍性转导。现以 P_{22}噬菌体为例说明普遍性转导的过程（图 6－11）。

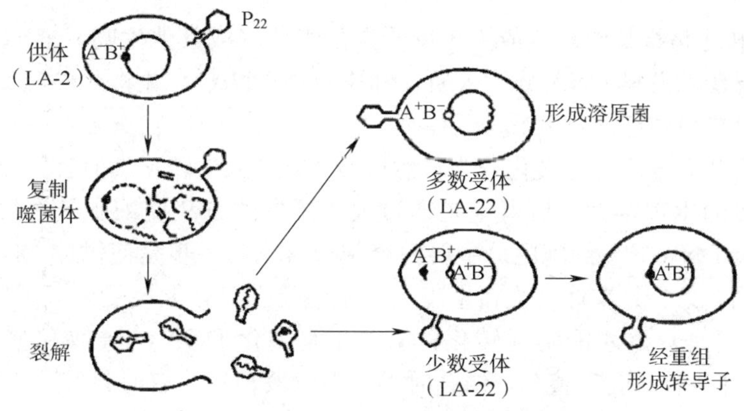

图 6－11　P_{22}噬菌体介导的普遍性转导的基本过程

野生型菌株作供体菌，营养缺陷型突变株作受体菌，P_{22}在供体菌内增殖时，宿主的核染色体组发生断裂，待噬菌体成熟与进行包装之际，有 10^{-8}～10^{-6}个噬菌体的衣壳“错”将供体菌核染色体组一小段 DNA（与 P_{22}噬菌体头部 DNA 核心大小相仿）包装，形成了一个完全不含 P_{22}自身 DNA 的完全缺陷噬菌体，由它们感染受体细胞后，将供体菌的 DNA 导入受体菌，通过同源重组形成转导子。

（2）局限性转导。部分缺陷的温和噬菌体把供体菌的少数特定基因携带到受体菌中，并与受体菌基因组整合、重组，获得表达的转导现象称为局限性转导。温和噬菌体感染受体菌后，它的 DNA 以线状形式整合到宿主染色体的特定位点上，通过 UV 等因素诱导溶原菌发生裂解时，原噬菌体发生低频率（10^{-5}）的误切或不正常切离，其结果会将整合位点两侧之一的部分宿主基因连接到噬菌体的 DNA 上，发生“异常”重组，这样形成的环形 DNA 分子携带了一段细菌染色体的片段，同时也失去了原噬菌体另一端相应长度的 DNA 片段，并且这个杂合 DNA 分子能够正常进行复制、包装，提供所需要的裂解功能，最终通过衣壳的“误包”形成一个特殊的噬菌体——缺陷噬菌体（图 6－12）。

局限性转导与普遍性转导的主要区别在于：①被转导的基因共价地与噬菌体 DNA 连接，与噬菌体 DNA 一起进行复制、包装以及被导入受体细胞中；②只局限于传递供体菌核染色体上的个别特定基因，一般为噬菌体整合位点两侧的基因。

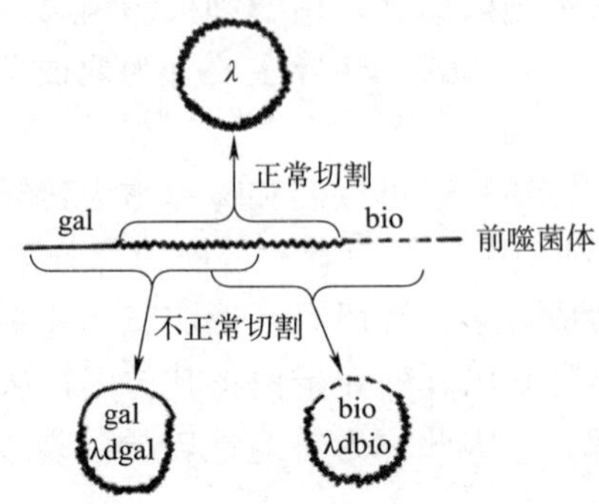

图 6-12　正常 λ 噬菌体和具有局部转导机制的缺陷型 λ 噬菌体产生机制

3. 转化　转化是指某些自然或人工感受态的细菌（或其他生物）能通过其细胞膜摄取周围同源或异源的游离 DNA 分子（质粒和染色体 DNA），并将此外源 DNA 片段通过重组整合到自己染色体组的过程。

根据感受态建立方式可将转化分为自然遗传转化和人工转化，前者感受态的出现是细胞一定生长阶段的生理特性；后者则是通过人为诱导的方法使细胞具有摄取 DNA 的能力，或人为地将 DNA 导入细胞内。主要内容都包含：第一步是使供体 DNA 与受体细胞接触并相互作用，条件是受体细胞在生理上处于感受态时才能接受外源 DNA，并且供体 DNA 分子也必须是双链才能实现转化；第二步是转化 DNA 的摄取和整合，包括供体 DNA 的结合与穿入、联会和整合，结合时感受态阶段很短，有时只有 4～5 s，并且只有具备一定长度的但不一定具有亲缘关系的 DNA 才能与受体结合，稳定结合后纵向地被细菌摄取，这个过程是不可逆的。最后，供体 DNA 的一条单链片段通过重组而整合到受体 DNA 中。

影响转化的因素有很多，包括转化片段的大小、形态、浓度和受体细胞的遗传性、生理状态、菌龄和培养条件及与供体 DNA 的亲缘关系等。

（二）真核微生物的基因重组

真核微生物的基因重组发生在有性繁殖过程中，通过减数分裂后整套染色体发生高频率交换（基因重组）；真核微生物中的部分真菌存在不通过减数分裂而是在有丝分裂过程中产生低频率基因重组的准性生殖方式，同样重组范围也可发生在整套染色体上。

典型的真核生物细胞根据其染色体数目分为单倍体和二倍体两种类型，多细胞生物多为二倍体，单倍体时期仅存在于配子细胞（精子、卵细胞，也称配子体）中，它们的寿命极短。真核微生物既可以是单倍体也可以是二倍体。酿酒酵母的单倍体和二倍体细胞均能生长。多数真核微生物的二倍体时期较短。

有丝分裂的过程是 DNA 复制后，染色体收缩、分裂并均分成相同的两套分别进入两个子细胞。与有丝分裂不同，减数分裂是能引起细胞内二倍体转化为单倍体的过程，减数分裂包括两次分裂，减数分裂的终产物是 4 个单倍体配子，卵细胞由雌性个体产生，而精子则由雄性个体产生，但大多数微生物没有明显的性别之分，只能分为不同的接合型。

1. 有性杂交 杂交是指在细胞水平上进行的一种遗传重组方式。有性杂交一般指不同遗传型的两性细胞间发生的接合和随之进行的染色体重组，进而产生新遗传型后代。能产生有性孢子的酵母菌、霉菌和蕈菌原则上都具有有性杂交能力。

例如，酿酒酵母以单倍体或二倍体状态存在，单倍体分别是两种接合型，称之为 α 细胞和 a 细胞，它们类似于高等生物中的雌性和雄性，α 细胞和 a 细胞的融合便产生了二倍体细胞（α/a）。然而，两种接合型的酵母菌结构类似，只有通过接合来区分。二倍体细胞能在适当的条件下经减数分裂形成不同接合型的单倍体配子，一个二倍体细胞能形成两种不同接合型的4 个配子。形成配子的二倍体细胞称为子囊，子囊内的细胞称为子囊孢子，对每个子囊孢子进行单独培养可获得亲代酵母的表型特征。

从自然界分离到的或在工业生产中应用的酵母菌株一般都是双倍体细胞。酿酒酵母产子囊孢子的能力已退化，所以，要使这些酵母菌发生基因重组，应先诱使其产生子囊孢子，再使两个不同性状的亲本发生接合，形成二倍体的杂交后代。酵母菌有性杂交育种的基本过程包括亲株选择、形成子囊孢子和获得杂合子等步骤：

两个亲株（具性亲和性，遗传标记）⟶形成子囊孢子（产孢培养基）⟶接合⟶杂交二倍体的筛选（易与单倍体识别）

亲株选择应首先考虑育种的目的，两亲本的有利性状组合后要能培育出高产或高质的菌种，同时还需考虑两亲本间是否有性亲和性。另外，参与重组的两个亲本一般应具有遗传标记，杂交株和亲本株在形态上或生理上应有较大的差异，以便于快速地筛选出杂交株。

在生产实践上利用有性杂交培育优良微生物菌株的实例有很多。例如，用于酒精发酵的酵母菌和用于面包发酵的酵母菌虽然为同属，但菌株间的差异很大，前者产酒精率高，而对麦芽糖和葡萄糖的发酵力弱，后者则正好相反。通过杂交就可育出既能高产酒精，又对麦芽糖和葡萄糖有很强发酵能力的优良杂种菌株，同时发酵后的残余菌体还可作为面包厂和家用发面酵母的优良菌种。

2. 准性生殖 丝状真菌基因重组主要通过有性生殖过程完成，即两个来源不同的孢子发生质配、核配，形成重组体细胞。准性生殖是指不经过减数分裂就能导致基因重组的生殖过程。自然条件下，一种真核微生物体细胞在同种而不同菌株的体细胞间发生的自发性的原生质体融合，它可不借减数分裂而导致低频率基因重组并产生重组子。准性生殖是丝状真菌，特别是不产生有性孢子的丝状真菌如半知菌类特有的遗传现象，其中染色体的交换和染色体的减少不像有性生殖那样有规律，而且也是不协调的。

准性生殖过程包括异核体的形成、二倍体的形成以及体细胞交换和单元化。两个遗传型有差异的体细胞经菌丝联结后发生质配，两个单倍体核集中到同一细胞中，形成双相的异核体，异核体能独立生活。在异核体中的两个细胞核在某种条件下低频率地产生双倍体杂合子核。进行有丝分裂的过程中，极少数核内的染色体会发生交换和单倍体化，从而形成极个别的具有新性状的单倍体杂合子（图 6－13）。从表 6－3 中可以看出准性生殖与有性生殖的主要区别。

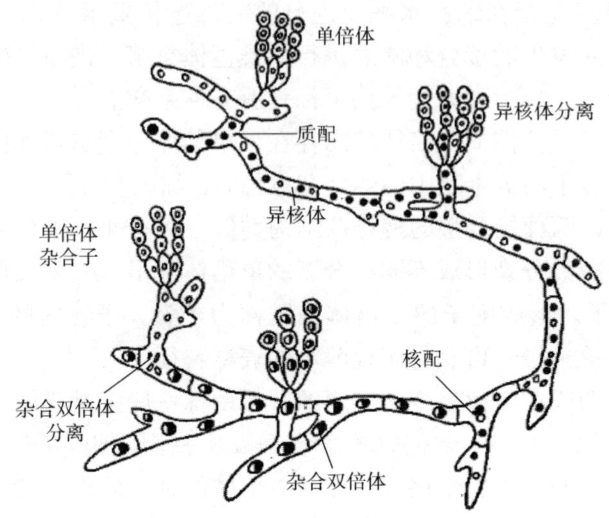

图 6-13 半知菌的准性生殖示意

表 6-3 准性生殖和有性生殖的比较

比较项目	准性生殖	有性生殖
参与接合的亲本细胞	形态相同的体细胞	形态、生理上有分化的性细胞
独立生活的异核体阶段	有	无
接合后双倍体细胞形态	与单倍体相同	与单倍体不同
双倍体变成单倍体的途径	有丝分裂	减数分裂
接合发生频率	偶然，低	正常出现，高
特点	杂合双倍体细胞有丝分裂，体细胞交换和染色体单倍体化没有规律	每对染色体都纵裂为二，独立分裂，分向两极；每对染色体都发生交换，减数分裂产生 4 个子细胞，是有规律的协调过程

准性生殖的过程可出现很多新的基因组合，因此它成为遗传育种的重要手段，在遗传分析上也十分有用，如可利用有丝分裂过程中染色体发生交换导致的基因纯合化、与着丝粒的距离的关系及进行有丝分裂定位等。

（三）农业微生物杂交育种

农业微生物育种有多种途径，除了诱变育种外，以基因重组为基础的杂交育种和基因工程也是重要的方法。杂交育种包括常规杂交、控制杂交和原生质体融合等方法。

1. 亲本菌株的选择 原始亲本是微生物杂交育种中具有不同遗传背景的优质出发菌株，主要根据杂交的目的来选择。从育种角度出发，通常选择具有优良性状如产量高、代谢快、产孢子能力强、无色素、泡沫少、黏性小等发酵性能好的菌株为原始亲本。它们可以来自生产用菌或诱变过程中的某些符合要求的菌株，也可以是自然分离的野生型菌株。原始亲本还应该具有野生型遗传标记，如具有一定的孢子颜色、可溶性色素或抗性标记等明显不同的性状。

2. 标记亲本菌株 由于杂交育种重组频率极低，为 10^{-7}左右，重组体筛选难度较大。

在实际工作中大多数亲本无野生型遗传标记，一般是由原始亲本菌株经诱变剂处理后选出的具遗传标记、又通过亲和力测定的直接用于杂交的菌株。一般杂交亲本有营养缺陷型或抗药性突变型等遗传标记，以此作为选择重组体的标准和依据。

3. 杂交育种的方法　微生物中除了藻状菌纲、子囊菌纲具有明显的有性生殖方式可产生配子并进行结合外，大部分发酵工业中具有重要经济价值的微生物以准性生殖方式杂交重组。原核微生物杂交仅转移部分基因，然后形成部分结合子，最终实现染色体交换和基因重组。丝状真核微生物接合、染色体交换后分离形成重组体。常规杂交主要包括接合、转化、转导等技术（表6-4）。

表6-4　微生物常规杂交形式

微生物类别	杂交形式	供体与受体细胞关系	参与交换的遗传物质
原核微生物	接合	体细胞间暂时沟通	部分染色体杂合
	转化	细胞不接触，吸收游离DNA片段	个别或少数基因杂合
	转导	细胞不接触，质粒、噬菌体介导	个别或少数基因杂合
真核微生物	有性生殖	生殖细胞融合或接合	整套染色体高频率重组
	准性生殖	体细胞接合	整套染色体低频率重组

微生物杂交育种在酵母菌的育种中应用得尤其多。例如，我国华北和东北地区生产大量甜菜、蜜糖可供生产酒精，生产用酵母菌只能利用其中1/3的棉籽糖，通过微生物杂交育种方法获得的杂交种生长快、发酵力强，并能全部利用棉籽糖，大大提高了产酒率。

三、基因工程

（一）基因工程的概念

1972年，伯格等用一种限制性酶分别酶切猿猴病毒DNA与λ噬菌体DNA，再将这两种DNA片段放在一起，用DNA连接酶连接起来，结果得到了一种新的DNA分子。科恩等首次实现了DNA的分子克隆。桑格、伯格、吉尔伯等分别建立了酶法和化学法测定DNA序列的技术。基因工程就是采用分子生物学、核酸生物化学以及微生物遗传学的现代方法和手段建立起来的综合技术。因此，基因工程又可称为DNA重组、分子克隆、基因操作等。

（二）基因工程的基本过程

基因工程中DNA的特异切割、DNA的分子克隆和DNA的快速测序这三项关键技术为基因工程奠定了基础。基因工程操作首先要获得基因，才能在体外用酶进行“剪切”和“拼接”，然后插入由病毒、质粒或染色体DNA片段构建成的载体，并将重组体DNA转入微生物或动植物细胞，使其复制（无性繁殖），由此获得基因克隆（即无性繁殖系）。基因还可通过DNA聚合酶链式反应（PCR）在体外进行扩增，借助合成的寡核苷酸在体外对基因进行定位诱变和改造。克隆的基因需要进行鉴定或测序。控制适当的条件，使转入的基因在细胞内得到表达，既能产生人们所需要的产品，又能使生物体获得新的性状。这种获得新功能的微生物称为工程菌，新类型的动植物分别称为工程动物和工程植物，或转基因动物和转基因植物。基因工程的主要操作步骤见图6-14。

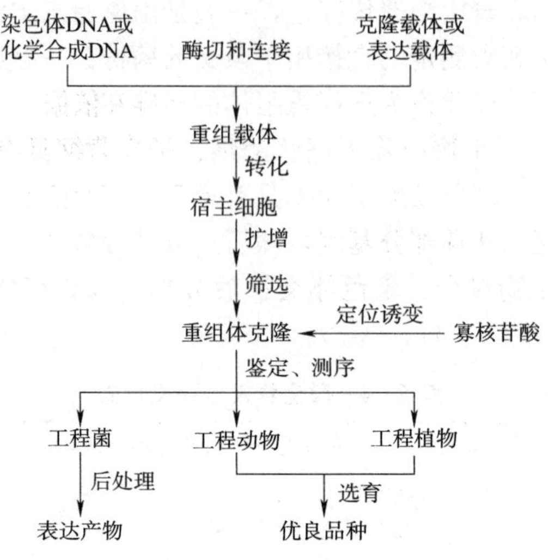

图 6-14 基因工程基本操作过程

(三) 基因工程在微生物研究中的应用

基因工程技术作为微生物学研究的重要手段，有力促进了微生物学基础理论研究的发展。分子克隆和构建工程菌对了解微生物的结构与功能、微生物生理与代谢调节以及微生物生态等基本过程提供了最好的方式。通过分子克隆、限制内切酶图谱以及 DNA 测序等技术，遗传学家能够快速研究并绘制微生物的基因组。利用克隆基因进行定位诱变、基因分裂或敲除突变，并将这些突变基因导入微生物染色体，有利于对突变微生物进行研究。

任务四 菌种保藏、衰退与复壮

一、菌种保藏

在一定时间内使菌种不死、不变、不乱，这就是菌种保藏的目的。被长期保藏的原始菌种称为保藏卤种或原种。

(一) 菌种保藏的原理

菌种保藏有多种方法，其原理大同小异，主要是运用一些方式尽量减少生物体内的代谢活动，达到延长生命、减少变异的目的。通常采用的条件为低温、缺氧、干燥。

微生物具有容易变异的特性，因此在保藏过程中，必须使微生物的代谢处于最不活跃或相对停滞的状态，才能在一定的时间内使其不发生变异而又保持生活能力。低温、缺氧和干燥是使微生物代谢能力降低的重要因素，所以菌种保藏方法虽多，但都是根据这 3 个因素设计的。低温主要对菌种产生两方面的影响：①较低的温度可以降低机体细胞的酶活性，降低新陈代谢，达到保藏菌种的目的；②低温同时会导致菌体诱发菌丝自溶机制，如果降温过程失误，同样会造成机体的机械损伤和溶质损伤。

（二）菌种保藏的方法

1. 定期移植保藏法　优点：方便，不受条件限制，适用于各类微生物。缺点：时间短、传代多、易退化。

2. 液体石蜡法

（1）将液体石蜡分装于三角烧瓶内，塞上棉塞，并用牛皮纸包扎，1.05 kg/cm^2、121 ℃灭菌 30 min，然后放在 40 ℃恒温箱中，使水汽蒸发掉，备用。

（2）将需要保藏的菌种在最适宜的斜面培养基中培养，得到健壮的菌体或孢子。

（3）用灭菌吸管吸取灭菌的液体石蜡，转移到已长好菌的斜面上，其用量以高出斜面顶端 1 cm 为准，使菌种与空气隔绝。

（4）将试管直立，低温或室温下保存（有的微生物在室温下比在冰箱中保存的时间还要长）。

本方法的保藏原理：一方面是在长好的斜面培养物和穿刺培养物上面覆盖灭菌的液体石蜡，可阻止氧气进入，使菌体与空气隔绝，以减弱代谢作用，使菌种处于生长和代谢停滞状态；另一方面液体石蜡还防止了因培养基水分蒸发而引起菌种死亡，在低温下达到较长期保藏菌种的目的。保藏温度要求在－4～4 ℃，液体石蜡法适用于不产孢子的菌种。

此法实用而效果好，是传代培养的变相方法，能够适当延长保藏时间。霉菌、放线菌、芽孢细菌可保藏 2 年以上，酵母菌可保藏 1～2 年，一般无芽孢细菌也可保藏 1 年左右，甚至用一般方法很难保藏的脑膜炎球菌，在 37 ℃温箱内亦可保藏 3 个月之久。此法的优点是制作简单，不需特殊设备，且不需经常移种；缺点是保存时必须直立放置，所占位置较大，同时也不便携带。从液体石蜡下面取培养物移种后，在火焰上灼烧接种环时，培养物容易与残留的液体石蜡一起飞溅，应特别注意。

3. 载体保藏法　此法是将微生物吸附在适当的载体（如土壤、沙子、硅胶、滤纸）上，而后进行干燥的保藏法。沙土保藏法和滤纸保藏法应用相当广泛。

（1）沙土保藏法。取河沙加入 10%稀盐酸，加热煮沸 30 min，以去除其中的有机质，倒去酸水，用自来水冲洗至中性并烘干，过 40 目筛，以去掉粗颗粒，备用。另取非耕作层的不含腐殖质的瘦黄土或红土，加自来水浸泡洗涤数次，直至中性，烘干碾碎，通过 100 目筛子，以去除粗颗粒。

（2）滤纸保藏法。将滤纸剪成 0.5 cm×1.2 cm 的小条，装入 0.6 cm×8.0 cm 的安瓿管中，每管 1～2 张，塞上棉塞，1.05 kg/cm^2、121 ℃灭菌 30 min；将需要保存的菌种在适宜的斜面培养基上培养，使菌种充分生长；取灭菌脱脂牛乳 1～2 mL 滴加在灭菌培养皿或试管内，取数环菌苔在牛乳内混匀，制成浓悬液，用灭菌镊子自安瓿管取滤纸条浸入菌悬液，使其吸饱，再放至安瓿管中，塞上棉塞；将安瓿管放入内有五氧化二磷作吸水剂的干燥器中，用真空泵抽气至干并将棉花塞入管内，用火焰熔封，保存于低温下。需要使用菌种时先复活培养，可将安瓿管口在火焰上烧热，滴 1 滴冷水在烧热的部位，使玻璃破裂，再用镊子敲掉口端的玻璃，待安瓿管开启后取出滤纸，放入液体培养基内，在恒温箱中培养。

细菌、酵母菌、丝状真菌均可用此法保藏，前两者可保藏 2 年左右，有些丝状真菌甚至可保藏 14～17 年。此法较液氮冷冻干燥法简便，不需要特殊设备。

4. 冷冻干燥保藏法 以真空冷冻干燥法最为常见。真空冷冻干燥法是在极低温度（−70 ℃左右）下快速将细胞冻结，然后在真空条件下干燥，使微生物的生长和酶活动停止。为了防止在冷冻和水分升华过程中对细胞的损害，要采用保护剂来制备细胞悬液，使用菌种在冻结和脱水过程中起到保护作用的溶质，通过氢键和离子键对水和细胞所产生的亲和力来稳定细胞成分的构型。在冰冻状态下抽真空减压，使冻结的冰直接升华为水蒸气以除去水分（真空干燥），使样品达到干燥状态。干燥后的微生物在真空下封装，与空气隔绝，达到长期保藏的目的。

此保藏法兼具低温、干燥、除氧三方面菌种保藏的主要因素，除不宜于丝状真菌的菌丝体外，对病毒、细菌、放线菌、酵母菌及丝状菌孢子等各类微生物都适用，不宜用冻干法保存的微生物不到 2%。

5. 甘油管保藏法 甘油管保藏法是利用微生物在甘油中生长和代谢受到抑制的原理达到保藏的目的。其方法是将 80%的甘油高压蒸汽灭菌待用，将培养好的斜面菌种用无菌水制成高浓度的菌悬液，取 1 mL 灭菌甘油放入与菌液充分混匀，使甘油浓度为 10%～30%，于−70 ℃条件下冻存，−20 ℃保存时间较短，或采用体积比为 8∶2 的甘油-生理盐水，加入新鲜培养的菌体肉汤，混合均匀后在−20 ℃冰箱中保存。

该方法适用于一般细菌的保存，同时也适用于链球菌、弧菌、真菌等需特殊方法保存的菌种，适用范围广，操作简便，效果好，无变异现象发生。甘油-生理盐水保存液保存菌种优于甘油原液，其原因可能是加入生理盐水适当降低了甘油的高渗作用，且有肉汤培养物适量增加保存液的营养成分，从而更好地保护了保存的菌株。

6. 液氮冷冻保藏法

（1）准备安瓿管。用于液氮保藏的安瓿管要求能耐受温度突然变化而不破裂，因此，需要采用硼硅酸盐玻璃制造的安瓿管，安瓿管的大小通常为 75 mm×10 mm。

（2）加保护剂与灭菌。保存细菌、酵母菌或霉菌孢子等容易分散的细胞时，将空安瓿管塞上棉塞，在 1.05 kg/cm^2、121.3 ℃条件下灭菌 15 min；若保存霉菌菌丝体，则需在安瓿管内预先加入保护剂（如 10%的甘油蒸馏水溶液或 10%二甲亚砜蒸馏水溶液），加入量以能浸没以后加入的菌落圆块为限，而后再在 1.05 kg/cm^2、121.3 ℃条件下灭菌 15 min。

（3）接入菌种。将菌种用 10%的甘油蒸馏水溶液制成菌悬液，装入已灭菌的安瓿管；霉菌菌丝体则可用灭菌打孔器从平板内切取菌落圆块，放入含有保护剂的安瓿管内，然后用火焰熔封，浸入水中检查有无漏洞。

（4）冻结。再将已封口的安瓿管以每分钟下降 1 ℃的慢速冻结至−30 ℃。若细胞急剧冷冻，则在细胞内会形成冰的结晶，因而降低存活率。

（5）保藏。将冻结至−30 ℃的安瓿管立即放入液氮冷冻保藏器的小圆筒内，然后再将小圆筒放入液氮保藏器内。液氮保藏器内的气相为−150 ℃，液态氮为−196 ℃。

（6）恢复培养。需要用保藏的菌种时，将安瓿管取出，立即放入 38～40 ℃的水浴中进行急速解冻，直到全部融化为止，再打开安瓿管，将内容物移至适宜的培养基上培养。

此法除适用于一般微生物的保藏外，对一些用冷冻干燥法难以保存的微生物如支原体、衣原体、氢细菌、难以形成孢子的霉菌、噬菌体及动物细胞均可长期保藏，而且不使其性状发生变异，缺点是需要特殊设备。

二、菌种的衰退与复壮

（一）菌种的衰退

1. 菌种衰退的定义 衰退是指由于自发突变而出现某些原有优良生产性状的劣化、遗传标记丢失等现象，即某物种原有一系列生物学性状发生量变或质变的现象。菌种的衰退是发生在微生物细胞群中的一个由量变到质变的逐步演化过程，如微生物菌落形态或个体形态的变化，生长速度减慢、产孢子量减少，色素产生情况的变化，研究菌种遗传标记的丢失、生产菌种生产性状的劣化等。

2. 菌种衰退的原因 菌种退化的主要原因是有关基因发生突变。另外，表型延迟、质粒脱落、连续传代、不适宜的培养和保藏条件等也能导致菌种衰退。

3. 如何防止菌种衰退

（1）选育生产性能稳定的菌株作为生产菌株。选育菌种时所处理的细胞应使用单核的，避免使用多核细胞；合理选择诱变剂的种类和剂量或增加突变位点，以减少分离恢复；在诱变处理后进行充分的后培养及分离纯化，以保证保藏菌种纯粹。这些可有效地防止菌种的衰退。

（2）控制传代次数。由于微生物存在着自发突变，而突变都是在繁殖过程中发生而表现出来的。所以应尽量避免不必要的移种和传代，把必要的传代降低到最低水平，以降低自发突发的概率。菌种传代次数越多，产生突变的概率就越大，因而菌种发生退化的机会就越多。这要求不论在实验室还是在生产实践上，必须严格控制菌种的移种传代次数，并根据菌种保藏方法的不同，确定恰当的移种传代的时间间隔。可同时采用斜面保藏和其他保藏方式（冷冻干燥保藏、沙土保藏、液氮保藏等）延长菌种保藏时间。

（3）创造良好的培养条件。在生产实践中，创造适合原种生长的条件可以防止菌种退化，如低温、缺氧、干燥等。

（4）利用不同类型的细胞进行接种传代。在有些微生物中，如放线菌和霉菌，由于其细胞常含有几个核甚至是异核体，因此用菌丝接种就会出现不纯和衰退，而孢子一般是单核的，用它接种时就没有这种现象发生。有人在实践中发现构巢曲霉如用分生孢子传代就容易退化，而改用子囊孢子移种传代则不易退化；还有人采用灭过菌的棉团轻巧地蘸取“5406”抗生菌孢子进行斜面移种，因避免了菌丝的接入而起到了防止衰退的效果。

（5）采用有效的菌种保藏方法。用于工业生产的一些微生物菌种，其主要性状都属于数量性状，而这类性状恰是最容易退化的。因此，有必要研究和制定更有效的菌种保藏方法以防止菌种衰退。

（二）菌种复壮

1. 菌种复壮的定义 菌种复壮是指人为地采用一定的方法和措施使衰退的菌种恢复原来的优良性状。

（1）狭义的复壮。菌种发生衰退后，通过纯种分离和测定典型性状、生产性能等指标，从已衰退的群体中筛选出少数尚未退化的个体，以达到恢复原菌株固有性状的目的。

（2）广义的复壮。在菌种的典型特征或生产性状尚未衰退前，就经常有意识地进行纯种分离和生产性状的测定工作，以期从中选择自发的正变个体。

2. 菌种复壮的方法

(1) 纯种分离法。通过纯种分离把衰退菌种的细胞群中仍保持原有典型性状的单细胞分离出来，扩大培养，使其恢复正常。

采用平板划线分离法、稀释平板法或涂布法均可，把仍保持原有典型优良性状的单细胞分离出来，经扩大培养恢复原菌株的典型优良性状，若能进行性能测定则更好。还可用显微镜操纵器将生长良好的单细胞或单孢子分离出来，经培养恢复原菌株性状。

(2) 通过宿主体复壮。主要针对一些寄生性的菌株，可以将衰退的菌株接种到相应的宿主体内，提高其寄生性能及其他性能。

(3) 淘汰已衰退的个体。可以采用各种外界不良理化条件，使发生衰退的个体死亡，从而留下群体中生长健壮的个体。如对“5406”抗生菌的分生孢子进行－30～10 ℃的低温处理 5～7 d，使其 80%死亡，在抗低温个体中可找到健壮的个体。

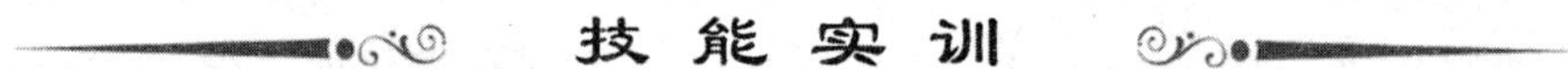

技能实训

实训 菌种保藏与复壮

一、实训目的

了解菌种保藏的原理，学会保藏菌种的几种方法。

二、实训原理

菌种是一种重要的生物资源，菌种保藏是重要的微生物基础工作。菌种保藏就是利用一切条件（如低温、干燥、真空、缺乏养料等）使菌种不死、不变、不衰，以便于研究和利用。由于微生物容易发生变异，因此在保藏菌种时，要根据微生物的生理生化特性，人工创造条件抑制微生物的代谢，使其处于休眠或不活泼状态，从而达到延长保藏时间的目的。

同时还要保持菌种原有优良性状不变。菌种在长期的人工培养与保藏过程中受到周围环境因素的影响，内部的遗传物质可能发生了不良的变异，导致菌种衰退引起生活力下降，使发酵力、生长势、抵抗力等某些优良特性变弱或消失，对生产不利，因此为防止菌种衰退，就要定期或不定期地对菌种进行复壮。

一般情况下，斜面传代保藏法、液体石蜡保藏法、沙土管保藏法及纯种制曲法较为常用，也比较容易操作。

三、材料与用具

1. 菌种 细菌（有芽孢）、霉菌、酵母菌、放线菌的试管菌种。

2. 药品 氯化钙、10%盐酸、液体石蜡、固体石蜡和麦麸；冷冻保护剂（灭菌的二甲亚砜 5%和甘油 10%）、冰等。

3. 器材 干燥器、真空泵、分析天平、10 mm×70 mm 小试管、无菌吸管、无菌滴

管、孔径 250 μm（60 目）和孔径 150 μm（100 目）的土壤筛子、磁铁、接种针、酒精灯、喷灯；河沙、瘦黄土（有机物含量少的黄土）或红土、玻璃安瓿管或液氮冷藏专用塑料瓶、控速冷冻机、冷冻室、冰箱等。

四、方法步骤

（一）斜面传代保藏法

此法是利用低温控制微生物的生长，为实验室和工厂菌种室常用的最简单有效的保藏方法，操作简单，使用方便，不需特殊设备，能随时检查所保藏的菌株状况。

（1）将菌种接种在适宜的固体斜面培养基上，在适宜的温度下培养，使菌充分生长。细菌和酵母菌宜采用对数生长期的细胞，放线菌和霉菌宜采用成熟的孢子；细菌 37 ℃恒温培养 18～24 h，酵母菌 28～30 ℃恒温培养 36～60 h，放线菌和丝状真菌 28 ℃恒温培养 4～7 d。

（2）待菌种长好后，直接移至 4 ℃左右的冰箱中保藏。温度不宜太低，否则斜面培养基结冰脱水，加速菌种死亡或衰退。为防止试管口部的棉塞受潮长杂菌，管口棉塞部分应用牛皮纸或油纸包扎好，或换上无菌胶塞，也可以用固体石蜡熔封棉塞或胶塞。

保藏时间因微生物种类而有差别。霉菌、放线菌及有芽孢的细菌可保存 2～6 个月，保藏到期即移接一次；酵母菌 2 个月移接一次，不产生芽孢的细菌最好每月移接一次。此法的缺点是菌种移接频繁，易发生变异，且杂菌污染的机会较多。一般情况下，冰箱内保藏的菌种，细菌（营养体）、酵母菌每 3 个月重新转管培养一次，细菌芽孢、霉菌、放线菌每 6 个月重新转管培养一次。

（二）液体石蜡保藏法

此法是利用液体石蜡淹没斜面菌种隔绝空气达到保藏的目的。

1. 液体石蜡灭菌　将液体石蜡 100 mL 装入 250 mL 三角瓶中，塞好棉塞，并用牛皮纸包好棉塞部分，另将 10 mL 吸管若干支包装好，在压力为 1.0～1.5 kg/cm^2 条件下灭菌 1 h。

2. 除水　将灭菌的液体石蜡放入 40 ℃恒温箱中 14 d（或置于 105～110 ℃烘箱内干燥 1 h），以除去液体石蜡中的水分。液体石蜡含水时一般较浑浊，水分排出后变为无色透明状，备用。用前取处理好的液体石蜡少许，在空白豆芽汁或牛肉膏蛋白胨琼脂培养基上 28～30 ℃培养 2～3 d，确实无杂菌生长时方可使用。

3. 加液体石蜡保藏　严格无菌操作，用无菌吸管吸取备用的液体石蜡，加至新培养好的待保藏的斜面菌种内，油面应高出斜面顶端 1.0～1.5 cm，使菌种与空气隔绝，塞上橡皮塞，用固体石蜡封口，直立于低温或室温干燥处保藏（有的微生物在室温下比在冰箱中保存的时间还要长）。

4. 取用　使用时，直接从液体石蜡中挑取菌体，移接到斜面培养基上进行活化培养。利用这种保藏方法可保藏各类微生物菌种，保藏霉菌、酵母菌的效果更好。霉菌、放线菌、有芽孢细菌可保藏 2 年左右，酵母菌可保藏 1～2 年，一般无芽孢细菌也可保藏 1 年左右。

（三）沙土管保藏法

此法适于保藏芽孢杆菌、放线菌和产生大量孢子的真菌，保藏时间为一至数年。不宜保藏营养体。

1. 沙土处理 取细沙过 60 目筛，去除大颗粒，用 10%盐酸浸泡（用量以浸没沙面为宜）2～4 h（或煮沸 30 min），以除去有机杂质，倒掉酸液，用自来水冲洗至中性，烘干或晒干备用；取生土（非耕作层瘦黄土）碾碎过 100 目筛，去除粗颗粒，用水浸泡冲洗数次至水为中性，再烘干或晒干备用。

2. 装沙土管 沙与土的比例为 4∶1 或 3∶1 或 2∶1 混匀，用磁铁吸出沙土的铁质，然后分装小试管，每管分装约 2 g，塞好棉塞包装，1.5 kg/cm^2 压力下灭菌 30 min，再干热灭菌 1～2 次，烘干。每 10 支沙土管任选 1 支抽样检验，将沙土倒入牛肉膏蛋白胨或麦芽汁培养液中，37 ℃培养 48 h。若有杂菌，则需全部重新灭菌，再做无菌试验，直到确定无菌后方可备用。

3. 制菌悬液加样 将培养成熟的已形成芽孢的斜面菌种用无菌吸管无菌操作注入无菌水 3～5 mL，用接种环轻轻刮下菌苔，制成菌悬液，再用无菌吸管吸取上述菌悬液约 0.5 mL 滴入沙土管中，以浸透沙土 2/3 高度为宜，用接种针拌匀。

4. 干燥 将含菌的沙土管放入盛有干燥剂氯化钙（或五氧化二磷）的干燥器中（能用 367.75 W 的真空泵抽气数小时，抽干时间越短越好，不得超过 12 h），以使沙土管迅速干燥。轻轻一拍沙土管，沙土呈分散状即达到充分干燥。

5. 检验 每 10 支含菌的沙土管任选 1 支抽样检验，用接种环取出少数沙粒，接种到斜面培养基上进行培养，观察菌种生长情况和有无杂菌生长，如出现杂菌或菌落数很少或根本不长，说明制作的沙土管有问题，还需进一步检验。

6. 封口保藏 经检验无问题的沙土管可用固体石蜡封口，或用喷灯烧熔试管棉塞下边的玻璃密封，放在冰箱中或室内干燥处保存。每半年检查一次活力和杂菌情况。

7. 复活培养 使用时取少量含菌的沙土，接种于新鲜的无菌斜面培养基上，或在液体培养基内培养，原沙土管仍可继续保藏。

（四）纯种制曲法

此法是根据我国传统制曲法改进的方法，适用于产生大量孢子的霉菌菌种的保藏。

1. 拌料 取一定量的麦麸，加水拌匀。加水比例为料∶水为 1∶(0.8～1.5)。具体比例应根据所需保藏的菌种确定，如白僵菌可按 1∶1.2 加水。

2. 装管灭菌 将拌匀后的麦麸分装于小试管，装约 2 cm 厚，要求疏松，塞好棉塞，包装，1 kg/cm^2 条件下灭菌 30 min。经检验无菌后再使用。

3. 制曲保藏 将优质白僵菌菌种移接入麦麸管，于 25～28 ℃条件下培养 7～10 d，分生孢子长好后，放入干燥器中或采用真空泵迅速抽干干燥。用固体石蜡封口，置于冰箱中或低温处保藏。

4. 活化培养 需用时，挑取少许带菌麦麸曲，移接于新培养基上培养即可。

以上几种保藏方法，斜面传代保藏法较为简单，但保藏时间短，且移接次数多而易变异和衰退。液体石蜡保藏法既可防止培养基水分蒸发，又能隔绝空气而使代谢性能降低，但存放时要求直立。沙土管保藏法不需加入培养基，保存期长，不易退化，是当前应用最广的方法。无论哪种保藏方法，菌种衰退是必然的，要及时对衰退的菌种进行复壮。一般根据预测提前进行菌种复壮。

五、实训报告/思考题

1. 实训报告

(1) 记录菌种保藏方法和结果（表 6－5）。

表 6－5　菌种保藏方法和结果记录

接种日期	菌种名称	培养条件		保藏方法	保藏温度	操作要点
		培养基名称	培养温度			

(2) 上交采用几种方法制备的待保藏菌种。

2. 思考题

(1) 列表比较斜面传代保藏法、液体石蜡保藏法和沙土管保藏法各适用于保藏何种类型微生物、保藏时间为多久。

(2) 液体石蜡经蒸汽灭菌后为什么还要进行烘干？

(3) 沙土管保藏法为什么只适用于细菌芽孢、放线菌和真菌的孢子而不适用于无芽孢细菌和酵母菌？

(4) 经常使用的细菌菌种用哪一种方法保藏既好又简便？

(5) 细菌用什么方法保藏的时间长而又不易变异？

(6) 产孢子的微生物常用哪一种方法保藏？

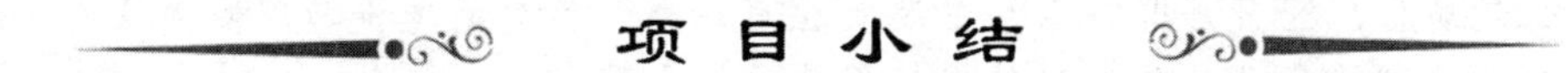

项 目 小 结

本项目简明扼要地阐述了微生物遗传学的基本内容、微生物选种育种的基本知识、菌种保藏与复壮的具体做法。

1. 遗传和变异　遗传是使微生物的性状保持相对稳定，子代与亲代生物学的性状基本相同，且代代相传。变异是在一定条件下，子代与亲代之间以及子代与子代之间的生物学性状出现差异，有利于物种的进化。3 个典型的微生物学试验证实了 DNA 和 RNA 是遗传的物质基础。基因是具有自主复制能力的遗传功能单位，基因组是指细胞中基因以及非基因的 DNA 序列的总称。原核微生物是单倍体，基因组比较小，基因是连续的；真核微生物是双倍体，存在大量重复序列，基因是不连续的。微生物通过 DNA 的复制、转录和翻译使遗传信息得以传递。

2. 微生物育种　微生物可采用诱变、基因重组、杂交等方式进行育种，由此得到优良的菌种。①基因突变是指染色体上基因的一个或多个序列的改变，包括一个或多个碱基对的替换、增加或缺失。基因突变是遗传变异的基础，分自发突变和诱发突变，后者只提高突变频率，并不改变突变的本质。基因突变是诱变育种的主要手段。②基因重组是指两个不同来源的遗传物质进行交换，经过基因的重新组合形成新的基因型的过程，是比基因突变更高层次、更复杂的变异方式。原核微生物基因重组的类型有接合、转导和转化；真核微生物主要通过有性杂交、准性生殖的方式进行重组。基因重组是杂交育种的理论基础，比诱变育种前进了一步。

3. 微生物选种　微生物可从自然界和生产中选种。从自然界选种一般可分为样品采集、增殖培养、分离纯化、性能测定 4 个步骤。

4. 菌种保藏与复壮　①菌种保藏就是人为创造条件（低温、缺氧、干燥）使微生物菌种长期处于休眠或不活泼状态，降低新陈代谢，在一定时间内既不发生变异又能保持生活能力。菌种保藏的方法有多种：定期移植保藏法、液体石蜡法、载体保藏法、冷冻干燥保藏法、甘油管保藏法、液氮冷冻保藏法等。②复壮是指人为地采取一定的方法和措施使衰退的菌种恢复原来的优良特性。菌种衰退的主要原因是基因发生自发负突变，出现某些原有优良生产性状的劣化、遗传标记的丢失等现象。衰退的菌种可以通过纯种分离等方法进行复壮。通常采用低温、干燥、缺氧、营养贫乏和添加保护剂等方法来达到防止突变、保持纯种的目的。因此，为防止菌种衰退，应选育生产性能稳定的菌株作为生产菌株、控制传代次数、创造良好的培养条件、利用不同类型的细胞进行接种传代、采用有效的菌种保藏方法。

思　考　题

1. 微生物遗传变异的物质基础是什么？证明核酸是遗传物质基础的试验有哪几个？实验者是谁？
2. DNA 是怎样复制的？遗传信息是如何传递的？
3. 原核生物（细菌）和真核微生物的基因组的特点是什么？
4. 什么是质粒？它有哪些特点？主要质粒有几类？各有何理论与实际意义？
5. 微生物选种的意义是什么？从自然界选种的步骤和方法是什么？
6. 试述微生物诱变育种的原理。
7. 诱变育种的基本环节有哪些？关键是什么？
8. 微生物杂交育种的理论基础是什么？
9. 菌种保藏的原理和主要保藏方法有哪些？试比较各种保藏方法的优点和缺点。
10. 对菌种进行长期保藏和短期保藏应该分别采用什么方法？
11. 菌种为什么衰退？怎样防止菌种衰退？
12. 菌种衰退后如何复壮？

探究与拓展

你认为在普通实验室哪种保藏方法最好？

项目七

微生物生态

项目导读

随着人们对生活质量要求的提高和对自身所处环境的重视，人们对大自然生态环境的要求也日益提高，但随着环境污染（水、空气、土壤等的污染）加剧，环境治理工作者面临着更大的挑战。微生物处理技术将为环境污染治理和环境保护提供更多可行、可用、有效的方法。

微生物与其生存的环境之间存在着极为密切的相互关系，一方面环境影响着微生物，另一方面微生物的生命活动也对环境产生影响。微生物生态系是指微生物与其周围的生物、非生物环境因素共同构成的系统。研究微生物生态系统对于开发利用微生物资源，发挥微生物在工农业生产、医药卫生与环境保护中的作用具有十分重要的意义。

项目目标

【知识目标】认识微生物在自然界中的分布；理解微生物与其他生物之间的关系；掌握微生物在物质转化中的作用。

【技能目标】运用微生物生态学的科学原理解决农业生产实践中遇到的各种问题。

【情感目标】培养微生物生态意识，养成运用微生物生态原理解决问题的习惯。

任务一　分析微生物生态系

微生物是自然界分布最广的生物类群，可以说在任何有生物存在的地方都有微生物的分布。在自然界微生物生活的场所有土壤、各种水体、大气、动植物体表面和体内等。

一、土壤微生物生态系

（一）土壤环境

在自然界中，土壤是微生物生活最适宜的环境，它具有微生物进行生长繁殖和生命活动所需的各种条件。

1. 营养　土壤中动植物代谢活动的分泌物以及它们的残体为微生物提供了丰富的有机营养。土壤矿质成分中有微生物生长必需的硫、磷、钾、镁、钙等大量元素，还有铁、硼、钼、锌、锰等微量元素。

2. 水分和渗透压　土壤中含有微生物生活所需的水分，土壤渗透压满足微生物需求或能被微生物适应。

3. 空气　土壤团粒间充满空气，适合需氧微生物生活。团粒内部氧化还原电位低，利于微需氧或厌氧微生物生活，而渍水土壤中则以厌氧和兼性厌氧微生物为主。

4. pH　土壤溶液一般为中性，且缓冲性较强，适合大多数微生物生长。在酸性或碱性土壤中，也有与之适应的微生物长期繁衍。

5. 温度　土壤温度变动幅度较小，一般为10～25 ℃，适合多种微生物生长。

（二）微生物种类、数量与分布

土壤是固体无机物（岩石和矿物质）、有机物、水、空气和生物组成的复合物，是微生物的合适生境，是微生物的天然培养基。土壤中微生物种类多、数量多、代谢潜力巨大，是自然界最丰富的微生物资源库。土壤微生物通过其代谢活动可改变土壤的理化性质、进行物质转化。因此，土壤微生物是构成土壤肥力的重要因素。

1. 细菌　细菌在土壤中大部分吸附于土壤团粒表面，形成群体（菌落或菌团），有一小部分分散在土壤溶液中。受水分、养料、温度的限制，细菌在土壤中的分布以表层为最多，随着土层的加深而逐渐减少，但厌氧性细菌的含量占比则在下层土壤中增大。土壤微生物以细菌为最多，占70%～90%。

2. 放线菌　土壤放线菌数量仅次于土壤细菌，1 g土壤中放线菌的孢子量有几千万至几亿个，通常是细菌数量的1%～10%，占土壤中微生物总量的5%～30%，其生物量与细菌接近。在有机质含量高的偏碱性土壤中占的比例高。放线菌多发育于耕作层土壤中，随着土壤深度的加深而减少。

3. 真菌　真菌广泛分布于土壤耕作层中，1 g土壤中含几万至几十万个真菌，从数量上看，真菌是土壤微生物中的第三大类，土壤真菌有藻状菌、子囊菌和担子菌。真菌菌丝比放线菌宽几倍至几十倍。因此土壤中真菌的生物量与细菌或放线菌相比并不少，体重比接近1∶1，可见土壤真菌是土壤微生物生物量的重要组成部分。

4. 土壤藻类　大多数土壤藻类为无机营养型，可由自身含有的叶绿素利用光能合成有机物质，所以这些土壤藻类常分布在表土层中，也有一些藻类可分布在较深的土层中。这些藻类是有机营养型，它们利用土壤中的有机物质作为碳营养进行生长繁殖，但仍保持叶绿素器官的功能。土壤中藻类的数量远较上述各菌类少，不及土壤微生物总数量的1%，但藻类形体较大，生物量约为细菌的1/10。

5. 土壤原生动物　土壤中的原生动物包括纤毛虫、鞭毛虫和根毛虫等，它们都是单

细胞并能运动的微生物。它们以有机颗粒、细菌、藻类等为食，在距地表 15 cm 的有机物丰富、菌类数量最多的土层中，其数量和种类也最丰富。在土壤中，原生动物的作用是促进物质循环和转化，控制其他微生物的过量存在，保证微生物群落组成的稳定性。

6. 土壤类型对微生物分布的影响　我国的土壤可分为十几个类型，每种类型的土壤都有自己的微生物组成特点，以内蒙古的灰钙土、江苏的稻田土、江西的红壤、湖南的红壤、四川的紫色土和北京的黑钙土为例，它们的菌类组成具有明显的差别（表 7－1）。

表 7－1　几种土壤中微生物的组成

土壤类型	微生物数量/（$\times 10^3$ 个/g）			
	总数	细菌	放线菌	霉菌
北京黑钙土	9 659.0	5 380	4 250.0	29.0
内蒙古灰钙土	4 752.6	3 513	1 233.0	6.6
四川紫色土	13 534.0	8 500	5 000.0	34.0
江苏稻田土	5 782.0	5 280	400.0	102.0
江西红壤	1 362.7	1 290	59.1	13.6
湖南红壤	1 296.0	623	606.0	67.0

资料来源：刁治民等，2008，农业微生物生态学。

7. 微生物在土壤不同深度的分布　同一地点、不同深度土层的营养水平、营养组成、通气状况具有明显区别，因此，其微生物组成也显著不同。典型花园土壤不同深度的微生物分布如表 7－2 所示。

表 7－2　典型花园土壤不同深度的微生物数量

深度/cm	微生物数量/（$\times 10^3$ 个/g）			
	细菌	放线菌	真菌	藻类
3～8	9 750.0	2 080	119	25.0
20～25	2 179.0	245	50	5.0
35～40	570.0	49	14	0.5
65～75	11.0	5	6	0.1
135～145	1.4	—	3	—

资料来源：刁治民等，2008，农业微生物生态学。

（三）微生物之间的相互关系

土壤微生物杂居混生，微生物与其他生物也常会聚集在一起，它们之间有非常复杂的关系，相互制约，相互影响。

1. 互生关系　微生物各自的代谢活动互相有利于对方，或偏利于一方，但两者不形成共生组织的关系。这是一种可分可合、合比分好的相互关系。例如，土壤中的好氧性自生固氮菌与纤维素分解菌，当分解纤维素的细菌与好氧的自生固氮菌生活在一起时，后者可将固定的有机氮化合物提供给前者，而前者也可将产生的有机酸作为后者的碳源和能源物质，从而促进各自的增殖和扩展。微生物与植物之间也存在着互生关系，如在植物根部生长的根际微生物与高等植物之间存在着互生关系。

2. 共生关系 所谓共生，是指两种生物生活在一起，分工协作、相依为命甚至合二为一的一种相互关系。微生物间的共生藻类或蓝细菌与真菌共生所形成的地衣是共生关系的典型代表，藻类和蓝细菌通过光合作用向真菌提供有机养料，固氮蓝细菌还可以同时提供有机氮营养，真菌则利用菌丝的吸收作用为藻类和蓝细菌提供水、矿质养料及某些生长素和在基质上牢固附着的条件，这一共生关系使地衣具有极强的适应性和生命力。

根瘤的产生是由于土壤内的一种细菌即根瘤菌由根毛侵入根的皮层内，一方面根瘤菌在皮层细胞内迅速分裂繁殖，另一方面受到根瘤菌侵入的皮层细胞，因根瘤分泌物的刺激而迅速分裂，产生大量新细胞，使皮层部分的体积膨大和凸出，形成根瘤。

3. 寄生关系 一种生物生活在另一种生物体表或体内，从后者的细胞、组织或体液中取得营养，前者称为寄生物，后者称为寄主，寄生物对寄主一般是有害的。

4. 捕食关系 一种微生物直接吞食另一种微生物，如原生动物对细菌的捕食。捕食关系在控制种群密度、组成生态系食物链方面具有重要意义。

5. 拮抗关系 两种微生物生活在一起时，一种微生物产生某种特殊的代谢产物或改变环境条件，从而抑制甚至杀死另一种微生物的现象。

二、植物微生物生态系

（一）根际微生物

根际也称根圈，是植物根系影响下的特殊生态环境，但根际的范围并不十分明确。现在指根面1～2 mm厚、受根际分泌物影响的薄层土壤。根际是在植物成长过程中形成的。

1. 根系分泌物和脱落物对微生物的影响 植物的根系分泌物以及根系的脱落细胞为根际微生物提供了营养。植物根系分泌物有氨基酸、有机酸、糖类等，它们都是一般腐生性细菌利用的营养物质。植物种类、品系、年龄及生理状况都影响根系分泌物的质和量，因而也影响根际微生物的类群和数量，一般在植物初花期，根系分泌物多，根际微生物数量最大。在植物生长后期，根际微生物结构也有变化，一般表现为真菌及放线菌的数量增加。

2. 根际微生物对植物的影响

（1）有益作用。根际微生物可以改善植物营养。根际微生物产生的生长调节物质能影响植物的生长；根际微生物分泌的抗生素类物质有助于植物避免土著病原菌的侵害、产生铁载体。

（2）不利影响。影响根细胞的通透性，使根系分泌物的数量发生变化；影响根代谢；影响根系分泌物，相关研究认为植物根系在受病原菌侵染时能分泌某种特殊的化合物，根际微生物可以通过改变根际营养状况和植物体内激素含量来改变植物体内的生理生化过程，从而影响根系分泌物的种类和数量；影响根系分泌物的吸收利用，根际微生物可选择性地利用根系分泌物中的特定成分，改变根系分泌物的组成及其占总量的比例。

（二）附生微生物

指植物地上部分表面的以植物外渗物质或分泌物为营养的微生物，主要为叶面微生物。新鲜叶面一般含细菌 6～10 个/g，还有少量的酵母菌和霉菌，放线菌很少。附生微生物具有促进植物发育、提高种子品质等有益作用，也可能引起植物腐烂甚至染病。一些蔬菜、牧草和果实等表面存在丰富的乳酸菌、酵母菌等附生微生物，在泡菜的腌制、饲料的青贮、果酒的酿造时还起到天然接种剂的作用。

（三）植物与微生物的共生结构

1. 根瘤　根瘤是土壤中的一种称为根瘤菌的细菌侵入根内形成的。根瘤菌生活在土壤中，当土壤中有豆科植物时，根瘤菌便与豆科植物的根结合，形成共生关系。而且这种共生关系很严格，每一种根瘤菌只和一种豆科植物结合。根瘤菌主要由根毛部分侵入根的皮层内，并在皮层细胞内迅速大量地繁殖。同时皮层细胞由于受根瘤菌分泌物的刺激也迅速分裂，产生大量新细胞，使皮层部分的体积膨大和凸出，从而形成根瘤。

根瘤最大的作用就是固氮，它能把空气中的游离氮转变为能被植物利用的氨。固氮形成的铵态氮，一部分被用来满足根瘤菌自身的需要，另一部分则经根瘤中与根维管束相连的维管组织输送给植物。同时，根瘤菌能从植物根内摄取它生活所需要的大量水分和养料。

2. 红萍和固氮蓝细菌　红萍和固氮蓝细菌形成共生体。红萍鳞叶腹腔中共生着一种鱼腥藻，后者是蓝细菌的一种，有旺盛的固氮能力。红萍从这种固氮蓝细菌的代谢产物中得到氮养料，而鱼腥藻则在红萍体内得到各种营养物质。这是一种典型的共生关系。

3. 菌根　菌根是指土壤中某些真菌与植物根的共生体。菌根的主要作用是扩大根系吸收面，增加对原根毛吸收范围外的元素（特别是磷）的吸收能力。菌根真菌菌丝体既向根周土壤扩展，又与寄主植物组织相通，一方面从寄主植物中吸收糖类等有机物质作为自己的营养，另一方面又从土壤中吸收养分、水分供给植物。菌根根据形态学和解剖学的特征可分为外生菌根和内生菌根两大类。

（1）外生菌根。外生菌根的特征是真菌菌丝不伸入根部细胞，真菌菌丝体紧密地包围植物幼嫩的根，形成菌套，有的向周围土壤伸出菌丝，蔓延于根的外皮层细胞间，代替根毛。外生菌根能增加根系的吸收面积，常可以在许多森林的树木（如松柏类、栎等）根部被发现。这些外生菌根可以在土壤中吸收水分和养分供给植物利用，同时又能从植物根的分泌物中得到营养，这种共生关系使植物更加茂盛，有些树种在没有菌根共生的情况下生长不良。

（2）内生菌根。内生菌根是真菌的菌丝体，主要存在于根的皮层薄壁细胞之间，并且进入细胞内部，不形成菌套。因此，具有内生菌根的植物一般都保留着根毛。内生菌根较普遍存在于各种栽培作物中，如玉米、棉花、大豆、马铃薯等，这类真菌多属于藻状菌。它们侵入植物根后向细胞中伸出球形或分枝状的吸器，从根外表看不出有菌丝存在。

（四）植物的寄生微生物

植物上除共生或附生着许多微生物外，还寄生着各种微生物，包括细菌、放线菌、真菌和病毒等，其中有许多是植物病害的病原菌，寄生性的微生物需要从植物体内摄取养料，所以常常对植物造成伤害。

植物上的寄生微生物有的是严格寄生的，有的是兼性寄生的。严格寄生的微生物一般只能在特定的活的植物体内生长繁殖，一旦离开植物体就不能生长，如致植物病害的各种病毒。而兼性寄生微生物则既能在被寄生的植株上生长繁殖，又能在土壤等外界环境中生长，而且这类微生物致病也往往是有条件的，故可称为条件致病菌，引起棉花枯萎病的病原菌镰刀菌就属于这一类微生物。

三、空气和水域微生物生态系

（一）空气中的微生物

空气中具备多数微生物生长繁殖的条件，但不具有稳定的微生物群落，所以空气中的微生物几乎全部是外源性的，其来源主要有尘埃、飞沫和皮屑等。空气里悬浮着无数细小的尘埃和水滴，它们是微生物在空气中的藏身之地。哪里的尘埃多，哪里的微生物就多。一般来说，陆地上空比海洋上空的微生物多，城市上空比农村上空的微生物多，杂乱肮脏地方的空气里比整洁卫生地方的空气里的微生物多，人口稠密、家畜家禽聚居地方的空气里的微生物多。

空气中微生物的种类和数量是大气污染程度的标志之一。常用的检测方法有定时沉降法、黏性玻片撞击法、定量吸收管法和滤膜定量过滤法等。

（二）水中的微生物

水体中含有微生物所需的各种营养，因而也是微生物的天然生境。水体中的微生物除天然栖居者外，还有外来的，其中包括某些病原微生物。由外界进入水体的微生物，由于环境条件不适宜而逐渐死亡，也有一小部分较长期地生存下来。某些病原微生物污染水体后，可导致传染病暴发流行。

微生物在水域中的数量和分布受水体类型与层次、污染情况、季节等各种因素影响。在洁净的湖泊和水库中，有机物含量低，因此微生物数量很少，为 $10 \sim 10^3$ 个/mL，主要是化能自养菌和光能自养菌。

流经城市的河水、港口附近的海水以及滞留的池水中有大量有机物和腐生性细菌，水样含菌量达 $10^7 \sim 10^8$ 个/mL。

海水温度低、含盐，故海洋中存在嗜冷、嗜盐菌，深海微生物还耐很高的静水压。在海洋动物的体内外栖息着大量发光细菌。

四、农产品和动物微生物生态系

（一）农产品上的微生物

在各种农产品上生存着大量的微生物，在粮食中尤为突出。在粮食微生物中，霉菌的危害尤其严重，霉菌能产生 150 多种对人体和动物有害的真菌毒素。

据估计，全世界每年因霉变损失的粮食就占其总产品的 2%左右，这是一笔极大的浪费。各种粮食和饲料上的微生物以曲霉属、青霉属和链孢霉属的一些种为主。

鲜肉中的微生物来源广泛，种类甚多，包括真菌、细菌、病毒等，分为致腐性微生物、致病性微生物及食物中毒性微生物三大类群。

1. 致腐性微生物 在自然界中广泛存在的一类营死物寄生的，能产生蛋白分解酶，使动植物组织发生腐败分解的微生物，包括细菌和真菌等，可引起肉类腐败变质。

2. 致病性微生物 主要见于细菌和病毒等。

3. 食物中毒性微生物　有些致病性微生物或条件致病性微生物可污染食品，或产生大量毒素，从而引起以急性过程为主要特征的食物中毒。

（二）动物体上的微生物

正常人体及动物体上都存在着许多微生物。生活在健康人体和动物体各部位的数量大、种类较稳定且一般是有益无害的微生物种群，称为正常菌群。动物的皮毛上经常有葡萄球菌、链球菌和双球菌等，在肠道中存在着大量的拟杆菌、大肠杆菌、双歧杆菌、乳杆菌、粪肠球菌、产气荚膜梭菌、腐败梭菌和纤维素分解菌等，它们都属于正常菌群。

人体在健康的情况下，与外界隔绝的组织和血液是不含菌的，而身体的皮肤、黏膜以及一切与外界相通的腔道，如口腔、鼻咽腔、消化道和泌尿生殖道中存在许多正常的菌群。胃中 pH 较低，不适合微生物生存，除少数耐酸菌外，进入胃中的微生物很快被杀死。人体肠道呈中性或弱碱性，且含有被消化的食物，适合微生物的生长繁殖，所以肠道特别是大肠中含有很多微生物。

五、极端环境微生物生态系

地球上某些地方存在的不适合大部分生物生活的严苛环境，称为极端环境，如低温、高酸、高碱、高压、高辐射等环境，在这些环境中存在的微生物称为极端环境微生物。在极端环境中只有少数生物可以生长繁殖。

（一）嗜热微生物

嗜热微生物（又称嗜热菌）生活在高温环境中，如火山口及其周围区域、温泉、工厂高温废水排放区等。近 30 年来，这类微生物引起了科学家们的广泛关注和兴趣，在水的沸点和沸点以上温度条件下能生活的细菌被发现后，更促进了对嗜热微生物的研究。

根据对温度的不同要求，将嗜热微生物分为三类：①兼性嗜热微生物，最高生长温度在 40～50 ℃，但最适生长温度仍在中温范围，故又称耐热菌；②专性嗜热微生物，最适生长温度在 40 ℃以上，40 ℃以下则生长很差，甚至不能生长；③极端嗜热微生物，最适生长温度在65 ℃以上，最低生长温度在 40 ℃以上。

嗜热微生物种类很多，营养范围亦非常广泛，但多数营异养生活，营自养生活的嗜热微生物主要包括产甲烷细菌和硫化细菌，不过其中有一部分是混合营养型。

（二）嗜冷微生物

嗜冷微生物是一种最低生长温度在 0 ℃以下、最适生长温度不高于 15 ℃、最高生长温度在 20 ℃左右的细菌，一般生长在地球两极、海洋深处。还有种兼性嗜冷菌，能在 0 ℃条件下生长，但最适生长温度是 20～40 ℃，常见于冷水、土壤、冰箱变质腐败的食物中，是使冰箱中食物变质的主要微生物类群。

嗜冷微生物的细胞膜内含有大量的不饱和脂肪酸，而且脂肪酸会随温度的降低而增加，从而保证了膜在低温下的流动性，这样细胞就能在低温下不断从外界环境中吸收营养物质。

尽管嗜冷微生物有时会导致低温保藏食品腐败，甚至产生细菌毒素，但它们能在低温条件下对污染物进行降解和转化，使其在工业和日常生活中具有许多潜在的应用价值。

（三）嗜盐微生物

嗜盐微生物是最适生长盐浓度大于0.2 mol/L（氯化物）的微生物。根据微生物对盐的需要可将其分为非嗜盐微生物、弱嗜盐微生物、中度嗜盐微生物、极端嗜盐微生物。耐盐微生物则属于非嗜盐微生物，但在较高盐浓度条件下仍能生长。

自然界中高盐环境主要是盐湖、死海、盐场和盐腌制品。盐湖、死海等环境水体的含盐量可达17～25 g/L，盐场和盐腌制品的盐浓度更高。能在这些高盐环境中生存繁殖的微生物称为嗜盐微生物，其生长所需要的盐浓度在20 g/L以上，最适盐浓度可达150～200 g/L。

嗜盐微生物可引起食品腐败和食物中毒。副溶血弧菌是分布极广的海洋细菌，也是引起食物中毒的主要细菌之一，通过污染海产品、咸菜、卤制品等而致病。

（四）嗜压微生物

在海洋深处以及深油井中分布着一些嗜压微生物，它们生存的环境的压力达100 MPa以上，在常压下它们是不能生存的。有人曾经在太平洋靠近菲律宾的10 897 m深的海底分离到嗜压的细菌。海洋中的静水压力因水深而异，水深每增加10 m，静水压力约递增0.1 MPa。海洋最深处的静水压力可超过100 MPa。深海水域是一个广阔的生态系统，约56%以上的海洋环境处在10～100 MPa的压力之下，嗜压性是深海微生物独有的特性。

任务二　分析微生物与物质转化

一、分子态氮的生物固定

分子态氮被还原成氨或其他氮化物的过程称为固氮作用。自然界氮的固定有两种方式：①非生物固氮，即通过雷电、火山爆发和电离辐射等固氮，还包括人类发明的以铁作催化剂，在高温、高压条件下的化学固氮，非生物固氮形成的氮化物很少；②生物固氮，即通过微生物的作用固氮，大气中90%以上的分子态氮只能由微生物固定成氮化物。化学固氮曾为农业生产做出巨大的贡献，但它需要高温条件和高压设备，材料和能源消耗过大，因此产品价格高且不断上涨。对自然界氮循环中的固氮作用具有决定意义的是生物固氮作用。

（一）固氮微生物

能够固氮的微生物均为原核生物，主要包括细菌、放线菌和蓝细菌。在固氮生物中，贡献最大的是与豆科植物形成根瘤的固氮菌属，其次是与非豆科植物共生的放线菌如弗兰克氏菌属，再次是各种蓝细菌，最后是一些自生固氮菌。根据固氮微生物的固氮特点及其与植物的关系，可以将它们分为自生固氮微生物、共生固氮微生物和联合固氮微生物三类。

1. 自生固氮微生物　自生固氮微生物在土壤或培养基中生活时，可以自行固定空气中的分子态氮，与植物没有依存关系。常见的自生固氮微生物有以圆褐固氮菌为代表的好氧性自生固氮菌，以梭菌为代表的厌氧性自生固氮菌，以鱼腥藻、念珠藻和颤藻为代表的具有异形胞的固氮蓝藻（异形胞内含有固氮酶，可以进行生物固氮）。

2. 共生固氮微生物 共生固氮微生物只有和植物互利共生才能固定空气中的分子态氮，共生固氮微生物可以分为两类：一类是与豆科植物互利共生的根瘤菌及与桤木属、杨梅属和沙棘属等非豆科植物共生的弗兰克氏菌；另一类是与红萍等水生蕨类植物或罗汉松等裸子植物共生的蓝细菌，由蓝细菌和某些真菌形成的地衣也属于这一类。

3. 联合固氮微生物 有些固氮微生物如固氮螺菌、雀稗固氮菌等能够生活在玉米、雀稗、水稻和甘蔗等植物根内的皮层细胞之间。这些固氮微生物和共生的植物之间具有一定的专一性，但是不形成根瘤那样的特殊结构。这些微生物还能够自行固氮，它们的固氮特点介于自生固氮和共生固氮之间，这种固氮形式称为联合固氮。

（二）生物固氮机制

生物固氮是固氮微生物特有的一种生理功能，这种功能是在固氮酶的催化作用下进行的。固氮酶是一种能够将分子氮还原成氨的酶。固氮酶是由两种蛋白质组成的：一种含有铁，称为铁蛋白；另一种含有铁和钼，称为钼铁蛋白。只有铁蛋白和钼铁蛋白同时存在，固氮酶才具有固氮的作用。生物固氮过程可以用下面的反应式表示：

$$N_2+6H^++n\text{Mg-ATP}+6e^-\ (\text{酶})\longrightarrow 2NH_3+n\text{Mg-ADP}+n\text{Pi}$$

分析上面的反应式可以看出，分子氮的还原过程是在固氮酶的催化作用下进行的。有3点需要说明：①ATP一定要与镁（Mg）结合，形成 Mg-ATP 复合物后才能起作用；②固氮酶具有底物多样性的特点，除了能够催化 N_2 还原成 NH_3 以外，还能催化乙炔还原成乙烯等（固氮酶催化乙炔还原成乙烯的化学反应常被科学家用来测定固氮酶的活性）；③生物固氮过程中实际上还需要黄素氧还蛋白或铁氧还蛋白参与，这两种物质作为电子载体能够起到传递电子的作用。

铁蛋白与 Mg-ATP 结合以后，被黄素氧还蛋白或铁氧还蛋白还原，并与钼铁蛋白暂时结合以传递电子。铁蛋白每传递一个 e^- 给钼铁蛋白伴随有两个 Mg-ATP 的水解。在这一催化反应中，铁蛋白反复氧化和还原，只有这样，e^- 和 H^+ 才能依次通过铁蛋白和钼铁蛋白，最终被传递给 N_2 和乙炔，使它们分别还原成 NH_3 和乙烯。

二、微生物对有机物质的分解

（一）微生物对糖类的分解

植物残体中的葡萄糖、果糖和有机酸等被水浸出之后进入微生物细胞参与有关代谢过程。复杂的多糖如纤维素、淀粉及半纤维素等先经微生物胞外酶水解，产生简单的双糖（如蔗糖、麦芽糖）和单糖，再进入微生物细胞，实现其分解转化过程。

1. 淀粉的分解 淀粉是由生物产生的一种性质稳定的长链状聚合物，在自然界中，如果没有生物作用，它的化学性质非常稳定，分解速度非常慢，甚至比一些塑料还要稳定。但实际上自然界中的淀粉很快就会被分解，生物分解淀粉用的是淀粉酶。所以，能够产生淀粉酶的生物都能分解淀粉。

多数微生物能够产生淀粉酶，其中产生淀粉酶最多、分解淀粉效率最高的是丝状真菌，如霉菌。有些子囊菌纲和担子菌纲的真菌不但能够分解淀粉，甚至还能够分解纤维素和木质素。酵母菌也能产生淀粉酶，但产生淀粉酶的种类比丝状真菌少得多。细菌也能产生淀粉酶，但主要是杆菌，特别是芽孢杆菌。其他如放线菌也能产生淀粉酶。

淀粉的分解是由微生物产生的淀粉酶催化完成的，各种微生物分解淀粉通过两种方式：①在磷酸化酶的作用下，将淀粉的葡萄糖分子一个一个地分解下来；②在淀粉酶的作用下，先水解成糊精，再由糊精水解生成麦芽糖，麦芽糖再在麦芽糖酶的作用下水解成葡萄糖。

2. 纤维素的分解 纤维素是地球上最丰富的多糖类化合物，是由许多葡萄糖分子聚合而成的长链大分子。许多微生物能够分泌分解纤维素的酶，土壤微生物产生的纤维素酶分解农作物秸秆，最终产生葡萄糖。

能够分解纤维素的微生物有很多，既有好氧微生物，又有厌氧微生物，既有细菌，又有放线菌和真菌。食纤维菌属和生孢食纤维菌属是土壤中常见的好氧性纤维素分解细菌。许多放线菌也能够分解纤维素，包括白色链霉菌、灰色链霉菌、红色链霉菌等，放线菌的纤维素分解能力较弱，不及细菌和真菌。

3. 半纤维素的分解 半纤维素的结构与组成因植物的种类或存在部位的不同而异，微生物分解半纤维素的酶也多种多样。半纤维素分解后产生木糖、阿拉伯糖等。半纤维素为植物细胞壁的另一主要成分，含有多缩戊糖和己糖以及多缩糖醛酸，在微生物产生的半纤维素酶类（多缩糖酶）的水解作用下产生单糖和糖醛酸，在有氧呼吸或厌氧发酵中进一步分解。土壤微生物分解半纤维素的强度相当大，比分解纤维素快。能分解纤维素的微生物大多也能分解半纤维素，还有多种微生物虽然不能分解纤维素，但能分解半纤维素。

4. 果胶物质的分解 果胶物质是以半乳糖醛酸为主要组成成分的高分子化合物，存在于植物细胞壁和间层中，占干物质的15%～30%。一些微生物具有果胶酶系，能分泌原果胶酶，将植物组织细胞间的原果胶水解成可溶性果胶和多缩戊糖，使各个细胞分离，可溶性果胶再经果胶甲基酯酶水解成果胶酸，最后由多缩半乳糖酶水解成半乳糖醛酸，可被多种微生物作为碳源和能源。在有氧条件下最终氧化为CO_2和水，在缺氧条件下则进行丁酸发酵。

分解果胶物质的需氧性细菌有枯草芽孢杆菌、多黏芽孢杆菌和浸麻芽孢杆菌及不生芽孢的软腐欧文菌等，厌氧性的主要有费新尼亚梭菌。分解果胶的真菌种类也很多，常见的有青霉、木霉、根霉、毛霉等。也有一些放线菌在草堆和林地落叶层中进行果胶物质的需氧性分解。麻类生物脱胶采取水浸或露浸方式，水浸是利用厌氧细菌的果胶分解作用，露浸是利用需氧细菌、放线菌和真菌分解果胶的作用，但它们对纤维素不具有分解能力，从而能使纤维完好地保存和脱离出来。

（二）微生物对含氮有机物质的分解

被微生物分解利用的有机物主要有蛋白质、几丁质、尿素，这些物质经过分解都能产生氨。含氮有机物通过微生物分解产生氨的作用称为氨化作用，在好氧和厌氧条件下都可进行。氨化作用能直接增加土壤中对植物有用的氮养料，也给硝化作用创造了必要条件。微生物种类、氨基酸种类及环境条件不同，脱氨方式也不同。

1. 蛋白质的氨化作用 蛋白质是由20种氨基酸构成的大分子化合物，不能透过细胞膜进入微生物体内。蛋白质的分解通常分为两个阶段：第一阶段，蛋白质的水解过程是在

微生物所分泌的蛋白酶和肽酶的联合催化下完成的，蛋白质水解成各种氨基酸，因此蛋白酶又称内肽酶，能够水解蛋白质分子内部的肽键，形成蛋白胨及各种短肽；第二阶段，氨基酸的脱氨基作用，蛋白质氧化作用的第一步是水解，生成氨基酸和含氮基，在体内脱氨基酶的作用下氨基酸被分解释放出 NH_3。

2. 核酸的氨化作用　核酸是动植物及微生物尸体的主要成分之一，可以被微生物分解。核酸分解时，先由胞外核糖核酸酶或胞外脱氧核糖核酸酶将大分子降解，形成单核苷酸，它再脱磷酸成为核苷，然后将嘌呤或嘧啶与糖分开。嘌呤和嘧啶可被多种微生物，如诺卡氏菌、假单胞菌、小球菌和梭状芽孢杆菌等进一步分解，形成含氮产物，如氨基酸、尿素及 NH_3。

3. 尿素的氨化作用　尿素是农业生产中的重要肥料，也是土壤氮的来源之一。尿素在尿酶的作用下水解为碳酸铵，碳酸铵很不稳定，易分解为 CO_2 与 NH_3。

土壤里许多种微生物能产生脲酶，水解尿素产生 NH_3。脲酶活性强的细菌称为脲细菌，如脲八叠球菌、脲微球菌、汉氏八叠球菌、巴氏芽孢杆菌等。

三、无机化合物的微生物转化

（一）硝化作用

硝化作用是指土壤中的铵离子在亚硝酸细菌的作用下转化成亚硝酸根离子，亚硝酸根离子再经过硝酸细菌的作用转化成硝酸根离子的过程。这两个过程是同时和连续进行的，需两种细菌共存。它们是需氧型化能无机营养型细菌，在氧气充足的条件下活动旺盛。①亚硝酸的形成。硝化作用的第一阶段，将铵离子氧化成亚硝酸根离子，是由亚硝酸细菌引起的。亚硝酸毒性强，对植物、生物均有毒害作用。②硝酸的形成。由硝酸细菌将亚硝酸氧化成硝酸，供植物吸收利用氮和养料。

硝化作用使土壤中的铵离子转化成硝酸根离子，而硝酸根离子不易被土壤吸附，容易随水流失，对地下水系造成污染。同时硝酸根在水田中容易发生反硝化作用生成氮，造成氮损失。故施肥时应注意将氮肥深施于土壤的还原层，土壤硝化作用的进行需要铵离子的扩散过程；水田深施氮肥可以减少稻田系统的氮损失，深层土壤生物硝化作用明显弱于表施氮肥。另外，少量多次、分期分批施用氮肥可利用水稻根系的吸收作用来降低土壤的铵离子浓度，同时水稻根系也可以及时吸收生物硝化作用产生的硝酸根，氮肥利用率较一次性表施方式高。

（二）反硝化作用

反硝化作用是指在反硝化细菌作用下将硝酸盐、亚硝酸盐转化成氮的过程。土壤中反硝化细菌种类多、数量大，它们是一些兼性厌氧菌，在没有氧而有硝酸盐、亚硝酸盐的环境中进行呼吸作用时，通过电子传递系统使硝酸根、亚硝酸根被还原，释放分子态氮。施用腐熟的有机肥可防止反硝化作用，因为未腐熟的植物残体在土壤中分解时消耗土壤中的氧，为反硝化作用提供条件。同时，反硝化作用是氮循环过程中不可缺少的环节，可使土壤中因淋溶而流入河流、海洋的硝酸根减少，消除硝酸根积累对生物的毒害作用。

（三）无机硫的同化作用

无机硫的同化作用是生物利用 SO_4^{2-} 和 H_2S 合成自身细胞物质的过程。大多数微生物都能像植物一样利用硫酸盐作为唯一的硫源，把它转变为含巯基的蛋白质等有机物，即由正六价的氧化态硫转变为负二价的还原态硫。只有少数微生物能同化 H_2S，大多数情况下元素硫和 H_2S 等都需先转变为硫酸盐再被固定为有机硫化合物。

（四）硫化作用

还原态无机硫化物如 H_2S、S 或 FeS_2 等在微生物的作用下被氧化，最后生成硫酸及其盐类的过程称为硫化作用。硫化氢的氧化过程为

$$2H_2S+O_2 \longrightarrow 2H_2O+2S+\text{能量}$$

$$2S+3O_2+2H_2O \longrightarrow 2H_2SO_4+\text{能量}$$

该过程需要在氧气充足的条件下进行。含硫有机质是土壤硫的重要来源，其转化过程为含硫蛋白质在分解者（微生物）的作用下先水解生成含硫氨基酸，然后分解出硫化氢，在好氧型硫化细菌的作用下被氧化成硫酸。硫化作用产生的硫酸与其他盐类作用生成的硫酸盐可供植物利用。但当硫化作用过于强烈时，在热带滨海地区可形成强酸性的“反酸田”，对作物生长不利。

（五）反硫化作用

反硫化作用是在厌氧条件下微生物将硫酸盐还原为 H_2S 的过程。该过程是在通气不良的条件下主要由硫酸盐还原菌（或称反硫化菌）引起的。反硫化作用具有高度特异性，主要由脱硫弧菌来完成，另外也有脱硫弯杆菌，两者均为厌氧型异养菌，在无氧条件下生活，利用硫酸盐为电子受体，将许多糖类、有机酸和醇作为电子供体和能源，不利用氧和有机硫化物，将硫酸还原成 H_2S。

（六）磷化物的转化

磷是包括微生物在内的所有生命体中不可缺少的元素。在生物大分子核酸、高能量化合物 ATP 以及生物体内糖代谢的某些中间体中都有磷的存在。在自然界中，磷的循环包括可溶性无机磷的同化、有机磷的矿化、不溶性磷的溶解等。可溶性的无机磷化物被微生物吸收后合成有机磷化物，成为生命物质的结构组分（同化作用）。

在土壤中，许多细菌、放线菌和霉菌等含有植酸酶和磷酸酶，能够将含磷的有机物分解（异化作用），产生的无机磷化物可被植物吸收利用。土壤中的磷酸或可溶性的磷酸盐与土壤中的一些盐基结合，形成不溶性的磷酸盐。在天然水体中，大部分的磷存在于水下的沉积物中。不过，生活在土壤和水体中的一些微生物通过代谢产生的硝酸、硫酸和有机酸又可将不溶性的磷酸盐溶解，从而使自然界中的磷素循环周而复始地不断进行。

如果人类活动将含磷物质大量排放到水环境中，可溶性磷酸盐浓度过高会造成蓝细菌及其他藻类的大量增殖，即常说的富营养化，从而破坏生态平衡。

任务三　利用微生物处理废水

一、废水的概况

废水是居民活动过程中排出的水及径流雨水的总称，包括生活污水、工业废水和农业

污水及雨水径流排入管渠等无用水，一般指经过一定技术处理后不能再循环利用或者一级污染后制纯处理达不到一定标准的水。

水体受污染后，物理、化学性质或生物群落组成发生变化，从而使用价值降低或遭破坏，原有功能丧失。受污染的水通过各种途径对农业生产发展产生影响，主要表现在对农田土壤、农作物（生长发育、产量和品质）、水产养殖业及人畜健康的影响。

1. 水体污染对农田土壤的影响　农田使用污水灌溉后，土壤微生物来不及降解的有毒物质会进入作物体内并沿着食物链进行传递。

2. 水体污染对作物的影响　污水灌溉能明显地影响作物的生育进程，对发芽率、出苗率及营养生长有不良的影响。

3. 水体污染对水产养殖业的影响　水体中的有机物和营养盐类污染物能导致水体富营养化，水体富营养化除了使细菌大量繁殖，还传播疾病。水体富营养化能够使单细胞藻类的自养生物群落发生变化，引起水颜色的改变。在淡水中，富营养化可使某些蓝藻类由原来数量少的种类变为优势种，当其大量繁殖时，水会变得像绿色的稀汤一样，被称为“水华”，在海水中这种现象称为“赤潮”。

4. 水体污染对人畜健康的影响　在我国一些地区，人畜饮用含有有机物、重金属和放射性污染物等的地表水和地下水后出现了慢性疾病，甚至出现了急性中毒死亡事件。水体污染不仅影响了畜禽业的发展，还严重地危害了人类的身体健康，有些地区甚至出现了“癌症村”。

二、废水生物处理的类型

废水的生物处理主要是通过微生物的代谢作用使废水中呈溶液、胶体以及微细悬浮状态的有机污染物转化为稳定、无害的物质的方法。根据作用微生物的不同可将生物处理法分为需氧生物处理法和厌氧生物处理法。废水生物处理广泛使用的是需氧生物处理法，需氧生物处理法又分为生物膜法和活性污泥法两类，活性污泥法本身就是一种处理单元，它有多种运行方式。

（一）生物膜法

属于生物膜法的处理方法有生物滤池法、生物转盘法、生物接触氧化法以及生物流化床法等，这里主要介绍生物接触氧化法。用生物接触氧化法处理废水，即用生物接触氧化工艺在生物反应池内填充填料，已经充氧的污水浸没全部填料，并以一定的流速流经填料，填料上布满生物膜，污水与生物膜广泛接触，在生物膜上微生物的新陈代谢作用下，污水中的有机污染物得到去除，污水得到净化。最后，将处理过的废水排入生物接触氧化处理系统与生活污水混合后进行处理，氯消毒达标后排放。生物接触氧化法的特点是在池内设置填料，池底曝气对污水进行充氧，并使池内污水处于流动状态，以保证污水同浸没在污水中的填料充分接触，避免生物接触氧化池中存在污水与填料接触不均的问题，这种曝气称为鼓风曝气。生物接触氧化法是一种介于活性污泥法与生物滤池之间的生物膜法工艺。

（二）活性污泥法

污水处理的目的就是用各种方法把污水中所含的污染物质分离出来，或将其转化成无害的物质，从而使污水得到净化（图 7－1）。

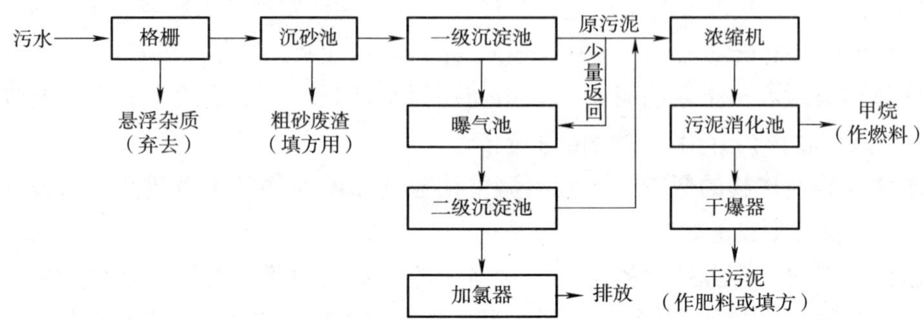

图 7－1　污水的活性污泥法处理工艺流程（高志强，2011）

污水的二级处理一般是在一级处理的基础上加上生化处理，提高净化率，在对有机质的净化方面有很好的效果。污水的二级处理主要设备是曝气池，在污水里用活性污泥（由很多细菌组成的菌胶团，具有良好的吸附和氧化有机质的能力）接种，在充分搅拌和不断通入空气的条件下，使有机质分解为 NO_3^-、SO_4^{2-} 和 CO_2 等，曝气时间约为6 h。此法可除去绝大部分的氧化物以及 25%～55%的氮和 10%～30%的磷，但难以被生物降解的有机物质尚不能除去。

（三）氧化塘法

利用库塘和低洼荒地对污水进行处理的生物工程措施称为氧化塘法，它的基本原理是生物降解，故又称生物稳定塘法或生物氧化塘法。氧化塘具有对有机污染物净化效果好、基建投资少、运转费用低、污水处理与利用相结合等特点，这些使其被广泛应用。当然，氧化塘也有占地面积大、净化效果受气候影响、易渗透污染地下水和影响景观等缺点。

按氧化塘的溶解氧来源和净化效果可将其分为以下几种：

1. 好氧塘　水深 0.3～0.5 m，阳光能够直射塘底，主要由藻类供氧，全部塘水都呈好氧状态，由好气细菌净化废水。废水在好氧塘中停留 2～6 d，BOD（生化需氧量）可降低 80%。但处理过的水中含有大量藻类，排放前应进行沉淀和过滤予以去除。

2. 兼性塘　水深 1.5～2.5 m，塘内好氧反应与厌氧反应并行，在阳光能够透过的水层，其作用与好氧塘类似，废水在兼性塘中停留 5～30 d。

3. 厌氧塘　水深 2.5～5.0 m，大水面的浮渣层有保温和防止光合作用的效果，不应人为破碎，以促进厌氧菌的繁殖。厌氧塘的废水停留时间长，为 30～50 d，且产生臭气，产生的甲烷难以回收利用。厌氧塘多用于废水的预处理，处理过的水再由好气塘处理。

4. 曝气塘　水深 3.0～5.0 m，于塘水表面安装浮筒式曝气器，使塘水保持好气状态，并充分混合。废水在曝气塘中停留 3～8 d，BOD 降低率在 70%以上。实际上，曝气塘是介于好氧塘与活性污泥法之间的废水处理方法。

(四) 污水的土地处理法

污水灌溉作为一种水肥合一、综合利用的重要途径，在国内外已有很久的历史，只是近年来人们才深刻认识到土壤及其生物系统对污水处理的巨大潜力，并将污水灌溉作为污水处理系统中的一个重要环节进行深入研究，由常规的污水灌溉发展到将污水排放到土地上，通过土壤-生物系统完成一系列的复杂过程，将污水中的污染物除去，使之转化为新的水资源。污水的土地处理系统不仅具有成本低、效果好的特点，还能利用废水中的营养物质促进农业生产发展，形成良性循环的农业生态系统。

污水的土地处理系统有以下几种形式：

1. 慢速渗滤 指用预处理后的污水进行灌溉，在净化污水的同时促进植物生长。

2. 湿地处理 湿地处理系统是利用天然或人工湿地（如苇地系统）进行污水处理的大规模污水净化工程，是一种运行费用极低的处理方法，在我国一些沿海城市（如天津、威海等）均取得了良好的效果。

3. 地下渗滤 这种方法适合农村、别墅等分散居住区的生活污水处理，污水从孔管中流出，向土壤表层渗透，水肥被草皮利用，出水清澈透明，在发达国家被广泛采用。

三、发酵废水的处理

(一) 发酵工业废水

发酵工业是以粮食和农副产品为主要原料的加工工业，它主要包括酒精、味精、淀粉、白酒、柠檬酸、糖等行业。但由于发酵行业耗水量大，废水污染严重等问题制约着发酵行业的可持续发展。

发酵行业所排放的废水主要包括以下 3 类：

(1) 分离与提取产品后的废母液与废糟液，占废水排放量的 90%，属高浓度有机废液，其中含有丰富的蛋白质、氨基酸、维生素、糖类及多种微量元素，具有高浓度、高悬浮物、高黏度、疏水性差、难降解的特性，该类废水的处理难度很大。

(2) 加工和生产工程中各种冲洗水、洗涤剂等，为中浓度有机水。

(3) 冷却水，可直接冷却后利用。

(二) 处理方法

1. 物理法 主要是利用物理作用分离废水中呈悬浮状态的污染物质，在处理过程中，不改变污染物的化学性质。物理方法包括格栅、沉降、过滤、浮选、隔油、离心、蒸发和结晶等。

2. 化学法 利用化学作用除去水中的污染物，如加入化学药品，促使污染物沉淀、混凝、中和、氧化、还原、萃取等。化学方法成本较高。

3. 物理化学法 主要有吸附法、离子交换法、电渗析法和反渗透法等。该方法成本也很高。

4. 生物法（生化法） 主要是利用自然界存在的各种微生物将污水中的有机物分解、转化，从而达到净化的目的，它是在污水处理中应用最为广泛的方法，主要有活性污泥法、淋滤和生物膜法和自然生物处理法。

技 能 实 训

实训　生活污水处理工艺考察

一、实训目的

1. 了解污水处理厂的概况，认识各类污水的主要特点。

2. 通过现场观察，了解常用的污水处理工艺方法。

二、方法步骤

（1）选择所在城市的污水处理厂，联系好污水处理厂业务负责人，说明参观的内容和要求，提前邀请技术人员介绍情况。

（2）确定参观时间、集合地点，带好所需的笔记本、照相机、摄像机等。

（3）乘车前往目的地。

（4）在技术人员的带领下参观污水处理厂，介绍污水处理厂的设计工艺、污水处理厂的工艺选择、不同污水处理方法的设计要求、污水处理厂的基本设计方法及各种后期处理工艺的特点等。

（5）完成参观任务后安全从污水处理厂返回学校。

（6）完成实训报告。

三、实训报告/思考题

1. 实训报告　写出污水处理厂的工艺流程及特点。

2. 思考题　参观污水处理厂后有什么体会？

项 目 小 结

本项目共分3个任务，学习了微生物生态、微生物与物质转化、利用微生物处理废水。微生物是自然界分布最广的生物类群，有生物存在的地方都有微生物的分布。由微生物及其周围环境中的各种因素所形成的体系构成微生物生态系。微生物在各自的生境中发挥着独特的生态功能。在生态系统的物质循环中微生物是最重要的分解者。在废水的处理净化中微生物也发挥着重要的作用。

1. 微生物生态系　土壤是微生物生长和繁殖的良好环境。土壤环境满足微生物进行生长繁殖和生命活动所需的各种条件，成为微生物生活的“大本营”，土壤中微生物的数量和种类最多，微生物含量为细菌＞放线菌＞霉菌＞酵母菌＞藻类＞原生动物。土壤微生物杂居混生，相互制约影响，形成一定的群社关系，有互生、共生、寄生、拮抗和捕食5种关系。在植物的根际分布着微生物，根系分泌物和脱落物成为微生物的重要营养；在植物地上部分的表面生长着附生微生物；有些植物与微生物之间形成共生体；植物体上的寄生微生物通常能引起植物的病害。空气中分布着大量的微生物，可引起动物的传染病等。水域中也有微生物分布，可污染水体，可导致传染病暴发。农产品和动物体上也分布着许多微生物，在各种极端环境（高低温、高压、高盐等）中也存在着各种不同的微生物，常引起物品腐败变质、动物生病等。

2. 微生物与物质转化　微生物的生物固氮作用，有机物质的分解包括微生物对糖类的分解和对含氮有机物质的分解，介绍了蛋白质、核酸、尿素的氨化作用。

无机化合物的微生物转化有硝化作用、反硝化作用、无机硫的同化作用、硫化作用、反硫化作用、无机磷化物的转化。

3. 利用微生物处理、净化废水　废水是居民活动过程中排出的水及径流雨水的总称，包括生活污水、工业废水和农业污水等其他无用水，一般指经过一定技术处理后不能再循环利用或者一级污染后处理达不到一定标准的水。废水生物处理方法有生物膜法、活性污泥法、氧化塘法等。发酵工业废水的科学处理方法也有多种。

思考题

1. 什么是微生物生态系？简述微生物生态系的特点。
2. 为什么说土壤是微生物的“天然培养基”?
3. 土壤中微生物之间的相互关系有哪些？各有何特点?
4. 微生物在自然界氮循环中起着哪些作用?
5. 论述利用微生物脱氮除磷的原理。
6. 活性污泥法处理装置主要由什么组成?

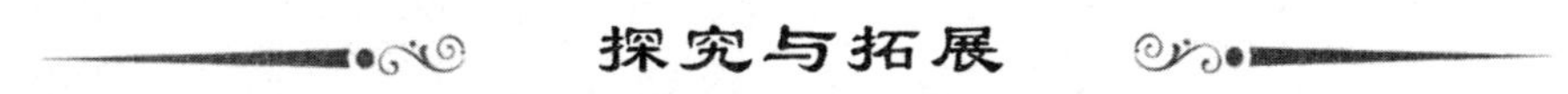

探究与拓展

1. 脱氮作用发生的条件有哪些？如何防止它的发生?
2. 想一想，活性污泥净化污水的原理是什么。

项目八

微生物在农业上的应用

NONGYE WEISHENGWU

项目导读

1911年，德国人在一个被称为苏云金的地方的面粉厂里发现了一种寄生在昆虫体内的细菌，这种细菌具有很强的杀虫能力，于是人们称这种细菌为苏云金杆菌。苏云金杆菌在一定条件下能够形成芽孢和伴孢晶体。伴孢晶体是一种毒性很强的蛋白质晶体，能使害虫瘫痪死亡。芽孢则能通过破损的消化道进入血液，在血液中大量繁殖，使害虫死亡。现在人们已经能够大规模地培养苏云金杆菌并将其制成粉剂或液剂，在需要时将它们喷洒到林木和农作物上以杀死害虫。苏云金杆菌对松毛虫、玉米螟、菜青虫、棉铃虫等100多种害虫都有毒杀作用。

微生物农药、微生物肥料、微生物饲料、微生物能源等都在农业方面有广泛的应用前景。

项目目标

【知识目标】了解微生物在现代生物技术中的应用；认识和理解微生物在生物防治、能源和环境保护中的应用；掌握微生物在农药、肥料和饲料中的应用。

【技能目标】认识和应用微生物农药、微生物肥料与饲料；学会沼气池的建造方法；掌握食用菌的栽培技术。

【情感目标】了解微生物对人类的贡献，激发学习农业微生物的热情。

任务一　解析微生物农药

微生物农药就是利用微生物或其代谢产物来防治植物病虫害，它是通过筛选昆虫病原体或病菌拮抗微生物，由人工培植、收集、提取而成。这些病原体和拮抗微生物或其他产物被昆虫吞食、接触或被病菌感染后，通过微生物的活动、毒素的作用而使害虫机体的新陈代谢受影响，破坏虫体器官，影响它们的发育、繁殖或变态，使它们产生畸形或发生病变而死亡，从而达到灭虫防病的目的。

一、微生物治虫

主要是利用昆虫病原微生物感染寄生虫使其发病而达到防治的目的。这种新发展起来的生物防治技术称为微生物防治。以菌治虫具有菌体繁殖快、用量少、无残留、无公害、可与少量化学农药混合使用以增效等优点。病原微生物有细菌、真菌、病毒、原生动物、立克次氏体和线虫等，前三类尤其多，后两类极少，细菌最多。

（一）细菌治虫

1. 苏云金杆菌　苏云金杆菌简称 Bt，是包括许多变种的一类产晶体的芽孢杆菌。该菌可产生两大类毒素，即内毒素（伴孢晶体）和外毒素，使害虫停止取食，最后害虫因饥饿和中毒而死亡。

苏云金杆菌体内含有杀虫的晶体毒素，对人、畜、植物和天敌无害，不污染环境，不易使害虫产生抗药性，以至成为国内外研究、生产和应用最多的一种微生物杀虫剂，也是有机生产中防治害虫的重要手段。

苏云金杆菌制剂对部分鳞翅目害虫幼虫有较好的防治效果，可用来防治菜青虫、稻苞虫、尺蠖、松毛虫、烟青虫、菜粉蝶、玉米螟、棉铃虫、稻纵卷叶螟、蓑蛾、地老虎等。其杀虫原理是苏云金杆菌被害虫食入后，寄生于害虫的中肠内，在合适的碱性环境中生长繁殖，晶体毒素经过虫体肠道内蛋白酶水解，形成有毒效的较小亚单位，作用于虫体的中肠上皮细胞，引起肠道麻痹、穿孔、虫体瘫痪、停止进食等不适症状。随后苏云金杆菌进入血腔繁殖，引起败血症，导致虫体死亡。苏云金杆菌有多种菌株，不同菌株的杀虫效果有很大差异。

2. 球形芽孢杆菌　球形芽孢杆菌简称 Bs，是一种在自然界广泛分布、形成亚末端膨大孢子囊和球形芽孢的好气芽孢杆菌。球形芽孢杆菌是一种对蚊幼虫有毒杀作用的好气芽孢杆菌，与苏云金杆菌相比较，球形芽孢杆菌的杀蚊谱较窄，对库蚊属幼虫的毒性最强，在污水中的药效维持时间较长，特别适用于对污水中滋生的库蚊属幼虫（淡色库蚊和致倦库蚊）的控制。球形芽孢杆菌对不同蚊幼虫的毒杀作用主要是由其产生的毒素蛋白实现的。Bs 制剂主要有 Bsc3－41、Bs－2362、Bs－10 等。

3. 金龟子芽孢杆菌　金龟子芽孢杆菌的芽孢被幼虫吞食后，在中肠内萌发，营养体侵入中肠柱形细胞，然后进入体腔。起初昆虫血淋巴中充满单链或双链的营养体，轻度混沌；渐渐地芽孢失去折光性，昆虫血淋巴透明；接着昆虫血淋巴中充满具有折光性的芽孢和伴孢晶体，呈乳白色，幼虫死亡需 10～14 d。患病幼虫没有明显的组织变化和生理变异。

日本金龟子芽孢杆菌是一种金龟子类的专性寄生菌，可以感染蛴螬使其患上 A 型乳化病。以日本金龟子芽孢杆菌孢子制成的芽孢杆菌制剂是一种高效环保的微生物杀虫剂。

（二）真菌治虫

已知昆虫病原真菌有 530 余种，大多数属于半知菌亚门，其余分散在鞭毛菌亚门、接合菌亚门、子囊菌亚门以及担子菌亚门。目前已经成功使用的真菌杀虫剂有白僵菌、绿僵菌、拟青霉等，白僵菌应用较广泛。

昆虫病原真菌穿过害虫体壁进入虫体繁殖，消耗虫体营养，使其代谢失调，或在虫体内产生毒素杀死害虫。病原真菌具有以下优点：防治效果好，对人、畜安全，不污染环境；作用特异性强，极少杀伤害虫天敌和有益生物，不破坏生态平衡；多种因素和成分发挥作用，害虫难以产生抗药性。此外许多昆虫病原真菌能产生多种真菌毒素，这使得真菌杀虫剂在生物防治上更具优势。

生产上应用最多的真菌杀虫剂有油剂、粉剂以及干菌丝粉 3 种剂型，它们的生产工艺以及成分各有不同，使用方法和剂量也有所不同。

1. 白僵菌 白僵菌是一种广谱寄生真菌，因虫体死后僵硬呈粉白色而得名，是一种子囊菌类的虫生真菌，主要包括球孢白僵菌和布氏白僵菌等，常通过无性繁殖生成分生孢子，菌丝有横隔有分枝。白僵菌的分布范围很广，从海拔几米处至 2 000 多米处均发现过白僵菌，白僵菌可以在 6 个目 15 个科 200 多种昆虫、螨类的体内大量繁殖，同时产生白僵素（非核糖体多肽类毒素）、卵孢霉素（苯醌类毒素）和草酸钙结晶，这些物质可使昆虫中毒，打乱其新陈代谢以致其死亡。

白僵菌菌落为白色粉末状，产品为白色或灰白色粉状物，菌体遇到较高的温度自然死亡而失效，其杀虫有效物质是白僵菌的活孢子。孢子接触害虫后，在适宜的温度条件下萌发，生长菌丝侵入虫体内，产生大量菌丝和分泌物，使害虫生病，4～5 d 后害虫死亡。死亡的虫体白色僵硬，体表长满菌丝及白色粉状孢子。孢子可借风、昆虫等继续扩散，侵染其他害虫。

白僵菌的杀虫效果受菌粉质量影响，在白僵菌生产和应用过程中，菌种常发生变异，出现生长不良、产孢量少、杀虫毒力较低等现象，因此使用高质量的菌粉是防虫效果好的基础。在最适宜条件下施用高质量菌粉可大大提高杀虫效果，能有效持久地控制害虫。

在防治森林害虫上，主要采取地面或飞机喷洒白僵菌制剂的方式进行施药。也可在雨季从林间采集森林叶部害虫活幼虫集中撒上白僵菌原菌粉，或配成含量为 5 亿个/mL 孢子的菌液，采活虫在菌液中蘸一下再放回树上任其自由爬行。这些带菌虫死后长出很多分生孢子，即形成许多白僵菌流行点，逐步促成林间害虫白僵病流行。

我国已大面积应用白僵菌防治玉米螟和松毛虫，效果良好。白僵菌也能感染家蚕，因而不宜在养蚕区使用。

2. 绿僵菌 绿僵菌是一种昆虫专性寄生菌，对鳞翅目、直翅目、鞘翅目、同翅目等 200 多种害虫有寄生性，可用于防治农业、林业等方面的多种害虫。其形态接近青霉素，菌落茸毛状或棉絮状，最初为白色，产生孢子时呈绿色。

绿僵菌有金龟绿僵菌和黄绿绿僵菌等变种，生产上主要用金龟绿僵菌来防治害虫。一般情况下只要害虫有 10%左右的个体感染，便可控制整个群体。与白僵菌相比，绿僵菌的分生孢子具有较好的耐高温性和耐旱性，在高温和低湿条件下，绿僵菌的作用效果优于白僵菌。

绿僵菌寄主范围广，主要用于防治飞蝗、地下害虫、蛀干害虫、桃小食心虫、小菜蛾、菜青虫、蚜虫等。部分化学杀虫剂对绿僵菌分生孢子的萌发有抑制作用，且药液浓度越高，抑制作用越强。

3. 其他真菌　主要有链壶菌属、卵菌门、腐霉目、耳霉属、虫霉目、拟青霉属等，这些真菌寄生于蚊子幼虫体内。大链壶菌对多种蚊子幼虫有很强的侵染力，蚊尸产生大量孢子，可以侵染以后各代蚊子，因此在水体中能循环下去。人工培养的大链壶菌卵孢子和游动孢子已被开发为真菌杀蚊剂。大链壶菌菌体位于寄主细胞内，有隔、分枝，孢子囊具逸出管伸出寄主体外，长达 300 μm，孢子囊逸出管口呈团状、裸露，形成双鞭毛的游动孢子。耳霉属、虫霉目细胞核较小，直径在 5 μm 以下，核仁小而明显，不易染色。分生孢子梗无隔，不分枝，端部形成一个分生孢子，成熟时弹射出去，多核，单囊壁，广倒卵形、倒拟卵形或球形，基部有钝圆的乳突。次生分生孢子与初生分生孢子形状相似而较小。拟青霉属约 40 种，菌落黄褐色至淡褐色，多以有性型出现，中温型或嗜高温，有时有芳香气味。分生孢子梗单生，多呈轮状或不规则分枝，每个分枝长出几个瓶梗，瓶梗基部圆筒状，颈部长圆筒状，有时弯曲，顶部有时加厚。瓶梗上产生离散的分生孢子长链。分生孢子单胞，壁光滑。有些种具厚垣孢子。淡紫拟青霉已被用于防治害虫和根结线虫，菌落多为紫红色，分生孢子梗黄色或紫色，壁粗糙。瓶梗在分生孢子梗上单生，偶轮生。分生孢子无色透明，成团时紫色，光滑或略粗糙。

（三）病毒治虫

已有 700 多种昆虫可被病毒侵染，其中 80%为鳞翅目的成员。大部分昆虫病毒有蛋白质包涵体，抗逆力和感染力强，有专一性，只感染某一种或近缘种的昆虫，且能连续感染，因而效果持久，使用安全。目前已推广应用的有核型多角体病毒（NPV）、质型多角体病毒（CPV）和颗粒体病毒（GV）等。我国已从棉铃虫、菜青虫、桑毛虫、松毛虫等多种昆虫中分离到昆虫病毒，其防治害虫效果良好。

1. 核型多角体病毒　一类专性昆虫病毒，其加工制剂是病毒杀虫剂。核型多角体病毒呈十二面体、四角体、五角体、六角体等，直径为 0.5～15.0 μm，包埋多个病毒粒子，由蛋白质组成，不溶于水、乙醇、乙醚、氯仿、苯、丙酮、1 mol/L 盐酸，溶于氢氧化钠、氢氧化钾、氨及硫酸的水溶液和乙酸。

核型多角体病毒寄主范围较广，主要寄主为鳞翅目昆虫，经口或伤口感染。经口进入虫体的病毒被胃液消化，游离出杆状病毒粒子，通过中肠上皮细胞进入体腔，侵入细胞，在细胞核内增殖，之后再侵入健康细胞，直到昆虫死亡。病虫粪便和死虫再传染其他昆虫，使病毒病在害虫种群中流行，从而控制害虫危害。病毒也可通过卵传到昆虫子代。专化性强，一种病毒只能寄生一种昆虫或其邻近种群。只能在活的宿主细胞内增殖，比较稳定，在无阳光直射的自然条件下可数年不失活。粉纹夜蛾核型多角体病毒在土壤中可维持感染力达 5 年左右，未见害虫产生抗药性。对人畜、鸟类、益虫、鱼等安全，不耐高温。易被紫外线杀灭，阳光照射会失活，能被消毒剂杀死。

主要用于防治农业和林业害虫。棉铃虫核型多角体病毒已在约 20 个国家被用于防治棉花、高粱、玉米、烟草、番茄等农作物上的棉铃虫。世界上大面积应用过的还有松黄叶蜂、松叶蜂、舞毒蛾、毒蛾、天幕毛虫、苜蓿粉蝶、粉纹夜蛾、实夜蛾、斜纹夜蛾、金合欢树蓑蛾等害虫的核型多角体病毒。我国自己分离培养、大面积田间治虫取得良好效果的有棉铃虫、桑毛虫、斜纹夜蛾、舞毒蛾的核型多角体病毒。

2. 质型多角体病毒　质型多角体病毒属呼肠孤病毒科，质型多角体病毒属，多角体一般为四边形、六边形等，大小为 0.5～10.0 μm。病毒粒子为球状正二十面体，具蛋白质包涵体，在宿主细胞质内增殖，病毒核酸为分段双链 RNA。

感染质型多角体病毒的昆虫死亡周期较长，一般为 3～18 d 乃至更长。但在病虫患病期间，病毒不断随粪便排出，感染其他健康虫，使感病幼虫繁殖能力下降，可经卵传递给下一代，在害虫种群中形成病毒流行病，从而有效地控制害虫的数量。

3. 颗粒体病毒 颗粒体病毒以蛋白质包涵体的形式存在，即蛋白质包含一个病毒颗粒。颗粒体病毒包涵体呈圆形、椭圆形或颗粒状，如云杉卷叶颗粒体病毒、菜粉蝶颗粒体病毒等。包涵体内含有 1 个病毒颗粒，偶有两个。颗粒体长 200～500 nm，宽 100～350 nm。幼虫被感染后会食欲减退、体弱无力、行动迟缓、腹部肿胀变色，随即发生表皮破裂，流出腥臭、浑浊、乳白色脓液等。

4. 其他昆虫病毒 昆虫痘病毒形态、大小不一。感染鞘翅目的痘病毒呈椭圆形，大小为 450 nm×250 nm，有一个侧体和单侧凹入的核心，表面具有直径为 22 nm 的球状单位。感病幼虫外表呈白色，病毒主要在血细胞和脂肪细胞的细胞质中增殖。昆虫虹彩病毒分成两个属：昆虫小虹彩病毒属，直径为 120 nm，提纯的病毒呈蓝色虹彩。昆虫大虹彩病毒属即绿虹彩病毒属，直径为 180 nm，呈黄绿色虹彩。病毒粒都呈二十面体，无包膜，不形成包涵体。病毒在细胞质（主要在脂肪体中）中增殖，但其他组织也能感染。发病后期病毒的含量几乎占整个幼虫干重的 25%。虹彩病毒感染幼虫的显著特点是宿主组织呈现蓝绿色、橙黄色或紫色的虹彩光泽。寄生范围较为广泛，包括半翅目、鳞翅目、鞘翅目、膜翅目和双翅目。小 DNA 病毒科为浓核症病毒属，病毒粒为二十面体，无包膜，直径为 18～25 nm，含有 37%单链 DNA（ssDNA），相对分子质量为 $(1.2\sim1.8)\times10^6$。抗乙醚、氯仿，耐热，病毒在细胞核中增殖。目前，从昆虫中分离的小 DNA 病毒为数不多。

二、农用抗生素

农用抗生素简称农抗，是指由微生物发酵产生的具有农药功能的被用于农业上防治病、虫、草、鼠等有害生物的次生代谢产物。放线菌、真菌、细菌等微生物均能产生农用抗生素，其中放线菌产生的最多。目前广泛应用的许多重要农用抗生素都是从链霉菌属中分离得到的。

目前，农用抗生素已涉及杀虫剂、杀菌剂、除草剂、植物生长调节剂等农药中的大部分领域，其中较为突出的有杀虫剂土霉素，杀菌剂井冈霉素、春雷霉素，除草剂双丙氨膦，植物生长调节剂赤霉素等。农用抗生素易被土壤微生物分解，不污染环境，对人畜安全，选择性高，很有发展前景。

1. 杀虫剂

（1）阿维菌素。阿维菌素是由日本北里大学大村智等和美国 Merck 公司最先开发的一类具有杀虫、杀螨、杀线虫活性的十六元大环内酯化合物，由链霉菌属中的灰色链霉菌发酵产生。阿维菌素在我国有多家企业生产，目前市售的阿维菌素系列农药有阿维菌素、伊维菌素和甲氨基阿维菌素苯甲酸盐。阿维菌素是一种新型抗生素类农药，具有结构新颖、农畜两用的特点。

阿维菌素对螨类和昆虫具有胃毒和触杀作用，不能杀卵。与一般杀虫剂不同的是阿维菌素干扰神经生理活动，刺激释放γ-氨基丁酸，而γ-氨基丁酸对节肢动物的神经传导有抑制作用。螨类成虫、若虫和昆虫幼虫与阿维菌素接触后即出现麻痹症状，不活动、不取食，2～4 d后死亡。因不引起昆虫迅速脱水，阿维菌素致死作用较弱。阿维菌素对捕食性昆虫和寄生天敌虽有直接触杀作用，但因植物表面残留少，因此对益虫的损伤很小。阿维菌素在土内被土壤吸附不会移动，并且被微生物分解，因而在环境中无累积作用，可以作为综合防治的一个组成部分。调制容易，将制剂倒入水中稍加搅拌即可使用，对作物亦较安全。

（2）浏阳霉素。浏阳霉素是由灰色链霉菌浏阳变种产生的具有大环内酯结构的抗生素，为低毒、低残留、可防治多种作物的多种螨类的广谱杀螨剂，防治效果好。对多种作物的叶螨有良好的触杀作用，无内吸性，药剂具有亲脂性，对成螨、若螨有高效，不能杀死螨卵，不杀伤捕食螨，不易使害螨产生抗性，对叶螨、瘿螨都有效。与一些有机磷或氨基甲酸酯农药复配，有显著的增效作用。

浏阳霉素有如下特点：安全，残留期短（仅 24 h），不会影响收获期蔬菜的上市；与其他生物杀虫剂相比，杀虫速度更快，施药后当天可见效果；对顽固害虫（小菜蛾、蓟马等）高效；具有两种不同的杀虫机制，与使用的各类杀虫剂没有交互抗性，是治理蔬菜抗性害虫的首选药剂。

（3）多杀霉素。多杀霉素是在多刺甘蔗多孢菌发酵液中提取的一种大环内酯类无公害高效生物杀虫剂。产生多杀菌素的亲本菌株土壤放线菌多刺甘蔗多孢菌最初分离自加勒比的一个废弃的酿酒场。多杀霉素的作用方式新颖，可以持续激活靶标昆虫的乙酰胆碱烟碱型受体，但是其结合位点不同于烟碱和吡虫啉。

多杀霉素对害虫具有快速的触杀和胃毒作用，对叶片有较强的渗透作用，可杀死表皮下的害虫，残效期较长，对一些害虫具有一定的杀卵作用，无内吸作用。能有效地防治鳞翅目、双翅目和缨翅目害虫，也能很好地防治鞘翅目和直翅目中某些大量取食叶片的害虫种类，对刺吸式害虫和螨类的防治效果较差。对捕食性天敌比较安全。因杀虫作用机制独特，目前尚未发现与其他杀虫剂存在交互抗药性。对植物安全无药害，适用于蔬菜、果树、园艺。杀虫效果受下雨影响较小。

2. 杀菌剂

（1）井冈霉素。井冈霉素是由吸水链霉菌井冈变种产生的水溶性抗生素，呈弱碱性，室温下在中性和碱性介质中稳定，在酸性介质中不稳定。井冈霉素的内吸性比较强，井冈霉素接触到病菌后能很快被菌体细胞吸收，并在菌体内传导，干扰和抑制菌体细胞正常生长发育，从而起到杀菌的作用。井冈霉素主要被用来防治水稻纹枯病，同时对稻曲病、麦类纹枯病，棉花、茄果类以及黄瓜的立枯病和番茄的白绢病也有较好的防效。井冈霉素制剂可以与多种杀虫剂混用，安全间隔期为 14 d。粉剂在夜间喷施的效果最好，阴天可全天喷药，晴天在早晚露水未干时喷施，粉剂的施用要求风力小于三级。

（2）春雷霉素。春雷霉素是一种小金色放线菌产生的代谢物，在酸性和中性溶液中比较稳定，但在强酸中不稳定，遇碱易分解。春雷霉素具有内吸性，药液喷施后很快被植物吸收，并在植物体内传导，能有效抑制菌丝体的生长发育，对细菌及半知菌亚门的真菌有杀死作用。主要防治细菌性角斑病、黑腐病、炭疽病、灰霉病和枯萎病。

春雷霉素适用于黄瓜、西瓜、苦瓜和丝瓜等瓜类的细菌性角斑病、炭疽病、霜霉病、白粉病、枯萎病，番茄的灰霉病、叶霉病，花椰菜和甘蓝的黑腐病，辣椒的细菌性角斑病、白粉病和斑点病，洋葱和生菜的软腐病和腐败病等的防治。施药后 8 h 遇雨要补喷，不能与碱性农药混用。对大豆、葡萄、柑橘、苹果等有轻微药害，使用时要慎重。随配随用，以防变质失效。作物收获前 7 d 内禁止使用。

(3) 农抗 120。农抗 120 是一种嘧啶核苷类抗生素，在酸性和中性介质中稳定，在碱性介质中易分解失效。对多种病原菌有强烈的抑制作用，进入植物体后可以直接阻碍病原菌蛋白质的合成，导致病原菌死亡。它对作物具有很好的保护作用，同时对病害也具有治疗的效果。对于葫芦科和茄科的瓜果类、十字花科的叶菜类、禾本科的粮食作物以及葡萄、苹果等水果类的枯萎病、白粉病、炭疽病、茎腐病、根腐病等的病原菌具有强烈的抑制作用，对蔬菜、瓜果类的枯萎病等土传病害有特效。在使用过程中，不得与波尔多液、松碱合剂、石硫合剂等碱性农药、化肥、微肥等混配混用。农抗 120 对病害的预防效果好于治疗，且枯萎病虽然在坐果期显病，但感病却是在苗期，所以应提前用药，着重预防。农抗 120 浸种的效果好于灌根，灌根的效果好于喷雾。

(4) 其他。公主岭霉素是一种用于种子处理的农用抗生素，对小麦腥黑穗病，高粱坚黑穗病，谷子、莜麦黑穗病防效显著，对水稻恶苗病、稻曲病也有很好的防效。

此外，武夷菌素对番茄叶霉病、番茄灰霉病、黄瓜白粉病、黄瓜黑星病、芦笋茎枯病、西瓜枯萎病、大豆灰斑病等多种作物真菌病害防效良好。中生菌素对水稻白叶枯病、大白菜软腐病、苹果轮纹病、柑橘溃疡病和黄瓜细菌性角斑病等具有良好的防治效果。宁南霉素可有效防治水稻白叶枯病、烟草花叶病毒病。

多氧霉素也称多抗霉素，主要防治烟草赤星病、小麦白粉病、瓜类枯萎病及梨黑斑病等多种真菌病害。

三、微生物除草

微生物除草剂是指利用杂草病原菌活体或其代谢产物进行杂草防治。将杂草病原菌活体或其代谢产物加工成一定的剂型，在适宜的防治时期（杂草易感病时期）使用以防治杂草。微生物除草剂根据其活性成分可分为两大类：一类是利用微生物活体生产的活体微生物除草剂；一类是利用微生物代谢产物生产的微生物源除草剂。而狭义微生物除草剂通常就是指活体微生物除草剂。

由于微生物除草剂是利用植物病原菌来防治杂草的，这些植物病原菌都是当地生态环境中自然存在的，对环境的毒害作用相对较小。微生物除草剂寄主专一性较强，因此对其他作物相对安全，其寄主是杂草，对人和动物的毒性相对较低。总的来说，微生物除草剂具有环境友好、无毒或低毒、无污染、易于生产等优点，符合可持续农业发展需要。

在 20 世纪 60 年代，我国已在实践中使用“鲁保一号”菟丝子盘长孢状刺盘孢（又称

胶孢炭疽菌菟丝子专化型）的培养物防治大豆田菟丝子。“鲁保一号”是世界上最早被应用于生产实践的生物除草剂之一。菟丝子的生物除草剂研究范围已从寄生于大豆上的菟丝子扩大到危害果树的日本菟丝子和苜蓿及其他牧草上的田野菟丝子。稗草生物除草剂的研究也取得了重要的进展。

在人类日益关注化学除草剂的使用带来的环境污染和残毒问题，渴求无污染、安全的新型除草剂的背景下，生物除草剂的研究将进入一个前所未有的崭新的发展阶段。

四、微生物激素

1. 赤霉素　赤霉素是“920”的改良型药剂，化学结构属于二萜类酸，由四环骨架衍生而得，是广泛存在的植物激素。将赤霉素应用于农业生产，可刺激叶和芽的生长，提高产量。用于马铃薯、番茄、水稻、小麦、棉花、大豆、烟草、果树等作物，能促进其生长、发芽、开花、结果及果实生长。

赤霉素不溶于水，但溶于酒精。使用时先用少许酒精把它化开，然后再兑水稀释到需要浓度。赤霉素在幼苗期使用最佳，可使根系发达，又预防病害，能显著地促进植物茎、叶生长；如生长期喷施，也可使营养均衡，有助于作物长势；花期喷施，可保花保果，也能使果实膨大，更有美果作用。棉花盛花期喷施赤毒素能有效减少蕾铃脱落，提高结铃率，并可以有效防除作物病害。

使用赤霉素过量可造成倒伏，所以常使用助壮素进行调节。赤霉素不能与碱性物质混用，但可与酸性或中性化肥、农药混用，与尿素混用增产效果更好。

2. 脱落酸　别名脱落素、休眠素，是一种抑制生长的植物激素，因能促使叶子脱落而得名。除促使叶子脱落外尚有其他作用，如使芽进入休眠状态、促使马铃薯形成块茎等，对细胞的延长也有抑制作用。脱落酸是植物体内最重要的植物激素分子之一，它具有控制气孔关闭、影响种子发芽等重要的生理功能，对于保护植物对抗逆境具有至关重要的作用。天然脱落酸是一种微毒、无残留的绿色生物农药。干旱时喷洒脱落酸能帮助植物生存，但脱落酸成本高，在植物细胞内会迅速失去活性且对光线敏感，因此它在农业生产中并没有被大量直接使用。

脱落酸可以刺激乙烯的产生，促进果实成熟，抑制脱氧核糖核酸和蛋白质的合成。脱落酸的生理作用主要是导致休眠及促进脱落。用脱落酸处理植物生长旺盛的小枝可以引起与休眠相同的状态，产生芽鳞状的叶子代替展开的营养叶，减少顶端分生组织的有丝分裂活动，并能引起下面的叶片脱落和防止休眠的解除。用脱落酸处理能萌发的种子可以使之休眠。脱落酸有拮抗赤霉素、导致长日植物抽薹开花的作用，它还能使少数短日植物在非诱导周期的条件下开花。

3. 比洛尼素　比洛尼素是链霉菌产生的一种能调节植物生长的代谢物，具有吡喃酮结构，比洛尼素不抑制赤霉素的合成，但具有抑制作物植株增高的作用，加入赤霉素后，植株又可恢复生长。处理水稻和小麦时，抑制生长程度为18%～23%，但在出穗前5～9 d处理对产量无影响。比洛尼素不影响植物氨基酸的生物化学合成，但可增加植株产生乙烯的量。比洛尼素对人畜具有中等毒性，对水生生物毒性较高。

任务二　解析微生物肥料与饲料

一、微生物肥料

微生物肥料是指含有活的微生物并在使用中能获得特定肥料效应、增加产量或提高品质的生物制剂，是通过微生物的生命活动使农作物得到特定的肥料效应的制品，也被称为接种剂或菌肥，它本身不含营养元素，不能代替化肥。

微生物肥料是活体肥料，其作用主要靠其含有的大量有益微生物的生命活动来完成。只有当这些有益微生物处于旺盛的繁殖和新陈代谢状态下，物质转化和有益代谢产物才能不断形成。因此，微生物肥料中有益微生物的种类、生命活动是否旺盛是其有效性的基础，而不像其他肥料那样以氮、磷、钾等主要元素的形式和多少为基础。正因为微生物肥料是活制剂，所以其肥效与活菌数量、强度及周围环境条件密切相关，包括温度、水分、酸碱度、营养条件及土壤中土著微生物的排斥作用，因此在应用时要加以注意。

微生物肥料增产增收效果显著。微生物肥料提供的是能固氮、解磷、解钾的有益微生物，这些活的微生物能在植物根际生长、繁殖，可以带来几方面的好处：①通过这些有益微生物的生命活动，固定转化空气中的分子态氮为化合态氮，解析土壤中的化合态磷、钾为可利用态的磷、钾，并可解析土壤中的十多种中量、微量元素；②借助这些有益微生物分泌的生长素、细胞分裂素、赤霉素、吲哚乙酸等植物激素，促进作物生长，调控作物代谢，按遗传密码建造优质产品；③有益微生物在根际大量繁殖，产生大量黏多糖，与植物分泌的黏液及矿物胶体、有机胶体结合，形成土壤团粒结构，增进土壤蓄肥、保水能力。质量好的微生物肥料能促进农作物生长，改良土壤结构，改善作物产品品质和提高作物的防病、抗病能力，从而实现增产增收。

微生物肥料现已形成几种趋势：由豆科作物接种剂向非豆科作物肥料转化；由单一接种剂向复合生物肥转化；由单一菌种向复合菌种转化；由单一功能向多功能转化；由用无芽孢菌种生产向用有芽孢菌种生产转化等。

1. 固氮菌肥料　固氮菌肥料是指由自生固氮和联合固氮微生物生产的固氮菌类肥料，生产中为联合固氮菌肥。这是由于联合固氮体系分布广泛、特异性不强、应用的范围广。它的不足之处是作物与微生物只是松散地联合，它们之间没有形成共生的组织结构，因此固氮的活动容易受许多条件的制约，如环境中速效氮含量高时，固氮活动受到抑制，有些芽孢细菌在有氧情况下固氮活动常常停止。

固氮作用是分子态氮被还原成氨和其他含氮化合物的过程。空气中 90%以上的分子态氮都是通过固氮微生物的作用被还原为氨的。自然界中有很多原核微生物，包括细菌和放线菌，它们可以在特定条件下把氮气还原为氨，因而被称为固氮微生物。

固氮微生物的固氮过程完全是生物和微生物自发进行的，无须提供任何能源和设备，因而它减少了能源的消耗。由于全部固氮过程都是生物活动，无污染物排放，有利于保护生态环境。

2. 根瘤菌肥料 根瘤菌肥料是指经过筛选，将固氮能力、侵染结瘤和竞争能力强的根瘤菌株制成根瘤菌肥，在豆科作物种植之前拌在种子上或接种在土壤里，以形成二者的共生固氮关系，达到增产和提高品质的目的。根瘤菌肥料种类较多，不仅有用于大豆、花生、菜豆、绿豆等粮食、油料和蔬菜的豆科接种剂，还有作用于三叶草、苜蓿、紫云英等豆科牧草或绿肥的接种剂。

根瘤菌肥的剂型主要是液体和固体两类，国内生产的固体剂型多为草炭粉剂，也有将肥土、稻壳、蛭石、褐煤、秸秆、堆肥、糖厂废料等作为吸附材料的。在实际生产中为了保证根瘤菌肥的功效，一些企业常采用种子球化（种子丸衣化）技术，即在豆科作物的种子表面用黏着剂黏着根瘤菌剂，外面包上一些包衣材料如碳酸钙、保水剂或少量的化肥，然后播种。

3. 磷细菌肥料 作为磷细菌肥，生产中应用最早、最广泛的是巨大芽孢杆菌。典型的巨大芽孢杆菌的特征：革兰氏染色阳性，严格好氧；在营养琼脂培养基上，细胞柱状、椭圆或梨形，菌体宽 1.2～1.5 μm、长 2～5 μm，趋于扭曲短链；在孢子囊内形成抗热芽孢，中生到端生，形状为椭圆形或圆形不等；菌落生长丰富，不扩展，有光泽或较暗，有时微皱，生长后期一般带黄色，长时间培养的生长物和培养基可变成褐色或黑色。

磷细菌肥料已成为微生物肥料的一个重要品种。目前主要采用液体发酵、固体吸附生产工艺，产品有液体菌剂、粉状和固体颗粒 3 种。磷细菌肥料的生产与一般微生物肥料的生产和质量要求相同，主要是固体吸附剂类型。由于一些菌种是产芽孢的，所以也有生产芽孢粉剂的，芽孢粉剂容易使用、保存期长。

4. 钾细菌肥料 钾细菌肥料又称生物钾肥、硅酸盐菌剂，是由人工选育的高效硅酸盐细菌经过工业发酵而生成的一种生物肥料。该菌剂除了能强烈分解土壤中的硅酸盐类的钾外，还能分解土壤中难溶性的磷，不仅可改善作物的营养条件，还能提高作物对养分的利用能力。

钾细菌肥料可与杀虫、杀真菌的农药配合施用（先拌农药，阴干后拌菌剂），但不能与杀细菌农药接触，苗期细菌病害严重的作物（如棉花），菌剂最好采用底施，以免耽误药剂拌种。由于钾细菌肥料被施入土壤后，从繁殖到释放速效钾需经过一个过程，为保证时间充足以提高解钾、解磷效果，必须注意早施。

5. “5406”菌肥 “5406”菌肥是由中国农用抗生素创始人之一、著名植物病理学专家尹莘耘教授从苜蓿根土壤中分离筛选出的放线菌制成的具有解钾、解磷、抗病、促生、保苗等多功能的抗生菌肥。

“5406”菌肥可用于拌种、浸种、穴施、追施、基施等，加入饼肥或土杂肥中作种肥或追肥等效果更好。拌种或浸种时，“5406”活孢子在种子周围可减少种子受病菌侵染，同时还刺激种子发芽、生根、提前出苗、早熟；转化土壤中无效磷、钾，增加果实的糖度，提高作物品质，一般增产 10%～20%。

施用时，一般要配合施用有机肥料、磷肥，但忌与硫酸铵、硝酸铵、碳酸氢铵等化学氮肥混施。此外，抗生菌肥还可以与根瘤菌、固氮菌、磷细菌、钾细菌等菌肥混施，一肥多菌，可以互相促进、提高肥效。

二、微生物饲料

微生物饲料是以微生物、复合酶为发酵剂菌种，将饲料原料转化为微生物菌体蛋白、生物活性小肽类氨基酸、微生物活性益生菌、复合酶制剂的生物发酵饲料。该产品不但可以弥补常规饲料中容易缺乏的氨基酸，而且能使其他粗饲料原料营养成分迅速转化，达到增强消化吸收利用的目的。

1. 单细胞蛋白饲料 单细胞蛋白饲料主要是指通过发酵方法生产的酵母菌、细菌、霉菌及藻类细胞生物体等。它营养丰富、蛋白质含量较高，且含有18～20种氨基酸，组分齐全，富含多种维生素。除此之外，单细胞蛋白饲料的生产具有繁育速度快、生产效率高、占地面积小、不受气候影响等优点。因此，在当今世界蛋白质资源严重不足的情况下，发展单细胞蛋白饲料的生产越来越受到各国的重视。

2. 菌体蛋白饲料 菌体蛋白（简称SCP）又称单细胞蛋白、微生物蛋白，是真菌、细菌和微藻在适宜条件下吸收利用各种基质和养分培养得到的，是一种重要的蛋白质饲料来源，属于新型蛋白饲料资源。其特点是蛋白质含量高，含量因所用菌种和基质而变化，一般含量达40%～80%；氨基酸种类较齐全，赖氨酸含量尤其高，可达7.0%；富含维生素和微量元素，可作为维生素的替代品；所需原料广泛且价格低廉，菌种繁殖又快；生产效益高，同时又不受季节和气候的影响。

3. 发酵秸秆饲料 发酵秸秆饲料的原理是有效微生物在生长繁殖过程中大量分泌的酸，秸秆中的木聚糖链和木质素聚合物酯链被酶解，促使秸秆软化、体积膨胀，木质纤维素转化成糖类。连续重复发酵又使糖类二次转化成乳酸和挥发性脂肪酸，使pH降低到4.5～5.0，抑制了腐败菌和其他有害菌类的繁殖，达到秸秆保鲜的目的。其中所含淀粉、蛋白质和纤维素等有机物降解为单糖、双糖、氨基酸及微量元素等，促使饲料变软、变香而更加适口。最终使那些不易被动物吸收利用的粗纤维转化成能被动物吸收的营养物质，提高了动物对粗纤维的消化、吸收能力和利用率。

任务三　解析微生物能源利用——沼气发酵

21世纪，随着化石燃料等不可再生能源的消耗，维持环境生态可持续发展、开发利用新能源成为全球首要的问题。作为新能源之一的生物能源有着廉价、无污染、来源广泛的突出优势。因此，用微生物生产生物能源是一个非常有潜力的发展方向。

微生物作为生物能源的主要参与者，其最大特点就是清洁、高效、可再生，有利于环境的保护。与太阳能、核能、风能、水能、海洋能等新能源相比，其来源广、成本低、受地理因素影响小。我们在利用微生物生产能源的同时，也可以用其治理工业和城市污水，其综合效益难以估计。利用微生物作为产能新途径，正是走可持续发展的绿色能源之路。

少数微生物可在胞内合成和储存超过细胞干重20%的油脂，酵母和霉菌类真核产油

微生物积累的油脂具有与常规植物油相近的脂肪酸，更适合作为生物柴油生产原料。产脂微生物的固体发酵是最有可能，也是使微生物油脂成为生物柴油原料油最快实现产业化的技术途径。目前被普遍利用的生物能源是沼气。

一、沼气及其发展意义

沼气是有机物质在厌氧条件下，经过微生物的发酵作用而生成的一种混合气体。由于这种气体最先是在沼泽中被发现的，所以称为沼气。人们经常看到沼泽地、污水沟或粪池里有气泡冒出来，用火柴可把它们点燃，这就是沼气。人畜粪便、秸秆、污水等在密闭的沼气池内，在厌氧条件下发酵，被种类繁多的沼气发酵微生物分解转化，从而产生沼气。沼气是多种气体的混合物，其特性与天然气相似。沼气除直接燃烧用于炊事、烘干农副产品、供暖、照明和气焊等以外，还可作内燃机的燃料以及生产甲醇、甲醛、四氯化碳等的原料。经沼气装置发酵后排出的料液和沉渣含有较丰富的营养物质，可用作肥料和饲料。

沼气细菌分解有机物产生沼气的过程称为沼气发酵。沼气发酵微生物是一个统称，包括发酵性细菌、产氢产乙酸菌、耗氢产乙酸菌、食氢产甲烷菌、食乙酸产甲烷菌五大类群。五大类群细菌构成一条食物链。前三类群细菌的活动可使有机物形成各种有机酸，因此将其统称为不产甲烷菌；后两类群细菌的活动可使各种有机酸转化成甲烷，因此将其统称为产甲烷菌。

我国是能源消费大国，新能源的开发利用对国民经济的可持续发展具有重要的意义，随着农村社会经济的迅速发展，农村能源消耗也日益增大，在此背景下，沼气资源作为一项极具应用前景的新能源，其开发利用是解决能源紧张形势下农村能源供应问题的有效举措，其发展日益受到国家的重视。

二、沼气发酵的原理

1979 年 Bryant 等提出，将沼气发酵过程分成由三大代谢类群微生物引起的三阶段理论，即水解（液化）阶段、产酸阶段和产甲烷阶段。

1. 水解（液化）阶段　用作沼气发酵原料的有机物种类繁多，如畜禽粪便、作物秸秆、食品加工废物和废水以及酒精废料等，它们主要化学成分为多糖、蛋白质和脂类。多糖类物质是发酵原料的主要成分，包括淀粉、纤维素、半纤维素、果胶质等，发酵性细菌将上述可溶性物质吸入细胞后，经过发酵作用将它们转化为乙酸、丙酸、丁酸等脂肪酸和醇类及一定量的 H_2、CO_2；蛋白质类物质被发酵性细菌分解为氨基酸，又可被细菌合成细胞物质而加以利用，多余时也可以进一步被分解生成脂肪酸、氨和硫化氢等；脂类物质在细菌脂肪酶的作用下，首先水解生成甘油和脂肪酸，甘油可进一步按糖代谢途径被分解，脂肪酸则进一步被微生物分解为多个乙酸。

2. 产酸阶段　复杂有机物分解发酵产生的有机酸和醇类，除甲酸、乙酸和甲醇外，均不能被产甲烷菌利用，必须由产氢产乙酸菌将其分解转化为乙酸、H_2 和 CO_2。耗氢产乙酸菌也称同型乙酸菌，这是一类既能营自养生活又能营异养生活的混合营养型细菌。它们既能利用 H_2 和 CO_2 生成乙酸，又能代谢产生乙酸。通过上述微生物的活动，各种复杂有机物可生成有机酸和 H_2、CO_2 等。

3. 产甲烷阶段 在沼气发酵过程中，甲烷的形成是由一群生理上高度专业化的古细菌产甲烷菌引起的，产甲烷菌包括食氢产甲烷菌和食乙酸产甲烷菌，它们是厌氧消化过程食物链中的最后一组成员，尽管它们具有各种各样的形态，但它们在食物链中的地位使它们具有共同的生理特性。

三、沼气发酵的条件

沼气发酵是由多种细菌群参加完成的，人工制取沼气的基本条件是沼气细菌、充足的发酵原料、发酵原料浓度、适当的酸碱度、严格的厌氧环境和适宜的温度。

1. 沼气细菌 它们是沼气的生产者，是一些种类繁多、习性各异的专性和兼性细菌，存在于沼气池、粪坑、池塘的料液残渣、粪便、污泥和牛粪中。我们称这类物质为接种物，它们是沼气池首次投料的必备原料。制取沼气必须有沼气细菌才行，这和发面需要有酵母菌一样。新沼气池加入接种物的量为总投料量的10%～30%就能保证发酵工作正常启动。其他条件相同的情况下加大接种量，产气快、气质好，启动不会出现偏差。

2. 充足的发酵原料 沼气发酵原料是产生沼气的物质基础，又是沼气细菌的养料来源。沼气细菌在沼气池内正常生长繁殖的过程中，必须从发酵原料里吸取充足的营养物质用于生命活动，进行繁殖和产生沼气。沼气细菌需要的营养元素主要是碳和氮。作物秸秆等纤维类物质含有大量碳营养，人畜粪便中则含有大量氮营养，营养搭配以C/N为(25～30)∶1最为合适。从实践来看牲畜粪作沼气发酵原料最好。

3. 发酵原料浓度 沼气池中的料液在发酵过程中需要保持一定的浓度才能正常产气运行，如果发酵料液中含水过少、发酵原料过多，产甲烷菌又消耗不了那么多，就容易造成有机酸的大量积累，结果使发酵受到阻碍。农村沼气池发酵料液的浓度以6%～12%为宜。一般夏季为6%～8%，冬季为10%～12%。

4. 适当的酸碱度 沼气发酵细菌生长繁殖要求发酵原料的酸碱度保持在中性或微碱性，沼气发酵细菌最适宜的pH为6.8～7.5。

5. 严格的厌氧环境 沼气发酵中起主要作用的是厌氧分解菌和产甲烷菌，它们怕氧气，在空气中暴露几秒钟就会死亡，也就是说空气中的氧气对它们有毒害致死的作用。因此，严格的厌氧环境是沼气发酵的最主要条件之一。

6. 适宜的温度 一般来说沼气细菌在8～60 ℃范围内都能进行发酵。农村的沼气发酵因为条件的限制，一般都采用常温发酵，冬季池温低产气少或不产气。为了提高沼气池温度、使沼气池常年产气，在北方寒冷地区多把沼气池修建在日光温室内或太阳能畜禽舍内，使池温增高，提高了冬季的产气量，以达到常年产气的目的。温度是沼气发酵重要的外界条件，温度适宜则细菌繁殖旺盛、生命力强，厌氧分解和生成甲烷的速度就快，产气就多。因此可以说温度是产气多少的关键。

通常产气高峰温度一个在35 ℃左右，另一个在54 ℃左右。这是因为在这两个最适宜的发酵温度时有不同的微生物群参与发酵。前者称为中温发酵，后者称为高温发酵。若沼气发酵温度突然上升或下降，对产气量有明显的影响。若温度突然上升或下降5 ℃，产气量会显著降低，若变化过大，则产气过程可能会停止。为防止沼气发酵温度的突变，沼气池应采取必要的保温措施。将沼气池建于大棚内（夏季遮阳）是防止温度突变的有效措施之一。

四、沼气发酵工艺

(一) 以发酵温度划分

沼气发酵的温度范围一般为10～60 ℃，温度对沼气发酵的影响很大，温度升高沼气发酵的产气率也随之提高，通常根据沼气发酵温度将其工艺分为高温发酵工艺、中温发酵工艺和常温发酵工艺。

1. 高温发酵工艺 是指发酵料液温度维持在50～60 ℃，实际控制温度多在(53±2) ℃。特点是微生物生长活跃，有机物分解速度快，产气率高，滞留时间短。采用高温发酵可以有效地杀灭各种致病菌和寄生虫卵，具有较好的卫生效果。从除害灭病和发酵剩余物肥料利用的角度看，选用高温发酵是较为实用的，但要维持消化器的高温运行，能量消耗较大。一般情况下，在有余热可利用的条件下可采用高温发酵工艺，如处理经高温工艺流程排放的酒精废料、柠檬酸废水和轻工食品废水等。

2. 中温发酵工艺 是指发酵料液温度维持在（35±2）℃。与高温发酵相比，这种工艺消化速度稍慢一些，产气率要低一些，但维持中温发酵的能耗较少，沼气发酵能总体维持在一个较高的水平，产气比较快，料液基本不结壳，可保证常年稳定运行。为减少维持发酵装置的能量消耗，工程中常采用近中温发酵工艺，其发酵料液温度为25～30 ℃。这种工艺料液温度稳定，产气量也比较均衡。总之，与经济发展水平相配套，工程上采取增温保温措施是有必要的。

3. 常温发酵工艺 是指在自然温度下进行沼气发酵，我国农村户用沼气池基本上都采用这种工艺。其特点是发酵料液的温度随气温、地温的变化而变化，一般料液温度最高为25 ℃，低于10 ℃产气效果很差。常温发酵工艺的好处是不需要对发酵料液温度进行控制，节省保温和加热投资，沼气池本身不消耗热量；缺点是同样投料条件下，一年四季产气率相差较大。南方农村沼气池在地下，还可以维持用气量。北方的沼气池则需建在日光温室内或太阳能畜禽舍内，这样可确保沼气池安全越冬、维持正常产气。

(二) 以发酵阶段划分

沼气发酵分为“水解→产酸→产甲烷”3个阶段，沼气发酵不同阶段的发酵工艺也不同，可将发酵工艺划分为单相发酵工艺和两相（步）发酵工艺。

1. 单相发酵工艺 将沼气发酵原料投入一个装置中，使沼气发酵的产酸和产甲烷阶段合二为一，在同一装置中自行调节完成，即“一锅煮”的形式。我国农村全混合沼气发酵装置大多采用这种工艺。

2. 两相（步）发酵工艺 两相发酵也称两步发酵，或两步厌氧消化。该工艺是根据沼气发酵3个阶段的理论把原料的水解、产酸阶段和产甲烷阶段分别安排在两个不同的消化器中进行。水解、产酸池通常采用不密封的全混合式或塞流式发酵装置，产甲烷池则采用高效厌氧消化装置，如污泥床、厌氧过滤池等。

从沼气微生物的生长和代谢规律以及对环境条件的要求等方面看，产酸细菌和产甲烷细菌有着很大的差别，应为它们创造各自需要的最佳繁殖条件和生活环境，促使其优势生长、迅速地繁殖，因此将消化器分开是非常合适的，这既有利于环境条件的控制和调整，又有利于人工驯化、培养优异的菌种，总体上便于优化设计。也就是说，两相发酵工艺的气量、效率、反应速度、稳定性和可控性等都比单项发酵工艺优越，而且生成的沼气中的甲烷含量也比较高。从经济效益看，这种流程加快了挥发性固体的分解速度，缩短了发酵周期，从而也就降低了生成甲烷的成本。

（三）以发酵级差划分

1. 单级沼气发酵工艺 简单地说，单级沼气发酵工艺就是产酸发酵和产甲烷发酵在同一个沼气发酵装置中进行，而不将发酵物排入第二个沼气发酵装置中继续发酵。从充分提取生物质能量、杀灭虫卵和病菌的效果以及合理解决用气、用肥的矛盾等方面来看，它是很不完善的，产气效率也比较低。但是这种工艺流程的装置结构比较简单，管理比较方便，因而修建和日常管理费用相对来说比较低，是目前我国农村最常见的沼气发酵类型。

2. 多级沼气发酵工艺 多级发酵装置由多个沼气发酵装置串联而成。一般第一级发酵装置主要是发酵产气，产气量可占总产气量的50%左右，而未被充分消化的物料进入第二级消化装置，使残余的有机物质继续彻底分解，这既有利于物料的充分利用和彻底处理废物中的氧化物，又在一定程度上缓解了用气、用肥的矛盾。进一步深入研究双池结构的形式，降低其造价，提高发酵的运转效率和经济效果，对加速我国农村沼气建设的步伐是有现实意义的。从延长沼气池中发酵原料的滞留时间和滞留路程、提高产气率、促使有机物质的彻底分解的角度出发，采用多级发酵是有效的。对于大型的两级发酵装置，第一级发酵装置安装有加热系统和搅拌装置，以利于产气量，而第二级发酵装置主要是彻底处理有机废物中的氧化物，不需要搅拌和加温。但若采用大量纤维素物料发酵，为防止表面结壳，第二级发酵装置中仍需搅拌设备。

把多个发酵装置串联起来进行多级发酵，可以保证原料在装置中的有效停留时间，但是总的容积与单级发酵装置相同时，多级装置占地面积较大，装置成本较高。另外，由于第一级池较单级池水力滞留期短，其新料所占比例较大，承受冲击负荷的能力较差。如果第一级发酵装置失效，有可能导致整个的发酵失效。

（四）以发酵浓度划分

1. 液体发酵工艺 发酵料液中物质含量在10%以下，有时也称稀发酵。

2. 干发酵工艺 干发酵是指以有机废弃物为原料（干物质浓度在20%以上），利用水解产酸菌、产氢产乙酸菌和产甲烷菌将其分解为甲烷、二氧化碳、硫化氢等气体的发酵工艺。由于固体浓度太高，难以采用连续投料或半投料的投料方式，绝大多数均为批量投料。许多研究表明，干发酵总固体含量较高，容易在发酵初期产生大量的有机酸，造成酸中毒，最终导致启动失败。以秸秆为原料的干发酵方法（同时也适用于粪草混合发酵）的关键：①添加足够的优质接种物；②秸秆要切碎并且用石灰水预处理进行池外堆沤；③添加适量氮源，发酵浓度为20%～30%。

五、沼气发酵新型生态模式

（一）“猪-沼-果”能源生态模式

“猪-沼-果”能源生态模式是农业农村部推出的适合我国南方地区的新型生态农业模式。它是以沼气为纽带，在传统农业精华的基础上，与现代农业技术有机组合的一种先进农业生产适用技术体系，它以户为单元，以山地、大田、庭院、水面等为依托，以养殖业为动力，建造沼气池、猪舍、厕所三结合工程，并围绕农业各产业广泛开展沼气、沼肥、沼液综合利用，模式化、标准化运作。

根据生态学原理，“猪-沼-果”的本质是农业废弃物的沼气发酵，强化了农业生态体系中的生产者（绿色植物）、消费者（动物）、分解者（微生物）三者之中的微生物的功能，成为农业各产业之间农业与生态环境的链条，在能量转换、物质循环、废物利用和土壤形成4个方面都具有新的更积极的意义和作用。

（二）“沼气-水田”生态种养模式

“沼气-水田”模式是以沼气为纽带、以水田为核心的种养结合的新的生产模式，由沼气池、频振式杀虫灯、水田、鸭、猪牛栏、厕所组成一个循环体系。具体是沼气池-沼肥-水田（水稻、频振式杀虫灯、鸭）-秸秆-厕所、猪牛栏-沼气池-沼肥。厕所、猪牛栏连接沼气池，经沼气池发酵后，沼渣、沼液作为作物的养分（肥料），水田中放养鸭和使用频振式杀虫灯，收获产品。作物秸秆及人和猪、牛等的排泄物回到沼气池。

这种种养模式的优势：①利用了沼气的综合效益。将水稻的高产栽培技术与传统水稻的施肥方式、生物控制有害生物技术、物理防治技术等有机结合。②建立了动物和植物的双向有利的生态环境。稻鸭共育不是简单的稻田养鸭，而是固定的水田、固定数量的鸭在一定时间中相互依赖、相互促进，水稻和鸭共同生长发育，稻田为鸭提供了放养场所，鸭为水稻捕捉害虫、除草，达到稻鸭共赢，是传统稻田养鸭的改进。③产品是安全的。由于不使用或少使用有机合成物质，水稻、鸭没有受到污染，是通过生态循环而生产的产品。④对农业生产环境无破坏。由于将沼渣、沼液作为水稻的肥料，利用鸭进行杂草、害虫的防治，杜绝了化肥、农药为生态环境带来的污染。

六、其他微生物能源

（一）燃料乙醇

燃料乙醇是指以生物物质为原料通过生物发酵等途径获得的可作为燃料用的乙醇。燃料乙醇经变性后与汽油按一定比例混合可制成车用乙醇汽油。第一代燃料乙醇技术是以糖质和淀粉质作物为原料生产燃料乙醇，其工艺流程一般分为5个阶段，即液化、糖化、发酵、蒸馏、脱水。第二代燃料乙醇技术是以木质纤维素类有机废弃物为原料生产乙醇，首先要进行预处理，即脱去木质素，增加原料的疏松性以增加各种酶与纤维素的接触，提高酶效率，待原料分解为可发酵糖类后再发酵、蒸馏和脱水。我国燃料乙醇的主要原料是陈化粮和木薯、甜高粱、地瓜等糖质或淀粉质非粮作物。

1. 发酵原料 发酵法采用各种含糖、淀粉、纤维素的农产品及燃料乙醇产业链农业、林业副产物及野生植物为原料，经过水解（即糖化）、发酵使双糖、多糖转化为单糖并进一步转化为乙醇。淀粉质原料在微生物作用下水解为葡萄糖，再进一步发酵生成乙醇。发酵法制乙醇的过程包括原料预处理、蒸煮、糖化、发酵、蒸馏、废料处理等。

2. 糖化及其微生物 用淀粉质原料生产乙醇时，在进行发酵之前一定要先将淀粉全部或部分转化成葡萄糖等可发酵性糖，这种淀粉转化为糖的过程称为糖化，所用催化剂为糖化剂。糖化剂可以是由微生物制成的糖化曲，也可以是商品酶制剂。无机酸也可以起糖化剂的作用，但乙醇生产中一般不采用酸糖化。

可用于糖化的微生物主要有黑曲霉、白曲霉、黄曲霉、米曲霉、根霉、毛霉和酵母菌等。

3. 酒精发酵及其微生物 发酵过程中，酵母菌进行无氧呼吸，属于厌氧性发酵，发生了复杂的生化反应。从发酵工艺来讲，既有发酵料中的淀粉、糊精在糖化酶的作用下水解生成糖类物质的反应，又有发酵物料中的蛋白质在蛋白酶的作用下水解生成小分子的蛋白胨、肽和各种氨基酸的反应。这些水解产物一部分被酵母细胞吸收合成菌体，另一部分则发酵生成乙醇和 CO_2，还会产生副产物杂醇油、甘油等。

酒精发酵作用是酵母菌把可发酵的糖经过细胞内酒化酶的作用，生成乙醇与 CO_2，然后通过细胞膜将这些产物排出体外。一个酵母细胞的直径只有 5～8 μm，正常发酵料中酵母细胞约为 1 400 亿个/L，折合细胞表面积约为 7 m^2/L，在发酵过程中有如此巨大的细胞表面积参与物质代谢，其发酵作用是十分强烈的。

4. 纤维素酒精发酵 将木质纤维素类物质转化为燃料乙醇，必须先将木质纤维素降解为纤维素、半纤维素和木质素，然后将纤维素或半纤维素降解为葡萄糖或戊糖，最后将单糖发酵为乙醇。纤维素废弃物的主要有机成分包括半纤维素、纤维素和木质素三部分。前两者都能被水解为单糖，单糖再经发酵生成乙醇，而木质素不能被水解且在纤维素周围形成保护层，影响纤维素水解。

纤维素很稳定，只有在催化剂的作用下其水解反应才能显著进行。常用的催化剂是无机酸和纤维素酶，由此分别形成了酸水解和酶水解工艺，其中酸水解工艺又可分为浓酸水解工艺和稀酸水解工艺。纤维素经水解可生成葡萄糖，易发酵成乙醇。

纤维素乙醇发酵工艺主要是用微生物将单糖降解为乙醇。结合水解和发酵过程，发酵工艺有多种，下面介绍一种同步糖化发酵技术：

在加入纤维素酶的同时接种进行乙醇发酵的酵母菌可使生成的葡萄糖立即被发酵成乙醇；酶水解产物葡萄糖因菌体不断发酵而被利用，消除了葡萄糖因浓度高而对纤维素酶的反馈抑制，乙醇产出率可明显提高。这就是所谓的同步糖化发酵技术。该工艺可以提高生产效率、降低成本，但是糖化和发酵温度不协调成为制约该工艺的重要因素，目前的解决策略是采用耐高温酵母菌发酵产乙醇。

（二）微生物制氢

由于氢气燃烧的产物为水而不产生任何环境污染物，而且能量密度和热转换效率高，因而氢气成为一种十分理想的绿色载能体。制氢方法可分为理化性的和生物性的两类。理化性的方法如将水电解为氢和氧，这要消耗大量的电能，如将获得的氢气作为能源，经济成本高。其他化学性方法也要消耗大量矿物资源，而且生产过程中产生大量污染物污染环境。生物性方法是利用微生物生产氢气，具有其他方法不可比拟的优点。

在生命活动中能形成分子氢的微生物有两个主要类群：①固氮微生物，尤其是具有固氮作用的光合微生物，包括藻类和光合细菌，目前研究较多的主要有颤藻属、深红红螺菌、球形红假单胞菌、深红红假单胞菌、球形红微菌、液泡外硫红螺菌等；②严格厌氧和兼性厌氧的发酵性产氢细菌，如丁酸梭状芽孢杆菌、拜氏梭状芽孢杆菌、大肠埃希氏杆菌、产气肠杆菌、褐球固氮菌等。

1. 固氮微生物和光合微生物的产氢 具有固氮作用的微生物在有 N_2 等底物存在时，

在固氮酶的作用下进行 N_2 的还原反应：

$$N_2+12ATP+8e^-+8H^+\longrightarrow 2NH_3+12\ (ADP+Pi)\ +H_2$$

$$2H^++4ATP+2e^-\longrightarrow H_2+4\ (ADP+Pi)$$

固氮酶（主要组分为钼铁蛋白、钒铁蛋白或铁蛋白）在固氮过程中，有 25%甚至更多的电子流向质子形成 H_2，如果固氮酶是由钒铁蛋白或铁蛋白构成的，那流向质子的电子的比例会更高，也会有更多的 H_2 生成。在无 N_2 等合适底物时，固氮酶将电子全部流向放氢反应。具有固氮作用的光合微生物的产氢实际上是光合微生物将光合作用过程中获取的光能转换为 ATP 后，ATP 支持固氮酶的放氢，由 ATP 将光合作用与固氮酶的放氢过程连接起来。

2. 发酵性细菌的产氢 发酵性细菌是另一类在代谢过程中可以产生 H_2 的微生物。如糖解梭菌、巴斯德梭菌等，没有典型的色素系统和氧化磷酸化机制，在发酵单糖时可形成 H_2，有两条途径：①在葡萄糖酵解为丙酮酸的过程中形成 NADH∶Fd，然后在氧化还原酶的作用下将电子传递给氧化态的 Fd，最后在氢酶的作用下形成 H_2；②丙酮酸在 Fd 氧化还原酶作用下脱羧过程中形成还原态的 Fd，其与 H^+ 在氢酶的作用下生成 H_2。前一条途径，生物体必须保持一定的 NAD^+ 与 NADH 的比例和 NAD^+ 浓度来维持其正常的生命代谢。因此，细胞内如果 NADH 浓度达到了一定水平，必须将电子转移给质子，使细胞内保持一定浓度的 NAD^+，虽是一个需能反应，但当环境中 H_2 被释放到足够低浓度时，反应可向右进行，伴随这个过程有 H_2 的释放。

$$NADH+H^+\xrightarrow{\text{氧化还原酶，氢酶}}NAD^++H_2$$

大肠杆菌之类的许多肠道细菌在代谢过程中也可产生 H_2。其厌氧性生长于发酵性基质上时，氢酶起着氢阀的作用，通过氧化在发酵过程中的过剩还原力（NADH 或 NADPH）形成 H_2 来保证电子载体的循环和保持氧化还原平衡。酵解形成的丙酮酸在丙酮酸甲酸裂解酶作用下形成乙酰- CoA 和甲酸，甲酸在厌氧和缺乏合适电子受体的条件下，由甲酸氢解酶复合物裂解生成 CO_2 和 H_2。

任务四 解析栽培食用菌

一、食用菌的生物学知识

（一）食用菌的含义

食用菌是指可供人类食用的大型真菌，俗称菇、蕈、菌、蘑，如常见的双孢蘑菇、香菇、毛木耳、金针菇、平菇等，具有胶质或肉质的子实体或菌核组织。食用菌没有根、茎、叶的分化，不含叶绿素，不能进行光合作用，只能营腐生或寄生生活。在分类学上，食用菌绝大多数为真菌中的担子菌，只有少数为子囊菌。毒蕈是指有毒而不能食用的大型真菌，俗称毒蘑菇、毒菇，如致命白毒伞、鹅膏菌、鹿花菌、包脚黑褶伞等，一旦有人误食毒蕈出现中毒症状，要马上催吐和及时到医院治疗。

目前，我国已知食用菌约有 980 种，人工栽培成功的食用菌有 260 多种，已进行商品化生产的有 50 多种。

（二）食用菌的形态

食用菌都是由菌丝体和子实体两大部分组成的。菌丝体生长在基质内，是食用菌的营养器官，供给子实体养分和水分。子实体生长在土壤或其他基质上，是食用菌的繁殖器官，也是人们食用的部分（图 8－1）。

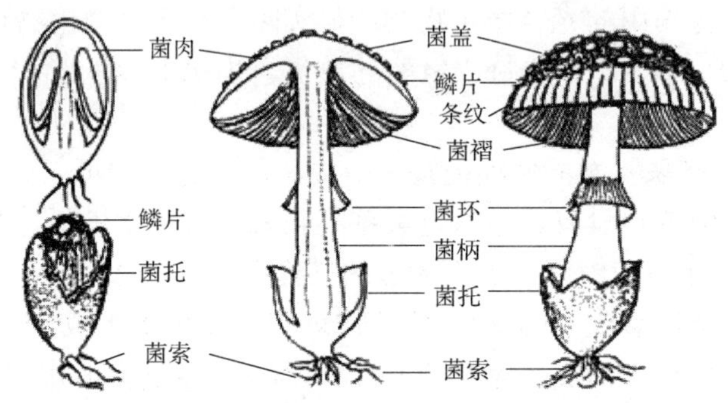

图 8－1　典型伞状食用菌的形态结构

1. 菌丝体　食用菌的菌丝体为白色茸毛状，是由菌丝组成的。菌丝是由孢子萌发而来的，菌丝互相结合在一起便成为菌丝体。菌丝体再互相结合形成各种菌丝组织。

根据菌丝的发育阶段、形态和生理上的不同，可将其分为以下 3 种：

（1）一级菌丝。也称单核菌丝或初生菌丝，由担孢子萌发而成。一级菌丝可聚合形成一级菌丝体，但一般不会形成子实体。

（2）二级菌丝。也称双核菌丝或次生菌丝，一级菌丝生长到一定阶段，各个一级菌丝之间发生交配（质配）产生双核菌丝体，即二级菌丝。它不仅能吸收营养，还能生长繁殖，即菌丝顶端的双核细胞以锁状联合的方式进行增殖。锁状联合是担子菌二级菌丝的特征，但有一些食用菌是没有锁状联合的，如双孢蘑菇、草菇等。

（3）三级菌丝。二级菌丝继续生长，到了一定的发育阶段，就分化成各种菌丝束，然后发育成各种形态的子实体（食用菌组织），称为三级菌丝或结实性双核菌丝。

有些食用菌在环境条件不良或繁殖的时候，菌丝互相密结，形成各种菌丝组织体，常见的有菌核、子座和菌索等。

菌核：菌核是菌丝组织的休眠体。一般颜色较深，质地坚固。菌核内储藏有丰富的养分，对不良的环境有很强的抵抗能力。菌核中的菌丝有很强的再生能力，当环境适宜时，又可重新萌发为菌丝体或产生子实体。内蒙古草原的口蘑就是通过菌核来过冬的，口蘑的世代也是由菌核来延续的，因此被当地人称为“蛋”或“蘑菇种”。常见的菌核有药用的茯苓和猪苓、雷丸等。

子座：某些高等真菌从营养生长向生殖生长转化的一种过渡形式。如名贵中药冬虫夏草从虫体躯壳内的菌核中长出棒状的子座。

菌索：菌索是菌丝交织组成的绳索状物，外形似根，有坚固的外皮，由索状菌丝组织构成。它能抵抗恶劣环境，条件适宜时再恢复生长，并且能分化发育成子实体。在野生食

用菌中，蜜环菌的根状菌索最为著名，晚上会发出蓝绿色荧光。

2. 子实体　食用菌的繁殖体是一种高度组织化的产孢结构，称为子实体，即人们食用的部分。菌丝生长到一定时期就形成子实体，子实体呈肉质或胶质，即通常我们称为菇、菌、蕈的部分。担子菌纲的子实体又称担子果。典型的伞状担子菌的子实体由菌盖、菌柄和附属物组成。菌盖由菌肉、菌褶组成，某些伞菌的菌盖上有菌幕，菌柄上还有菌环和菌托。

（1）菌盖。菌盖又称菌伞、菇盖、菌帽。它既是食用菌的主要器官，又是我们食用的主要部分。不同的食用菌，菌盖的颜色、形状及大小各不相同，有半球形、斗笠形、圆形、钟形、卵形、平展形、漏斗形等。菌盖小的小于 2.5 cm，中等大小的在 2.5～10.0 cm，大的则超过 10.0 cm。菌盖的边缘有平滑、波浪、反卷之别，中央有凹凸之分。菌盖的皮层有各种各样的颜色，如白色、黄色、褐色、灰色、红色、青色等。菌盖是由皮层、菌肉和菌褶（或菌管）组成的。

（2）皮层。菌盖的表层称为皮层，皮层细胞含有不同色素，使菌盖呈现不同的颜色，但颜色常受光照度的影响，有白色（口蘑、双孢蘑菇）、灰色（草菇）、紫色（红蜡伞）、黄色或橙色（金针菇、橙黄鹅膏）、褐色（牛肝菌）、绿色（青头菌）、杂色（花盖菇）等，是辨认不同种类食用菌的重要依据。菌盖的皮层有光滑的，有带黏液的，有的有皱纹、条纹或龟裂，有的有茸毛、鳞片、疣、刺或晶粒状的小片。

（3）菌肉。菌盖的皮层下松软的部分是菌肉，是菌盖的实体部分，是由菌丝组成的密丝组织，有些种类的密丝组织中还夹杂着球状泡细胞，红菇属和乳菇属的菌肉就是这种类型。菌肉质地、厚薄不一，有肉质、纤维质、革质、胶质、蜡质、软骨质等。有或无乳汁，有色或无色，有的伤后变色。某些菇类常具典型风味，如味辣的辣乳菇，味香的香菇，味臭的臭红菇，味苦的苦乳菇，质脆的脆红菇，杏仁香味的鸡油菌，海鲜风味的盖囊侧耳、斑玉蕈等。

（4）菌褶（菌管）。菌盖的下方生长着子实层，子实层上呈放射状排列的片状结构称为菌褶，又称菇叶。有的呈管状，称为菌管，是菇类孕育担子、产生担孢子的地方。菌褶等长或长短不一，有疏有密。少数种类子实层平铺在子实体表面，如黑木耳是铺在耳片的腹面的；银耳是在耳片的上下表面的；猴头菇是在各个肉刺上的；喇叭菌是铺在菌盖的外侧的；羊肚菌是铺在菌盖凹穴的表面的。

（5）孢子。孢子是食用菌繁殖的基本单位，分有性孢子和无性孢子两大类。

①有性孢子。如担子菌纲的担孢子和子囊菌纲的子囊孢子是经过有性过程产生的。

②无性孢子。如银耳的芽生孢子、金针菇和黑木耳的分生孢子、草菇和香菇的厚垣孢子。

孢子在显微镜下通常无色透明，堆积时呈现各种颜色，因种类而异，有无色、白色、粉红色、褐色、紫色、黑色等。孢子落在纸上（黑色或白色的油光纸）呈放射状，称孢子印或孢子堆。孢子的数量十分惊人，一个野蘑菇产生的孢子可达 270 亿个。

（6）菌柄。菌柄是菌盖的支撑部分，也是输送养料的器官，又称菇柄或菇脚。菌柄在菌盖上的着生位置有 3 类。

①中央着生。菌柄着生于菌盖的中央，如蘑菇、草菇等。

②侧生或偏生。菌柄着生于菌盖的一侧或偏心处，如平菇、香菇等。

③无柄者。少数种类基部着生于树干上，往往没有菌柄或没有明显的菌柄，如牛舌菌、裂褶菌等。

多数食用菌的菌柄为肉质，与菌盖同质。少数（如金针菇）菌柄下部为革质，与菌盖异质。菌柄形状为圆柱状或纺锤状等。基部有的膨大呈球状，有的呈齐头、圆头、尖头或根状。菌柄内部的菌肉组织可分为3种类型：中实型，如口蘑；中疏型，如双孢蘑菇；中空型，如金针菇。菌柄表面光滑或有鳞片、丝、纤毛、刺、粉末、茸毛、碎片、沟纹等多种附属物。

菌柄上还有两种重要的附属物，即菌环和菌托。①菌环。有些担子果幼嫩时菌盖与菌柄之间由一层薄膜连接，称为内菌幕。菌盖充分发展开伞后，内菌幕破裂，一部分残留在菌柄上，成为环状的菌环。菌环呈膜状，有薄有厚，大小不一，有的固定不动，有的则能移动，位置不定，这些都是分类鉴定的依据。②菌托。外菌幕是某些伞菌幼年时包裹在整个菌蕾外面的菌膜。菌柄伸长时，外菌幕破裂，其一部分残留在菌柄的基部，发育成菌托（又称苞脚）。草菇和橙黄鹅膏菌就有菌托。菌托的形状多样，大小不等，上缘特征、质地、厚薄、色泽及存在时间长短均不等，这些都是食用菌分类鉴别的依据。

（三）食用菌的营养

食用菌是异养生物，它们没有叶绿素，不能进行光合作用直接制造有机物，主要靠分解和吸收植物制造的各种有机物和动物排泄物中现有的营养成分生活。食用菌种类不同，摄取营养的方式也不一样。

大部分食用菌属于腐生菌，即生活在死亡的植物体或有机质上，分解吸取养分，称为腐生菌。食用菌根据它们所利用的原料是木本还是草本分为木腐菌和草腐菌。前者生长在朽木上，如黑木耳、银耳、香菇、猴头菇、平菇、金针菇、灵芝等，可用木屑、段木等来进行栽培；后者生长在腐烂有机质上，如双孢蘑菇、草菇等，可用野草、稻草、玉米芯、麦秸、马粪等作为生产原料。也有共生菌（如松口蘑和松树共生、口蘑和牧草共生）和寄生菌［如冬虫夏草就是一种寄生在鳞翅目昆虫（如蝙蝠蛾）幼虫上的真菌］，蜜环菌既可以在枯木上腐生，又可在活树桩上寄生，还可与天麻共生。

食用菌的生长是通过分泌各种酶将培养料中的纤维素、半纤维素、木质素、蛋白质等分解，从中摄取所需的水分、碳源、氮源、无机盐、生长因子等营养。

1. 水分 食用菌细胞的含水量较高，约占细胞的90%。食用菌生长发育的各个阶段都需要水分，大多数食用菌要求培养料的含水量在55%～65%，清洁的井水、河水、自来水等都可以作为水源。

2. 碳源 能够供给食用菌碳的营养物质统称为碳源，碳源构成活细胞中的蛋白质、核酸、糖等必需物质，还是重要的能量来源。食用菌可以利用的碳源有糖类、有机酸及某些醇类、脂类等。

葡萄糖是最好的碳源，甘露糖次之。小分子的糖类、有机酸和醇等易被食用菌吸收利用，大分子的多糖（如淀粉、纤维素、果胶质等）不能被直接吸收，必须被菌丝体分泌的酶分解后才能被吸收利用。有机酸通常指羧酸，如糖酸、乳酸、柠檬酸、琥珀酸等。此外脂肪酸如油酸、亚油酸等也可被食用菌作为能源和碳源利用。在醇类中，乙醇、甘油也可以作为某些食用菌（如香菇、平菇等）的碳源。

3. 氮源 能够被食用菌利用的含氮物质称为氮源，氮源是食用菌合成蛋白质和核酸必不可少的原料，是除碳源以外的最重要的营养物质。食用菌可利用有机氮（如蛋白质、蛋白胨、氨基酸、肽酰胺等），也可利用尿素态的氮（尿素）以及硝态氮（硝酸铵）、铵态氮（硫酸铵）、氰氨态氮（石灰氮）等。氨基酸和尿素等能被菌丝体直接吸收，而大分子的蛋白质等则必须经蛋白酶分解成氨基酸后才能被吸收。

在自然界中，食用菌氮源主要来源于堆肥及其他腐殖质。在人工培养条件下，培养母种常用的氮源有马铃薯汁、酵母汁、玉米浆、蛋白胨、牛肉膏等。栽培中把米糠、麦麸、豆饼粉、棉籽饼粉、玉米粉、蚕蛹粉以及畜禽粪便作为廉价的良好氮源。

各种食用菌对氮源的利用能力是不同的，原料中添加的氮源的浓度对食用菌的营养生长和生殖生长影响很大。子实体发育阶段，培养基中氮的浓度降低是出菇的前提。一般菌丝生长阶段，C/N 以 20∶1 左右为宜，而子实体形成阶段 C/N 以（30～40）∶1 为宜，不过食用菌的种类以及利用的氮源和碳源不同，最适宜的 C/N 也是不同的。

4. 无机盐 无机盐又称矿质元素，也是食用菌生长不可缺少的营养物质，占食用菌干重的 3%～10%，其主要功能是构成细胞成分，作为酶的组分或维持酶的活性，调节渗透压、氢离子浓度、氧化还原电位等，还是细胞代谢中不可缺少的活化剂。

食用菌在生长发育过程中需要的矿质元素主要有硫、磷、钾、钙、镁、钠等以及其他微量元素如铁、铜、锰、锌、硼、钼、钴等。矿质元素作为无机盐类，通常以离子状态供给食用菌。常用的无机盐有磷酸氢二钾、磷酸二氢钾、硫酸钙、硫酸镁、氯化钠、氯化钾、硫酸锌、硝酸钙、氯化钴、硫酸铜、硫酸亚铁、氯化锰等。

5. 生长因子 食用菌生长发育必不可少而又用量甚微的一类特殊有机营养物质，一般包括维生素、氨基酸及嘌呤、嘧啶碱等。如维生素 B_1 是所有食用菌生长需要的，维生素 B_1 缺乏时，菌丝体生长缓慢和子实体的发生受抑制，严重缺乏时，生长完全停止。但维生素不耐高温，120 ℃以上极易被破坏，所以培养基灭菌时需防止温度过高。

（四）食用菌的生活条件

食用菌的生长发育与环境条件密切相关。影响食用菌生长发育的环境条件有温度、水分、湿度、空气、光和紫外线、酸碱度等。不同的食用菌要求的生长条件不同，而且同一种食用菌在不同的生长发育时期对外界条件的要求往往也不同。食用菌在适合的环境条件下才能生长发育良好、产量增加，否则就会减产或绝收。

1. 温度 温度是食用菌生长发育最重要的条件之一，食用菌的生长发育要求在一定的温度条件下进行。各种食用菌以及它们生长发育的各个阶段都有最适温度、最低温度、最高温度。在食用菌生长发育的适温范围内，随着温度的升高，食用菌生长速度加快。在生产上有意义的温度是最适温度或稍低一点的温度，通过调节最适温度促进食用菌的生长，从而实现食用菌的稳产、高产和优质，表 8-1 中是几种主栽食用菌对温度的要求。

表 8-1 几种主栽食用菌对温度的要求

食用菌种类	菌丝体		子实体				孢子	
			分化		发育			
	范围/℃	最适温度/℃	范围/℃	最适温度/℃	范围温度/℃	最适温度/℃	形成温度/℃	萌发温度/℃
平菇	6～35	20～27	10～28	15～24	7～22	13～17	12～18	24～28
金针菇	5～32	22～25	3～18	8～10	5～20	7～15	15～25	16～30
光帽鳞伞（滑菇）	4～32	18～22	5～15	5～12	5～18	7～10	—	10～30
香菇	5～32	24～27	8～21	10～12	5～24	8～16	—	0～45
双孢蘑菇	6～32	24～26	6～22	14～16	4～23	13～18	—	24
猴头菇	6～30	18～27	2～24	15～20	15～22	—	—	—
黑木耳	5～35	20～28	15～22	20～24	15～28	18～27	25	13～32
银耳	3～35	18～32	12～28	18～24	17～30	20～26	16～30	22～24
长裙竹荪	8～34	22～26	18～32	22～28	—	22～25	—	—
草菇	10～45	30～35	22～34	28～32	30～32	—	25～45	25～45

注：表中“—”表示目前无测定数据。

根据子实体分化（开始出现原基）和温度的关系，可将食用菌分为 3 种类型：

（1）低温型。子实体分化最高温度为 24 ℃，最适温度在 20 ℃以下。有香菇、金针菇、双孢蘑菇、紫孢侧耳、猴头菇、金耳、松口蘑等。

（2）中温型。最高温度为28 ℃，最适温度为20～24 ℃。有银耳、黑木耳、双环蘑菇（大肥菇）、金顶侧耳等。

（3）高温型。最高温度为 30 ℃，最适温度为 24 ℃以上。有草菇、灵芝、粉褶侧耳、凤尾菇、盖囊侧耳（鲍鱼菇）等。这类食用菌多在盛夏发生，草菇是典型的代表。

有些食用菌在子实体分化时需要变温刺激，根据温度变化与子实体生长发育的关系，可把食用菌分为两大类群：①恒温（结实）性，有些食用菌在恒温条件下更容易分化形成子实体，如金针菇、灵芝、黑木耳、猴头菇、草菇、蘑菇等；②变温（结实）性。有些食用菌保持恒温不易形成子实体，变温刺激才能促进子实体分化形成，如香菇、平菇、紫孢侧耳等。基于以上原因，自然界食用菌的发生都有一定的季节性，多数一年发生一次，有的春、秋各一次，或秋、冬各一次，少数可以周年发生。目前人工栽培的食用菌大多数都具有这种变温结实性。因此，在食用菌子实体发育阶段，每天都有 10 ℃以上的温差，比在恒温条件下出菇多而整齐。在栽培实践中，有经验的菇农都把菇场设在朝南的方向，在南坡或东南坡，出菇季节易创造昼夜温差较大的变温环境，刺激出菇，提高产量。

2. 水分和湿度 水分是食用菌生命活动的基本条件之一，食用菌的正常生长发育要求培养基中有适宜的水分和空气相对湿度。细胞中的水分稍有缺乏，将影响食用菌的代谢，菌丝便处于休眠状态，停止发育，难以形成子实体。

（1）食用菌的含水量。食用菌的菌丝体含水量一般达 70%～80%，子实体的含水量一般达 80%～90%。环境不同、品种不同、发育阶段不同，食用菌的含水量也不同。如在高湿的环境中，香菇子实体的含水量高达90%，在干燥的环境中，只有60%～80%。

（2）食用菌的需水量。食用菌对水分的需求有两个方面：①培养基中要有足够的含水量；②栽培场所要有一定的空气相对湿度。食用菌的需水量因食用菌的种类和发育阶段而不同。一般来说，子实体的发生和发育比菌丝生长要求更多的水分和更高的相对湿度。但水分过多，通气不畅，发育快而易腐烂。水分缺乏影响出菇，水分不足会使子实体萎缩、发育受阻。根据湿度对菌丝发育的影响，可把食用菌分为喜湿型和厌湿型两类：草菇、光帽鳞伞、平菇、金针菇、灵芝等属于喜湿型，蘑菇、香菇、银耳、松口蘑等属于厌湿型。

（3）水分的调节。配制培养料时含水量要适度，配制好后以紧握培养料，手上有水渗出但不下滴、落地即散开为宜。制作菌种时，培养基可稍干些，不宜过湿，否则通气不畅影响呼吸作用，菌丝生长不良。人工栽培时，子实体的发生和发育要有充分的湿度，但菌丝在过湿的基质中生长不好。因此应注意控制喷水量及进行间歇喷水，最好是往空中雾状喷水来提高空气的相对湿度。在菌丝生长阶段，培养室的空气相对湿度以60%～70%为宜，一般不需要喷水，空气过干、水的蒸发量太大时，可以向培养料和栽培房喷少量的水。

在子实体形成时期要求空气相对湿度达80%～90%，随着子实体的生长发育，应逐渐加大喷水量。最好用喷雾、地面洒水或夜间喷灌等方式来提高空气相对湿度，但不宜直接往子实体上大量洒水，以防引起烂菇。菇潮过后，应停止喷水数天，让损伤的菌丝恢复生长，然后根据湿度的变化情况调节水分。此外，喷水还应考虑时间、食用菌的生活习性以及气候的变化等因素。气温低时中午喷，气温高时早、晚喷，以免水温和气温的骤然变化伤害菌丝和子实体（表8-2）。

表8-2　常见食用菌对培养料水分和空气相对湿度的要求

种类	菌丝生长阶段培养基的含水量/%	子实体发育阶段空气相对湿度/%
双孢蘑菇	60～65	85～90
香菇	55～60	85～90
草菇	65～70	85～90
金针菇	65～70	90
光帽鳞伞	60～65	85～95
平菇	60～65	85～90
盖囊侧耳	65～70	90
榆黄菇	60～65	90
黑木耳	60～65	90～95
毛木耳	55～60	85～95
银耳	49～51（木材），69～71（木屑菌种）	85～95
猴头菇	60～70	85～90

3. 空气　空气对食用菌生长发育的影响主要指空气中的氧气和二氧化碳对食用菌生长发育的影响。食用菌属于好氧性真菌，呼吸时吸收氧气，排出二氧化碳。子实体分化、生长发育需要大量新鲜的氧气。菌丝体生长阶段对氧气的要求不严格，如平菇，二氧化碳

浓度在20%时对菌丝生长还有一定的促进作用，不过通气与否对菌丝体的生长速度会有明显的影响。子实体形成期的氧气充足会促进子实体的分化和生长，通气差则二氧化碳积累多，子实体很难形成，生长缓慢，小菇会变黄死亡；开伞阶段氧气不足会影响孢子的散发和孢子的萌发。当空气中二氧化碳浓度高于1%时，形成的子实体菌柄长、粗，菌盖小，严重时原基会大量分化，菌柄丛生并分叉，形成花椰菜状的畸形菇。

4. 光照 食用菌在菌丝体生长阶段不需要光线，直射光反而有害，日光中的紫外线有杀菌作用，一些食用菌如双孢蘑菇、双环蘑菇（大肥菇）等在完全黑暗的条件下能正常形成子实体。但大多数食用菌在出菇阶段需要一定量的散射光（漫射光、遮阳、室内光等），光线对子实体的发生以及其后的正常生长有着重要的影响。多数食用菌菌丝体基本长满培养料时，标志着进入光照敏感期，就应及时给予散射光和降温条件，促其出菇。光线的强弱对子实体的品质，特别是色泽也有很大的影响，光线不足，草菇呈灰白色；光线过强，金针菇呈棕褐色，且开伞早，菌盖大，商品质量下降。

在生产上应结合实际，应用光线来调节子实体的生长条件，还应注意光照时间、光周期和光质对子实体的影响。想要喜光型食用菌早熟、高产，菇房必须有一定的光照度，林中的荫蔽度也必须适宜。广大科技人员在实践中总结了一个“光亮度指标”，即菇房内的光亮度保证能看清或基本上看清报纸上的字迹就能保证喜光型食用菌对散射光的要求。

5. 酸碱度（pH） 酸碱度是影响食用菌生长发育的重要因素之一，酸碱度合适与否首先影响酶的活性，进而影响食用菌的生理活动。食用菌种类不同，对培养基的酸碱度的要求也不同，常见食用菌对pH的要求见表8-3。

表8-3 常见食用菌对pH的要求

种类	适宜范围	最适pH
双孢蘑菇	5.0～8.0	6.8～7.5
草菇	6.0～8.8	7.5～8.0
香菇	3.0～7.0	4.5～6.0
金针菇	3.0～8.4	4.0～7.0
光帽鳞伞	3.0～8.0	4.0～5.5
平菇	4.0～8.0	5.8～6.2
银耳	4.0～7.5	5.5～6.0
黑木耳	4.0～7.0	5.0～6.5
猴头菇	2.4～5.4	4.0

大多数食用菌喜欢生活在偏酸性的环境中，适合菌丝生长的pH在3.0～8.0，其中5.0～6.0最合适，多数食用菌在pH>7.0时生长受阻，pH>8.0时生长停止。草菇例外，在pH 8.0时子实体仍能发育良好。猴头菇最耐酸，它的菌丝在pH 2.4时仍能生长，但不耐碱，pH>7.5时菌丝难以生长。

灭菌后培养基的pH要下降，同时培养后多数食用菌会产生酸，因此在配制培养基时应将pH适当调高1.0～1.5。

二、食用菌的制种技术

培养基是用人工方法配制而成的供食用菌生长繁殖的营养基质。培养基中含有食用菌所需要的水分、碳源、氮源、矿质元素和生长因子。

(一) 母种的生产

母种是指经各种方法选育得到的具有结实性的菌丝体纯培养物及其继代培养物，以试管为培养容器和使用单位，也称一级种、试管种。

1. 母种培养基准备 母种培养基主要用于菌种分离、母种移植、扩繁原种和保藏菌种，一般以玻璃试管为容器。此处以马铃薯葡萄糖琼脂（PDA）培养基为例。

（1）制作流程。配方→称量→煮汁（或煮溶）→加琼脂→混合定容→调 pH（或自然）→分装→灭菌→摆斜面→冷却。

（2）培养基配方。马铃薯 200 g（去皮）、葡萄糖 20 g、琼脂 20 g、水 1 000 mL，pH 自然。

（3）制作方法。

①称量和配制。把马铃薯用水洗干净后去皮，切成丁，用天平称取 200 g，加水 1 000 mL，煮沸 20 min，用两层纱布过滤取汁，在滤汁中加琼脂 20 g，煮沸溶解，加葡萄糖 20 g 溶解，补足水分至 1 000 mL。

②分装和塞棉塞。母种培养基一般使用试管作容器，规格有 18 mm×180 mm 和 20 mm×200 mm 两种。分装前要安装好分装装置，常用玻璃漏斗套接乳胶管和尖嘴玻璃接液管，然后将漏斗安装在铁架台的铁环上，乳胶管上配有止流夹，尖嘴玻璃接液管用铁架台的铁夹固定。

分装应在培养基凝固前进行，分装时左手拿两支试管，其中一支装有试管长度 1/5 的培养基作为对照管，另一支为空试管；将尖嘴玻璃接液管插入空试管内，右手食指和拇指控制止流夹，使培养基流入试管内，流入量与对照管平齐。分装时应注意不要将培养基沾到试管管口内壁，以免沾在棉花塞上引起污染，若沾上培养基则应及时用干净纱布擦净。

分装结束后，分装装置中的玻璃漏斗、乳胶管和尖嘴玻璃接液管要及时清洗干净，以免冷却凝固后难以清洗。分装的试管直接加棉花塞封口，棉花塞应用普通棉花，不能用脱脂棉，棉花塞起到过滤空气的作用，不宜过松或过紧，以封口后手持棉塞轻轻摇动试管不脱落且旋转拔出顺利为度。棉花塞外观要求光滑，不能塞得过浅或过深，否则会造成操作困难。

③灭菌和摆斜面。分装好的试管要马上灭菌，使培养基呈无菌状态，以免杂菌繁殖，造成培养基酸败、变质。将试管 5 支或 7 支为一组扎成捆，用牛皮纸或其他防潮纸将整捆试管从塞棉塞一端包至试管的 1/2，放入手提式高压灭菌锅的内桶，然后置于底部已加水 3 000 mL 的手提式高压灭菌锅内。将锅盖上的排气软管插入内桶的槽内，盖上盖子，拧紧螺丝，打开排气阀，加热并排净冷空气。

④关闭排气阀，继续加热使压力表指针指示到 0.103 MPa（对应温度为 121 ℃），维持 30 min。达到规定时间后，停止加热，待压力表指针回零，打开排气阀，使锅内外压力平衡后，打开盖子，趁热取出试管，搁置在桌面的木条上使试管与桌面成锐角，自然冷却，使培养基凝固成斜面，斜面为试管长的 1/2，此即斜面培养基。

2. 接种设备准备

（1）超净工作台。一种局部层流装置并能在局部形成高净度的工作环境，其工作原理是室内空气经过滤器送入风机，由风机加压送入静压箱，再经过高效过滤器除尘洁净后，通过均匀层，以层流状态均匀垂直向下进入操作区，或以水平层流状态通过操作区，同时向上部狭缝中喷送高速空气流，形成保护操作区不受外界干扰的空气幕，从而在操作中获得洁净的空气环境。利用超净工作台接种可连续进行，大大提高了工作效率，接种成功率也很高，但价格也高。

超净工作台的使用规程：

①每次使用之前先开启超净工作台上的紫外线灯，照射 30 min 后才能使用。

②接种操作时，先开启超净工作台工作电源开关，待机器正常运转 20 min 后关闭紫外线灯，并用 75%酒精或 0.5%过氧乙酸擦工作台面。

③操作人员穿无菌工作服和鞋帽并戴好口罩，整个接种过程中，操作人员严格按照无菌操作规程接种。

④接种结束后用消毒液擦拭工作台面，关闭工作电源，重新开启紫外线灯照射 15 min。

⑤如在使用过程中遇到停电或机器发生故障，应立即停止接种，机器发生故障得由专业人员检修合格后才能继续使用。

（2）接种箱。用木料和玻璃制成的、可以密封的箱子，是菌种生产上最常用的接种设备。接种箱有各种形状和规格，操作方便、能达到无菌状态即可。分双人接种箱和单人接种箱两种。接种箱的无菌程度高，效果好，而且可自行制造，成本低，体积小，使用方便。大规模生产时可用多个接种箱同时接种。

接种箱的使用规程：

①先打开玻璃窗，把箱内杂物清理干净，用 5%石炭酸溶液进行箱内空间喷雾消毒。

②将所需的接种工具和预备接种用的培养基、菌种等全部放入接种箱内，一般待接物放在箱的左侧，接种后的培养基放在右侧，酒精灯等用品放在中间。

③用甲醛和高锰酸钾混合熏蒸接种箱 30 min（也可使用气雾消毒剂），用量是每立方米空间用 5 g 高锰酸钾，加 10 mL 甲醛。

④接种前用 75%酒精棉球擦抹双手，双手伸进接种箱操作孔，点燃酒精灯，烧灼接种工具，冷却后进行无菌接种操作。

⑤接种完毕，熄灭酒精灯，抽出手臂，打开玻璃窗，将已接好种的瓶或袋移至培养室培养。

⑥将各种接种工具取出并对接种箱进行清洁和消毒，以待下次使用。

3. 母种接种无菌操作 母种接种无菌操作步骤如下：

（1）左手拿菌种试管和斜面试管，四指并拢伸直，手心和试管斜面都向上，管口平齐，拇指按住两支试管的下部。

（2）右手拿接种工具，在酒精灯火焰上灼烧灭菌。凡接种时可能进入试管的接种工具部分都要经过酒精灯火焰灭菌并冷却。

（3）将两支试管的管口部分靠近酒精灯火焰，右手手掌、小拇指和无名指同时夹住两个棉花塞并拔出，转动试管口并以火焰灭菌。

（4）先用接种铲和接种钩将斜面菌种切成 20～30 小块，再用接种铲铲取一块，移接到斜面培养基的中央，在火焰旁塞上棉塞。如此反复操作，直至接完为止。

（5）已接好种的试管，逐支贴上标签，写明菌种名称、接种日期和接种人等。

4. 母种培养

（1）培养。将接过种的试管按温度要求置于恒温培养箱或培养室里培养。一般在 22～25 ℃条件下经过 7～10 d 的培养，菌丝就可以长满试管，然后可用于进一步扩大培养或置于冰箱中低温冷藏备用。

（2）保藏。刚长满菌丝的斜面试管用牛皮纸包住管口，或用经过灭菌带孔的橡胶塞（孔用棉花塞好）替换，以减少水分散失，延长保质期。放入 4 ℃冰箱保藏，每隔 3～6 个月转管一次，再取长势好的用于保藏。但草菇、金福菇等高温型菇放于 15 ℃条件下保藏。

5. 菌种质量鉴定 优质纯正的菌种是食用菌栽培成功的根本保证，菌种的质量对食用菌的产量和质量影响极大。因此，在培育菌种时，要严格把关，选用优质纯正的菌株，逐级扩大繁殖。特别需要强调的是，在投入生产之前必须进行菌种质量鉴定，通过小面积的栽培试验证明是优良菌种后，才能大面积推广使用。

（1）菌种质量标准。母种在同一种培养基上具有原菌株的菌落形态特征，无病虫杂菌、菌丝洁白、爬壁力强、生长健壮旺盛、培养基无干缩、气生菌丝不倒伏，反面观察除接种块点外无任何斑点、条纹或阴影。

（2）菌种质量鉴定。

①直接观察。首先用肉眼观察试管有无破损和病虫侵染、棉塞有无松动现象、菌丝色泽是否洁白均匀、有无发生老化。

②显微镜检查。在载玻片上滴一滴蒸馏水，然后挑取少许菌丝置于水滴上，让菌丝体充分展开，盖好盖玻片，再置于显微镜下观察，也可通过菌丝体染色后镜检观察。如果菌丝透明，呈分枝状，锁状联合明显，具有不同品种固有的特征，则可认为是合格菌种。

③菌丝生长速率测定。将所获菌种转接至 PDA 平板中央，菌丝辐射蔓延时用直径 0.5 cm 的灭菌后的打孔器打取边缘菌丝，连同培养基重新接入 PDA 平板中央进行培养，每隔 24 h 测定菌落直径，直至菌落覆盖全皿为止，从而计算菌丝的平均生长速度。

6. 出菇试验 经过多方面考核后，被认为是优良菌种的，可进行扩大转管，然后取出一部分母种用于出菇试验，以鉴定菌种的实际生产能力。出菇试验常用的方法有瓶栽法和压块法两种，置于最适宜的温湿条件下培养，观察菌丝生长速度、吃料能力、出菇速度、转管快慢、子实体形态、产量和质量等来综合评价菌种的优劣。

（二）原种的生产

原种是母种繁殖而来，主要用于扩繁栽培，应急时也可替代栽培种用于栽培。不同种类食用菌的遗传性质不同，原种培养基质也不同。木腐菌以选择木屑、棉籽壳为宜，草腐菌以选择谷粒、粪草为宜。谷粒培养基因营养丰富、物理性质好、可以作为通用培养基而得到广泛使用。

1. 培养基配方

（1）木屑培养基。

①阔叶树木屑 78%、麦麸 20%、糖 1%、石膏（或石灰）1%，含水量为 58%。

②阔叶树木屑63%、棉籽壳15%、麦麸20%、糖1%、石膏（或石灰）1%，含水量为58%±2%。

③棉籽壳54%～69%、阔叶树木屑20%～30%、麦麸10%～15%、石膏（或石灰）1%，含水量为60%±2%。

（2）棉籽壳培养基。

①棉籽壳99%、石膏（或石灰）1%，含水量为60%±2%。

②棉籽壳84%～89%、麦麸10%～15%、石膏（或石灰）1%，含水量为60%±2%。

③棉籽壳54%～69%、玉米芯20%～30%、麦麸10%～15%、石膏（或石灰）1%，含水量为60%±2%。

④棉籽壳54%～69%、玉米芯20%～30%、麦麸10%～15%、石膏（或石灰）1%，含水量为60%±2%。

（3）谷粒培养基。

①麦粒88%、木屑10%、石膏2%，含水量为55%±2%。

②谷子/玉米/高粱97%～98%、石膏2%～3%，含水量为50%±1%。

（4）粪草培养基。腐熟麦秸/稻草（干）77%、腐熟牛粪粉（干）20%、石膏（或石灰）1%、碳酸钙2%，含水量为62%±1%，pH为7.5。

2. 培养基配制

（1）称量与配料。根据选用培养基配方，准确称量主料、辅料，做到正确配料。谷粒培养基、粪草培养基的原料需事先分别进行浸泡、堆制发酵。

（2）分装。配料完毕后，将配制好的培养基分别装入特定的原种菌种瓶，要求装料松紧适度，以适合食用菌菌丝生长为宜。培养基装至瓶肩，分装后保持瓶口干净。

（3）灭菌。培养基分装完成后要马上灭菌，不可隔夜，特别是在高温、高湿季节，配料和上锅最好能连续进行，间隔时间不要太长。如延时过长，培养料中丰富的养分和适宜的含水量致使大量微生物生长繁殖，将会影响培养基的灭菌效果和后面的菌种生长。

装好培养基的菌种瓶在灭菌容器内摆放得不要过于拥挤叠压，以免蒸汽穿透不均匀，造成灭菌不彻底。高压蒸汽灭菌应注意排尽锅内的冷空气，以保证灭菌的效果。常压灭菌要保证灭菌时持续产生足够的蒸汽，按规定时间达到灭菌效果。为了保证灭菌彻底，谷粒培养基、粪草培养基灭菌需时较长，棉籽壳培养基、木屑培养基灭菌需时较短。

3. 接种培养

（1）接种无菌操作。接种在接种箱或超净工作台上进行。在无菌操作环境中，点酒精灯，左手拿试管，右手拔棉塞和拿接种钩并在酒精灯火焰上灼烧灭菌，试管口向下稍稍倾斜，用酒精灯火焰封住试管口，防止空气中的杂菌侵入。

把灼烧灭菌并冷却后的接种钩伸入菌种管内，连同培养基一起钩取斜面菌种一小块，在酒精灯火焰旁迅速移接到原种瓶中的接种穴内，紧贴培养基，塞好棉塞。

接完种后用牛皮纸将瓶口包扎，贴上标签，写上菌名、接种日期和接种人等信息。立即进行适温培养，一般一支母种可接4～6瓶原种。

（2）培养室培养。培养室的温度以21～24 ℃为宜，湿度以60%～70%为宜，空气可以流通，不需要光照。原种培养时把瓶竖起放置在培养架上，先使菌种定植，菌丝长满瓶面并开始深入料内时可斜叠堆放。要经常检查菌种生产情况，发现菌丝不长或杂菌污染的瓶应及时取出处理。

菌丝生长超过瓶子的一半时，培养室的温度可调低2～3 ℃，这样可使菌丝更健壮、抗逆性更强，但高温型的食用菌，如草菇等菌种不宜降温。菌丝长至底部、并均匀长满整瓶时菌种成熟，一般成熟后10 d内使用较好。成熟后的原种要放置在干燥、阴暗、通风的场所。

4. 质量检查

（1）外观要求。

①菌丝。生长健壮，绒状菌丝多，生长整齐。

②长满培养基。菌丝长满培养基，银耳的菌种还要求在培养基上分化出子实体原基。

③颜色。菌丝色泽洁白或符合该菌的颜色。

④无污染。菌种瓶内无杂色出现和无杂菌污染。

⑤无老化现象。菌种瓶内无黄色汁液渗出，菌种培养基不能干缩与瓶壁分开。

（2）优质菌种。

①平菇。菌丝粗壮、浓白、密集、爬壁力强，菌柱断面菌丝浓白，清香，无异味，发菌快。

②香菇。菌丝洁白、绵毛状，后期见光后易分泌酱油色液体，呈褐色，有时表面产生小菇蕾。

③成品验收。原种生产，同一品种，相同培养基，相同培养条件下培养，长速和长势应基本相同。优质的原种成品菌丝应丰满、浓密、均匀，如果菌丝干瘪、菌体萎缩则不可使用，要认真分析原因、找出问题、重新制种。正常的原种，打开瓶塞可闻到浓郁的菇香味，如果气味清淡或无香味，说明菌种有问题，不能使用。

④保藏。专业菌种厂使用专门冷库用于菌种保藏，通常菌种的保藏温度在1 ℃，在1 ℃条件下，菌种可保藏2～3个月。非专业菌种厂和个体食用菌栽培者要尽量创造低温、洁净、干燥、黑暗的条件保藏暂时不用的原种。

原种长满瓶后，在室温下可自然保藏10～20 d。一般木屑种不超过10 d，谷粒种不超过20 d，粪草种不超过15 d。经过保藏的原种不影响使用效果，如超过这个期限，则需要创造条件保藏。

保藏注意事项：①场所要洁净、干燥、通风、避光；②不要与化肥、农作物等生产物资混放，以防对菌种产生不良影响；③保藏场所要尽量减少或避免人的活动和出入；④菌种不可堆积乱放，要适当分散，以利散热、散湿；⑤保藏期间不要中途改变场所，以减少搬运而造成的破损和污染；⑥场所使用前要进行灭虫处理，以免害虫侵袭菌种而造成菌种损失和栽培期间的虫害。

（三）栽培种的生产

栽培种是指由原种移植、扩大培养而成的菌丝体纯培养物，常以玻璃瓶、塑料瓶或塑料袋为容器，栽培种只能用于栽培，不可再次扩大繁殖菌种。

1. 栽培种培养基的制作

（1）制作流程。配方→称量→混匀→加水→拌匀→调水分→装袋→打孔→封口→灭菌→冷却。

（2）木屑麦麸培养基。阔叶树木屑78%、麦麸20%、糖1%、石膏（或石灰）1%，含水量为60%。

（3）制作方法。

①称量和配制。按配方称量各成分，先将糖溶于少量清水中，把木屑、麦麸、石膏等材料拌和，加入糖水拌和，再加清水调整到培养基的含水量在60%左右。加水量因木屑种类而异，木屑越粗应含水越多，一般每50 kg干料加水60～70 kg，以手紧握培养基能成团而又不下滴为宜。

②装袋和封口。装袋可人工或机器分装，常用的栽培种袋为聚丙烯袋（17.000 cm×33.000 cm×0.005 cm），装时要求松紧适宜，不能弄破袋子，装好后将袋口及表面擦干净，在袋口套上硬塑料套环，让袋口薄膜从环内通过，并向外顺环壁朝下翻转，然后将袋口整平，塞上棉塞，放进锅内灭菌。为防止棉塞受潮，放进锅内后每层塑料袋上方都要盖牛皮纸。

③灭菌和冷却。装好料的栽培种袋都要高压蒸汽灭菌，以0.15 MPa的蒸汽压力灭菌1.5 h，或常压蒸汽灭菌8～10 h，灭菌后取出冷却。

2. 栽培种的接种和培养

（1）栽培种的接种。双手消毒，用75%酒精擦菌种瓶外壁，拔出棉塞，瓶口用酒精灯火焰灼烧灭菌，用已灭菌的镊子去掉原种表面老化的菌膜，将原种分成1～2 cm的小块，把菌种瓶放在原种固定架上，火焰封住瓶口，将栽培袋竖立放在酒精灯旁，用镊子或接种匙取出原种，迅速移入栽培袋内，接种完毕后，棉塞过火焰后塞紧，扎好袋口，每瓶原种可接栽培种40～50袋。

（2）栽培种的培养。接好种后，根据食用菌菌丝体各生长阶段对环境条件的要求，放在适合菌丝生长的温度条件下进行培养。一般食用菌原种生长阶段，温度控制在25 ℃左右，适量通风，经过25～35 d的培养，菌丝可长满料袋。

3. 栽培种的检测 在培养期间要经常检查栽培种，及时发现并清理被污染的菌袋。一般在接种后3 d至菌丝长料深1 cm时进行第一次检查，菌丝长至菌袋长度一半时进行第二次检查，菌丝长满之前进行第三次检查。质量好的栽培种应该是无感染病虫杂菌，菌袋洁白一致，袋口接种处菌丝稍疏，用手按压感觉很坚实，手敲有弹性，整袋无任何斑点、条纹或异色。

4. 其他栽培种培养基配方

（1）阔叶树木屑30%、棉籽壳57%、麦麸10%、糖1%、石膏1%、石灰1%，含水量为58%±2%。适合培养平菇、金针菇等木腐菌。

（2）发酵好的棉籽壳62%、稻草20%、麦麸10%、枯饼5%、石膏1%、石灰2%，含水量为58%±2%。适合培养双孢蘑菇、鸡腿菇等草腐菌。

（3）小麦粒86%、发酵秸秆粉10%、石膏1%、石灰3%，含水量为55%±2%。适合培养双孢蘑菇、鸡腿菇等草腐菌。

三、食用菌的栽培技术

(一) 平菇栽培技术

1. 概述　平菇又称蚝菌、冻菌、北风菌、侧耳等，属伞菌目，口蘑科，侧耳属。平菇肉质鲜美，营养丰富，具有高蛋白、低脂肪的特点。平菇栽培周期短、适应性广、抗逆性强、原料来源广泛、生物转化率高、经济效益高，适合工厂化规模生产，是一种很有发展前景的食用菌。

2. 生物学特性

(1) 形态结构。菌丝体呈白色茸毛状，是多细胞分枝、分隔的丝状体。子实体丛生、叠生，也有单生。菌盖是子实体的主要部分，肉质厚嫩，宽 5～15 cm 或更大，扁球形或扁平形，中部逐渐下陷，呈扁形、漏斗状或贝壳状等多种形态。衰老时，盖缘反卷，并有龟裂。菌盖表面色泽因品种不同而不同，有白色、乳白色、鼠灰色、蓝灰色、桃红色、金黄色等，菌肉白色、柔软。菌褶是平菇的繁殖器官，着生于菌盖的下方，呈扇骨状排列，长短不等，在菌柄上部呈脉状直纹延生。菌柄实心或半实心，起到支撑菇体的作用，是营养和水分输送的通道，菌柄长短、粗细及基部的附属物依品种而定，一般菌柄长 1～3 cm，粗 0.5～2.0 cm，侧生或偏生。

(2) 营养。平菇对营养物质的要求不太严格，许多富含纤维素的农副产品下脚料均可作为它的生长基质。各种培养基质的碳源、氮源、无机盐和生长物质等含量不同，从而影响菌丝生长速度及平菇产量和质量等。

栽培中，大多数富含纤维素、半纤维素、木质素、淀粉的物质经适当处理后均能作为栽培平菇的碳源。如阔叶树的木屑、稻草、玉米芯、甘蔗渣、棉籽壳以及各类农作物秸秆等。

熟料栽培时，一般采用含氮量较高的天然物质作为氮辅料以补充氮源，常用的氮源物质主要有麦麸、米糠、豆饼、黄豆粉、花生饼、玉米粉等。

平菇在生长过程中，需要大量的磷、钾、镁、钙等大量元素及铁、锰、铝、锌、钼、钴等微量元素，适量添加石膏、钙镁磷肥、磷酸二氢钾、硫酸镁、硫酸锌等可以增加产量并改善品质。

(3) 环境条件。在生长发育过程中，平菇菌丝体的生长温度为 6～35 ℃，最适宜温度为 20～27 ℃，超过 33 ℃，菌丝生长不良。根据平菇子实体形成的最佳温度可将其划分为 3 个温型：低温型（10～15 ℃）、中温型（16～20 ℃）和高温型（21～26 ℃）。了解平菇的温型，对于各地区根据气候特点选择菌株、安排栽培季节从而获得高产有重要的意义。

平菇是变温结实性食用菌，在出菇期间昼夜保持 5 ℃以上的温差能加速菇蕾的形成。在适宜的温度范围内，子实体生长阶段生长发育快、个大、肉质薄，温度低，则生长慢、个小、肉质厚。

平菇耐湿性强，菌丝生长阶段，固体培养基的含水量在 60%～65%比较合适，含水量低于 30%时，菌丝生长会受到抑制。含水量过大，培养基透气不良，菌丝呼吸和代谢作用受阻，长势很弱，容易发生病害。子实体生长发育期间，最适空气相对湿度为 80%～95%。空气相对湿度低于 80%时，子实体发育缓慢、瘦小、易干枯。相对湿度超过95%时，菌盖易变色、腐烂。

平菇菌丝生长阶段不需要光线。子实体的分化与发育必须有散射光，黑暗条件下难以产生子实体，在50～1 000 lx范围内子实体均能正常发育。在低温弱光条件下，子实体菌盖发育受阻，也易长出长柄小盖的高脚菇。直射光也不利于子实体的形成与生长，容易产生畸形菇。

平菇是好氧性真菌，其需氧量因生长发育阶段不同而有区别。在菌丝培养阶段，平菇菌丝比其他食用菌菌丝能忍耐较高的二氧化碳浓度，即使二氧化碳浓度超过28.0%（体积比）仍然能刺激菌丝生长。在子实体发育阶段，当空气中二氧化碳浓度超过0.3%时，子实体生长就会受到抑制。适当通风既可以保证平菇正常生长，使其抵抗不良条件的能力增强，又可减少病虫害的发生。

平菇喜欢偏酸性环境，培养基质pH在4.0～8.0时均能生长，最适pH为5.5～6.5。

3. 栽培技术

（1）平菇室外阳畦栽培。平菇室外阳畦栽培具有投资少、成本低、操作方便、可大规模生产的特点。而且室外栽培，空气新鲜、地温恒定、地气潮湿，为平菇高产优质创造了一个良好的生态环境。

①栽培工艺流程。栽培季节→栽培场地→阳畦建造→培养料处理→上床播种→发菌管理→出菇管理→采收。

②栽培季节。一般是秋季8—11月栽培平菇，北方早于南方；春季为2—6月栽培，南方早于北方。生料栽培平菇以秋、冬季较为理想，因为在此期间，病虫害较少，产菇期较长，温度由高至低满足平菇的生长需求。

③栽培场地。平菇室外阳畦栽培受温度、湿度影响较大，因此栽培场地的选择很重要，应选择背风向阳、排灌方便、保水性好的空间场地、耕地或林间地作为菇场。

④阳畦建造。选好栽培场地后，直接在露地做坑床，称为阳畦。阳畦一般长度为5.0 m，便于栽培管理，出菇也较均匀，容易控制病虫害的发生。单侧采菇的阳畦宽度为0.6 m，双侧采菇的为1.2 m。畦面过宽容易造成畦中部的培养料透气性差、出菇不整齐。阳畦深浅视当地气温和土壤干湿度而定。秋栽要深，以利于防冻、保温。春栽要浅，以便菇床散热。多雨地区要浅，以便排水。少雨干燥地区要深，以利于床内湿度调节。土质黏重、排水不良的地块要浅，沙壤及排水良好的地块可深些。阳畦过浅，保温保湿不理想；阳畦过深，空气交换不良，散热差，干湿度变化小。一般南方畦深10～20 cm，北方畦深30～40 cm。

⑤培养料处理。棉籽壳培养料在使用前要在太阳光下翻晒2～3 d。拌料时，先将辅料加入水中，拌匀后再与棉籽壳混合均匀。拌好后的培养料用手抓起一把紧握，手指间有水印而不形成水珠，松手应呈散状，这时培养料的含水量在60%～65%。稻草培养料要选用当年的新鲜稻草，将稻草切成6～10 cm小段，放入3%石灰水中浸泡。浸泡时间视气温而定，但至少要在24 h以上，以消除稻草上的蜡质，使稻草充分软化。将浸泡的稻草捞起后，用清水冲去石灰水，再堆置2～3 d进行发酵，结束后调节含水量至60%～65%。

⑥上床播种。菌床铺料厚度因季节而异，春播一般投料12.5～15.0 kg/m^2，秋播一般投料20.0～22.5 kg/m^2，可用穴播法和表面撒播法，穴距为10 cm×10 cm，穴深1.5～

2.5 cm，每穴放入核桃大菌种一块，然后在表面撒播菌种，最后将料面整理后拍平。每100 kg料用菌种10瓶（袋），穴播菌种用量占7/10，表面撒播菌种占3/10。大批量生产可采用层播法播种，先在菌床铺一层培养料，厚3～6 cm，在料面均匀播一层菌种，依次层播，共放3～4层，最后在表面撒满菌种。播种后在料面盖上一层薄膜或地膜，并严密封实，可视需要在床面加盖草帘或在畦床上架弓形塑料棚之后再盖草帘，以遮挡阳光并调节畦床温度。

⑦发菌管理。播种后2～3 d要特别注意料温变化，发现料温迅速上升，并超过34 ℃时，应及时将薄膜架起，通风散热或于晚间通风降温。正常情况下，不要掀动薄膜，更不可在菌床上浇水。在20～25 ℃条件下，一般经25～35 d发菌，即可长满培养料。此后每隔1～2 d掀动薄膜一次，逐渐增加通风量。

⑧出菇管理。当床面有露珠状黄色分泌物、大量气生型茸毛状菌丝出现时，子实体即将形成。

子实体即将形成时，应调整覆盖在床面的草帘，增加光照度和光照时间，给予必要的光刺激。同时将覆盖在床面的薄膜用竹竿或铁丝架起，与床面保持25～30 cm的距离，四周仍用砖块压好，在沟内灌一次水，提高菇床湿度，以促进菇蕾形成。料面出菇达70%以上时，即可掀起床面覆盖的薄膜。

菇蕾形成后，加强床面水分管理是争取高产的关键。当床面菇蕾呈珊瑚状时，切忌在床面大量喷水，否则会因湿度过大而影响养分吸收，使菇蕾出现水肿、发黄、发软现象而大量死亡。当菌盖开始分化、呈深灰色、直径在1 cm以上时要适当增加喷水，加大通风，促进幼菇生长。幼菇长大后，每天在床面喷水3～4次，并结合通风，勿使菌盖上保留过多的水分，以免影响蒸腾作用而产生病害。

⑨采收。在温湿度适宜的条件下，一般经5～7 d，当菌盖颜色变浅、边缘开始向上反卷并充分展开、菌柄与菌盖连接处有茸毛出现时应及时采收。采完第一潮菇后，停止喷水，让料面自然干燥4～5 d后，在料面喷一次重水，加盖薄膜，促进菇蕾的再次形成。

（2）平菇室内塑料筒栽培。

①原料选择。原料应新鲜、无霉变、无虫蛀、不含农药或其他有害化学成分。栽培前放在太阳下暴晒2～3 d，以杀死原料中的杂菌和害虫。对玉米芯、豆秸、稻草、麦秆、杂木等原材料，应预先切短或粉碎。

②培养料配方。

a. 花生壳78%、米糠（或麦麸）20%、白糖1%、石膏1%。

b. 锯木屑78%、米糠（或麦麸）20%、白糖1%、石膏1%。

c. 棉籽壳89%、麦麸10%、石灰1%。

以上培养料调节含水量为60%，pH为6。

③装袋。按上述配方要求准确称料，将原料充分混合（易溶于水的应先加入水中溶解），然后加水拌匀。选用23 cm×43 cm的低压聚乙烯筒膜，每袋装干料0.7～0.8 kg。人工装袋时，应一手提袋，一手装料，边装边压；也可用装袋机进行装袋，装袋质量比手工装袋好。装至离袋口8 cm左右时，将料面压实，清理袋口料物，排气后紧贴料面用绳子缠3～4圈，扎紧扎牢，防止进水、进气。

④灭菌。常压蒸汽灭菌，灭菌过程要掌握“攻头、促尾、保中间”原则。灭菌开始时必须大火攻头，力争在4～6 h内使灶温升到100 ℃，开始计时。然后稳火控温，使温度一直保持在100 ℃，维持24 h。灭菌最后2 h旺火猛烧，达到彻底灭菌的目的。停火后焖料，当温度降到70 ℃左右时，抢温出锅，并迅速运往接种室冷却，菌袋冷却时应“井”字形叠放。

⑤接种。接种要在无菌条件下严格操作：必须为接种创造一个相对无菌的环境以防止杂菌感染；必须按照一定的方法和程序操作，这样才能防止杂菌进入料袋内，确保接种成功。接种时解开料袋一端的绳子，拉直料袋，把菌种均匀撒在料袋口。一定要将料袋口的培养料完全覆盖，然后收拢料袋，套上塑料圈，用牛皮纸或旧报纸封口，用胶圈将牛皮纸或旧报纸和料袋扎在塑料圈上。

⑥菌袋培养。把接过种的料袋搬运到菇棚（房）内进行堆垛发菌。堆垛的层数要视气温高低而定，夏秋季气温高时，堆放2～4层，料袋堆放成“井”字形，交叉排放，便于散热，垛与垛之间留出60～70 cm的人行道，便于操作和通风换气，还要留出一定的空地，以便翻堆倒垛。在温度为25 ℃左右、空气相对湿度在60%左右、暗光和通风良好的条件下，一般中高温型平菇需要25 d左右、低温型平菇需要30～35 d使其菌丝长满料袋。

⑦出菇管理。部分菌袋出现子实体原基时表明菌丝已经成熟，这时即可适时转入出菇管理。对菇棚（房）消毒，按菌袋菌丝成熟程度分别整齐地堆放于畦床上，堆高7～8层，一般150 m^2 菇棚（房）可以堆放5 000～6 000袋。解开菌袋两头的纸封口，当料面有小菇蕾出现时，加强水分和通气的管理，以促进菇蕾迅速生长。

⑧覆土出菇。袋栽平菇，一般出两潮菇后采取覆土出菇，有利于增产。覆土的方法是在菇棚（房）内开沟整畦，挖宽1 m、深20～30 cm、长度不限的沟畦，畦与畦间留60 cm的人行道。将出过两潮菇的菇筒两头料面清理干净，脱去塑料袋，截成两段，竖直排放在沟畦内，然后用肥沃的菜园土填充菌筒间的缝隙，并于菌筒表面覆1 cm土。覆土后，在沟畦内灌大水一次，以浸透菌筒。在适温条件下，7 d左右菌床上就有菇蕾出现，按出菇要求进行管理，可继续采菇4～5潮。

（二）双孢蘑菇栽培技术

1. 概述 双孢蘑菇也称蘑菇、洋蘑菇。双孢蘑菇属草腐菌，低温性菇类，是世界上栽培面积最大的食用菌之一。发达国家如荷兰、法国等均实现了大规模工厂化生产，所有工序如堆料、翻堆、铺料、接种、覆土、管理、采收等都实现了机械化。每年可生产4.5～5.0个周期。

2. 生物学特性 双孢蘑菇经过长期人工选育，有白色、棕色和奶色3个变种。白色变种俗称白蘑菇，源于法国，色泽纯白，外观好看，鲜食及加工罐头都很适合，各国栽培较多。棕色、奶色变种色泽欠佳，虽对外界环境有较强的抵抗力，但质量较差，因此较少进行人工栽培。目前我国栽培的主要品种有As2796、F56等。

（1）营养。双孢蘑菇生长发育需要的碳营养可通过分解纤维素、半纤维素和木质素获得，所需要的氮营养可通过腐熟的粪便获得。因此，各种农作物秸秆和粪肥可作为栽培双孢蘑菇的培养料。

①碳源。双孢蘑菇可以利用的碳源有葡萄糖、蔗糖、麦芽糖、淀粉、维生素、半纤维

素及木质素等，对于难以直接吸收利用的淀粉、维生素、半纤维素及木质素等大分子营养物质，必须通过其他微生物以将它们分解为简单的糖类后才能吸收利用。

②氮源。双孢蘑菇可以利用的氮源有尿素、铵盐、蛋白胨、氨基酸等。

③矿质元素。双孢蘑菇生长还需要一定的磷、钾、钙等大量元素及铁、钼等微量元素。因此在配制培养基时还要按照一定的比例添加过磷酸钙、石膏、石灰等以满足双孢蘑菇生长发育的需要。

（2）环境条件。

①温度。菌丝生长的温度范围为6～32 ℃，最适温度为22～24 ℃。25 ℃以上时菌丝虽然生长很快，但纤细无力，且易早衰。32 ℃以上时菌丝发黄，倒伏，甚至停止生长、死亡。10 ℃以下时菌丝生长缓慢。子实体形成的温度是6～22 ℃，最适温度为14～16 ℃，低于12 ℃的子实体生长缓慢。16 ℃以上时子实体生长快，但柄细长，皮薄，易开伞，质量差，产量低。

②湿度。菌丝体生长阶段要求培养料含水量为60%～65%，空气相对湿度为80%左右。培养料含水量低于50%时，菌丝生长缓慢，茸毛菌丝多而纤细。子实体生长阶段要求培养料含水量在60%～65%，覆土含水量保持在18%～20%，空气相对湿度为85%～90%。空气相对湿度超过95%时菌盖易发生各种细菌性病斑；低于70%时菌盖表面变硬，易空心、白心；低于50%时停止出菇，菇蕾枯萎死亡。

③光照。双孢蘑菇的菌丝体和子实体均不需要光照，在散射光的条件下虽能正常生长，但在强光下不能生长。子实体在黑暗的条件下长得洁白、肥大。若光线太强，子实体表面硬化，畸形菇多，商品价值低。

④空气。双孢蘑菇属好氧性菌类，菌丝体阶段和子实体阶段都需要充足的新鲜空气。出菇期间二氧化碳浓度应控制在0.1%以下，否则子实体菌盖小，菌柄细长，易开伞。

⑤酸碱度。双孢蘑菇喜偏碱性环境，菌丝生长的pH为5.0～8.0，最适pH为7.5，进菇棚（房）前培养料的pH为7.0～8.0，土粒的pH为8.0～8.5。每采完一期菇后，在覆土表面适当喷洒石灰水，以保持较高的酸碱度、抑制杂菌生长。

3. 栽培技术（以双孢蘑菇床架栽培为例）

（1）菇房设置。菇房最好是坐北朝南，这样有利于通风换气，可提高冬季室温，也可防止干热的西南风直接吹进菇房。菇房大小应根据具体条件和需要而定，一般宽约10 m，长约7 m，可放5～6层的床架4行。墙壁、屋面要求厚些，所有漏气处都要堵塞，四周用石灰粉刷，以利于消毒、保温、保湿。

床架必须坚固、平整，宽度为1.0～1.5 m，层与层之间相隔60～65 cm，最底层离地面15 cm以上，最上层离房顶1.2～1.6 m，高度以5～6层为宜。菇床和菇房要垂直排列，即东西走向的菇房，床架南北排列。南北二面靠窗的过道宽约65 cm，东西两面靠墙过道约50 cm，床架之间过道宽65 cm。床架可用竹、木搭成，也可用水泥钢筋做成水泥床架，既牢固又不易发生病虫害。

通风设施主要有门、窗和拔风筒。一般平房设上下窗，若菇房较高，要开上、中、下三道窗。上窗的上沿一般略低于屋檐，下窗要开得低一些，一般高出地面6.5 cm，因二氧化碳密度大，地窗开高不易排出。窗户以 33.0 cm 宽、40.0 cm 高为好。门不宜过宽，一般以人进出操作方便为度。拔风筒设在每条走道中间的屋顶上，与窗呈一条直线。拔风筒一般高 1.0～1.2 m，筒下口直径为 40.0 cm，上口直径为 26.0 cm，顶端装风帽，风帽直径为筒口直径的一倍，帽边应与筒口平，这样拔风效果好，又可防止风雨倒灌。

（2）栽培季节。双孢蘑菇属低温型菇类，在 19 ℃以下子实体才会发生，最适出菇温度在 17 ℃左右。因此栽培季节一般安排在秋、冬季并可延伸到翌年春季。我国南北方气候差异很大，各地可根据当地的气候条件来确定栽培季节。通常以当地秋季昼夜平均气温稳定在 20 ℃以上为播种期，由此往前倒推 30 d 为培养料建堆日期。

（3）原料准备。

①粪肥。畜禽粪便富含双孢蘑菇需要的营养物质，发热量也高，如猪、牛、鸡、鸭、蚕等的粪肥，都可用来栽培双孢蘑菇。牛粪收集后可利用晴天晒干，以防止储藏期发热霉变；猪粪可采用湿粪储藏，即事先挖好粪池，随收随拍紧压实，结束后用薄膜或草帘覆盖，以保证粪肥质量；蚕粪随收集随晒干保存。

②秸秆。稻草、麦秆等各种秸秆富含半纤维素、纤维素，可作为碳源。虽然秸秆的氮、磷、钾含量及发热量不如畜禽粪便高，但质地疏松，具有弹性，通气良好，除提供碳营养外，还能提高培养料的吸肥和吸水能力，起到保肥保水的作用。

③粪草比。粪草比以 6∶4 为宜。由于蘑菇在生长发育过程中对碳和氮的吸收是有一定比例的，正常培养料堆制前 C/N 在（30～33）∶1，发酵结束后，C/N 达到（17～18）∶1 比较理想。

④辅料。包括有机肥、化肥及其他富含氮营养的物质。有机肥有菜籽饼、豆饼等饼肥；化肥主要是氮肥，如尿素、碳酸氢铵等，磷肥有过磷酸钙；其他物质有石膏粉、石灰等。

堆制培养料时，加入适量的化肥除可以补充营养的不足外，还可改变培养料的物理性状。过磷酸钙和尿素（或硫酸铵）均为速效性化肥，宜翻堆时加入。石膏可以改变培养料的黏结性而使其松散，有利于菌丝的生长，也增加了硫、钙等矿质元素，还可降低发酵产生的碳酸铵造成的碱性。若堆制成的培养料为酸性，可加入石灰提高培养料酸碱度。磷参与双孢蘑菇蛋白质的形成，据测定蘑菇的灰分中含有 25%的磷，但栽培原料畜禽粪便中约含磷 0.3%，故在配料时需加入适量磷肥以补充磷元素的不足。

（4）培养料配方。目前栽培双孢蘑菇的培养料主要有粪草培养料和合成培养料两种类型。粪草培养料由牛、猪粪与稻、麦草堆制发酵而成。合成培养料采用稻草、麦草和化学肥料配置发酵而成。国内双孢蘑菇培养料的一些代表性配方见表 8-4。

表 8-4　国内双孢蘑菇培养料的一些配方（110 m^2 用量）

培养料种类	粪肥用量（高）/kg	粪肥用量（中等）/kg	粪肥用量（低）/kg
干牛粪	3 000	1 500	750
鸡粪	500	—	—
菜籽饼	200	250	250

（续）

培养料种类	粪肥用量（高）/kg	粪肥用量（中等）/kg	粪肥用量（低）/kg
尿素	20	10	10
麦草	900	1 250	1 500
稻草	600	750	1 000
石灰	50	50	50
石膏	75	50	40
过磷酸钙	40	35	35

（5）堆制发酵。

①一次发酵法。双孢蘑菇培养料的堆制时间一般在下种前30～35 d，长江流域大多在7月底8月初。在地势较高处堆制，将靠近菇房和水源的地方作为堆料场地。地面要求平整、坚实，防止泥块混入料内，四周开好排水沟，堆形最好是南北向。堆料前一天将湿猪粪、干牛粪（牛粪晒干后要粉碎）混合，再用粪水或清水拌透。粪肥湿度以能捏成团散得开为度。麦草要截成20～30 cm的小段，并事先用清水浸透，稻草可随浸随堆。如加豆饼、菜籽饼、蚕粪等，都要提早一天浸泡，堆料时分层加入。建堆时，先铺一层15 cm厚的草，后铺一层4～6 cm厚的粪肥、尿素、硫酸铵等化肥，化肥要在建堆时使用，迟用则料内会产生氨气，抑制蘑菇菌丝的生长，造成播种后不发菌。这样重复堆叠，一直堆到高1.5 m，宽2.3 m，堆顶呈龟背形。

堆料过程中要边堆边浇水，一般从第三层开始浇，下层少浇，上层多浇，水要浇在草上，堆好后料周围应有少量水流出。培养料堆制后用草帘覆盖，下雨用塑料薄膜覆盖，防止雨淋流失养分。也可以在料堆上搭一环形防雨棚，既能防雨，又能透气。

粪草建堆发酵后，需经常进行翻堆。翻堆的目的是通过对粪草的翻动改变堆内空气条件，调节水分，散发废气，促进有益微生物的不断生长繁殖，从而进一步发酵，再次升高堆温，使培养料养分加速转化和分解，并利用堆温消灭杂菌和害虫。翻堆时需把下面的料翻到上面，把四周的翻到中间，把粪草充分抖松，促进均匀一致。从建堆到堆料进菇房，一般翻堆4～5次，每次间隔时间是7 d、6 d、5 d、4 d、3 d，但具体的翻堆次数还应根据料堆温度等情况灵活掌握。

翻堆时的水分调节，采用“一湿二润三看”的原则，即第一次翻堆时水分要加足，第二次翻堆时适当地加些水，第三次翻堆时要根据料的干湿来决定是否加水，料的湿度控制在65%左右为宜。第一次翻堆时加入石膏、过磷酸钙等，将其均匀地拌入料中。每次翻堆时要喷杀虫剂，以杀死料中的害虫。

堆料结束后，料内要插温度计，每天查看数次，以了解发酵是否正常。发酵完毕时料呈红棕色，无粪臭味，草长10～15 cm，一拉即断，汁水浓，粪草均匀，料疏松，pH为7.0～7.5。

②两次发酵法。双孢蘑菇培养料的两次发酵技术就是把培养料的发酵分成两个阶段进行，即室外前发酵和室内后发酵。室外前发酵比一次发酵推迟5～10 d进行，即安排在下种前25 d左右。建堆方法与常规相同，堆期为11～13 d，翻堆3次，间隔时间一般是

4 d、3 d、3 d。第三次翻堆后，隔 1 d 即可进房。前发酵结束后料的腐熟程度：颜色大部分为淡咖啡色，略有氨味，草料有较强的抗拉力，弹性足，五六成熟（过熟的培养料后发酵效果差）。进房时，培养料的湿度应掌握在含水量为 65%～68%，即紧握一把料指缝间能滴下 4～6 滴水，pH 为 7.8～8.0。

室内后发酵，要求菇房密封不漏气（室内熏蒸，室外不冒烟），床架要牢固。具体方法：第三次翻堆后 2 d，当料温上升到 70～75 ℃时，立即利用中午气温较高时组织劳力在 2～3 h 内突击趁热进房，将料放在菇床的上、中层（下层不放，因下层温度较低），堆成长条，料厚度为 30～50 cm。

料进房后，立即封闭菇房的所有门窗、拔风筒，使料温迅速回升。2～3 h 后，菇房上、中、下层的平均温度可达 45～47 ℃。然后再采取突击加温，一般每 110 m^2 菇床面积用煤炉或事先砌好的土炉子 10～12 只，3～4 h 后室温即可达到 60 ℃左右，但料温还达不到 60 ℃。继续加温 8～10 h 后，使整个料内温度达 60～62 ℃，保持 2～3 h，以杀死有害微生物。然后逐渐熄灭炉子，降温至 48～52 ℃，保持 48～72 h。整个过程需 4～6 d，每 110 m^2 菇房用煤量为 150 kg 左右，一般每 2～3 h 加煤一次。

由于后发酵的菇房密封条件都较好，因此要防止煤气中毒。加煤前可略开部分门窗，补充新鲜空气，快速加好煤后立即关好。后发酵结束后要开窗通风降温，先开上窗，因为上层温度高，2～3 h 后再开中窗，最后开地窗。降温以后，将培养料均匀分床，并使料内水分在 60%左右，即用手握紧料有水渍而不滴下为好。如料偏干，可喷适量 1%的石灰水。

（6）进料消毒。一次发酵法结束室外发酵后，将已腐熟的培养料尽快搬入菇房。进料的顺序是先进最上层床架，从上到下，逐床填入，填料的厚度为 16～20 cm。填料完毕，关闭门窗和拔风筒，将甲醛、敌敌畏各 1 kg 分别放入几只铁锅内用煤炉加热，密闭熏蒸 24 h。

菇房熏蒸时，凡是漏气的地方都应堵塞，并注意安全。农户家庭小菇房不能熏蒸时，也可采用药物喷雾的方法，以杀死病虫害。具体方法是用 0.4%的敌敌畏药液、波尔多液或石硫合剂分别喷在床架正反面、四周墙壁、房顶、地面等处，杀虫灭菌效果也较好。

（7）培养料的翻格。后发酵或菇房消毒熏蒸后，开窗通风，待药味消失后及时翻动料层，使粪草混合均匀，并拣掉土块、粪块及杂物等，整平料面。翻格结束后，将床架、地面打扫干净，准备播种。

（8）播种。

①选种。选无杂菌、无虫害、菌丝浓密、旺盛、菌龄在 60 d 左右的优良菌种。凡是菌丝断裂，料不变色、吐黄水或结菌块的都应不用。下种前一天，拔开菌种瓶棉塞，蘸上敌敌畏液后再塞好进行杀虫，以避免螨类危害。

②培养料要求。培养料含水量在 65%左右，pH 为 7.0～7.5，料中无氨气。消除料中的氨气可喷适量的甲醛，也可加强菇房通风换气，排尽氨气后再进行播种。

③播种时间。各地可根据当地的气候条件选择适当的播种期，一般在气温不高于 25 ℃时播种，长江流域可在 9 月上旬播种。

④方法和用量。可采用穴播法、撒播法和混播法。穴播法，穴距为 7～10 cm，播入

核桃大小的菌种一块；撒播法，在料面上撒上薄薄的一层菌种，播后轻轻压实；混播法，将 2/3 的菌种播在料层的上中部，将另 1/3 的菌种播在料面并轻压实。

⑤播种量。麦粒种（750 mL 菌种瓶）一瓶可播 1.0～1.2 m^2；棉籽壳种一瓶（袋）可播 0.6～0.7 m^2；粪草种一瓶（袋）可播 0.3 m^2。

（9）发菌期管理。播种后的 2～3 d，以保湿为主，促使菌丝萌发。3 d 后菌丝开始吃料，7～10 d 菌丝基本布满培养料表面时，可逐渐加大菇房的通风量。气温在 25 ℃以上时，早晚要开窗，以排除菇房内的不良气体和增加新鲜空气，中午关闭门窗，加强保湿。如发现床面过干，可间接喷水，即用长纤维无纺布或报纸覆盖床面，将水喷在无纺布或报纸上，让料面逐步吸湿转潮，促进料面菌丝的生长。

发菌期间有时会有杂菌和虫害，要经常检查菇房内环境，如发现杂菌，可用 0.1%多菌灵喷洒发病的床面，或用 0.5%甲基硫菌灵防治。

（10）覆土。

①覆土的选择。覆土的性质影响出菇的迟早与产量的高低。国外多用泥炭土作覆土材料，泥炭土是一种组织柔软疏松、吸水力极强的有机质。向床面喷水时，泥炭土吸收大量水分，使水分不会漏到料层中去，所以不会出现水分过多伤害菌丝生长的情况，有利于子实体发育健壮、提高产量。

我国双孢蘑菇栽培所用的覆土多为田园土。覆土根据土粒大小分为粗土与细土。粗土直径为 2.0～3.0 cm，细土直径为 0.5～1.5 cm。覆土以壤土为好，要选毛细孔多、有机质含量高、团粒结构好、含水量大且含有一定的营养成分的土壤作为覆土材料，以利于双孢蘑菇生长和出菇。

②覆土的厚度。覆土过薄会导致水分和养分供应不足，使双孢蘑菇减产；覆土过厚易造成不通气和水分过多，也不利于菌丝生长。国外的用泥炭土作覆土，厚度一般在 6.0 cm 左右，国内如用粗细土覆土，厚度以 4.0～5.0 cm（粗土 2.5～3.0 cm、细土 1.0～2.0 cm）为宜；用湿的河泥砻糠土，厚度以 1.5～2.0 cm 为宜。

③覆土的时间和方法。适宜的覆土时间是根据料层菌丝的深度来决定的，菌丝大部分都伸展到床底时便是覆土的时间。先覆粗土，隔 7～10 d 再覆细土。为防止覆土时带入病虫，覆土前要对覆土进行消毒杀虫处理。具体方法是将 10%甲醛溶液及 1%敌敌畏溶液喷在土粒上，10 t 土用药 2～4 kg，喷洒后拌匀，用塑料薄膜盖上闷 2 d。覆土时要散堆，等土粒中的有害气体散去后才能使用。

④调水。覆土可用干的粗土，覆土后 3 d 内喷足水，也可采用干土预湿。一般覆粗土后 1～2 d 开始喷水，连续 3 d。在用水量上掌握两头轻、中间重，即第一天喷水 2.5～3.5 kg/m^2，第二天喷水 4.5 kg/m^2，第三天喷水 2.5～3.0 kg/m^2，3 d 内共喷水 10～11 kg/m^2。喷水的标准是粗土无白心、质地疏松、手捏土粒扁而不黏手。另外，还要根据天气的晴雨、水分蒸发量的大小以及土壤的吸水快慢等因素适当增减用水量。

菌丝伸展到粗土缝隙中时开始覆第一次细土，覆细土量为 9.0～13.5 kg/m^2，约占粗土厚的 1/3，做到粗土块上至少有一些细土覆盖，要求覆匀抹平，做到当天覆细土当天喷好水，一般每天喷 0.9～1.4 kg/m^2，切不可喷得过湿。

(11）秋菇管理。

①水分管理。双孢蘑菇生长过程中养分的输送需要水分，同时还不断地蒸发水分，因此，要给予足够的水分才能满足双孢蘑菇生长发育的要求。但水分过多会使菌丝早衰，甚至死亡，水分过少不能满足子实体的需要，所以水分管理是整个秋菇生产过程中最为重要的一环，必须认真对待。

秋季前期双孢蘑菇出菇多，后期出菇少，温度由高到低，因此要菇多时多喷、菇少时少喷，前期多喷、后期少喷。喷出菇水后，停水 2 d，以后每天喷水 1～2 次。菇蕾长到黄豆大时，喷 1～2 次重水，细土喷水以搓得圆、不黏手为度，含水量在 20%左右，粗土喷水以捏得扁、有裂口、含水量在 18%左右为度。喷水最好在上午或下午温度较低时进行。秋菇后期，双孢蘑菇生长不像前期那么整齐，喷水采用轻喷、勤喷的方法，并逐渐减少用水量，使粗、细土比前期略干，保持细土松软。

②气温管理。双孢蘑菇是好氧性菌类，二氧化碳浓度超过 0.5%时，子实体形成受阻。秋菇前期气温高，可以早晚开窗通风，降低菇房温度，有利于子实体发育。秋菇后期，如气温在 12 ℃以下，则注意保温，在中午气温高时通风换气，早晚关窗保温。菇房通风不良，菇床上的霉菌会大量发生，如能闻到漂白粉气味等，则料内可能有其他杂菌。

③采后管理。双孢蘑菇采收后，菇床上留下的菇脚、死菇较多，要及时清除干净，以免菌丝生长受到影响，有碍出菇，而且时间长了腐烂后容易引起病虫危害。特别是采收第二批、第三批菇后，要剔出老菌丝，同时把采菇时带走的泥土用较湿润的细土重新补平，保持原来的厚度。挑根、补土工作必须在每批菇采收以后及时进行，推迟到下批菇开始形成时，就会影响产量。

④追肥。秋菇后期，即第三批菇采收后，因培养料养分已大量消耗，子实体常生长不良，品质下降，如菇形变小、薄皮菇增多等。在气温较低（15 ℃以下）时可根据情况进行追肥，以提高双孢蘑菇产量和品质，并促使菌丝生长强壮。

追肥有以下几种：

A. 尿素。浓度掌握在 0.5%，第二批或第三批菇采收结束后，结合喷水进行。

B. 豆浆。黄豆 1 kg，浸泡磨成浆，过滤后加水 50 kg 喷施。

C. 猪、牛尿。把腐熟的 5%～10%的猪、牛尿煮沸，过滤后喷施。

D. 1%葡萄糖。于前批菇采收结束至下批菇黄豆大时追施。

E. 培养料浸出液。一般由剩余培养料晒干配制而成，可盛入缸中，用 5 倍的开水冲泡，并闷 3～5 h，过滤，冷却后喷施。

(12）春菇管理。

①水分管理。春菇用水的迟早与气温回升有关，并由菇床菌丝生长的好坏决定喷水期。床面菌丝生长好的可在 3 月上中旬开始喷水，菌丝生长势中等的可在 3 月中旬开始喷水，采用轻喷勤喷的方法，把泥层的水逐步调足。

②病虫防治。春菇生产期间，气候温暖，病虫害的发生也会逐渐增多，要早发现、早防治，以防为主。

③拆架消毒。春菇结束后，及早清除废料，防止废料中的病虫繁殖蔓延。把床架清洗干净，菇房内墙壁及天花板要涂抹石灰浆 1 次，以保持菇房清洁无病虫害。

技能实训

实训一 平菇熟料袋栽

一、实训目的

掌握平菇的熟料袋栽技术。

二、材料与用具

1. 菌种 平菇栽培种。

2. 药品 甲醛、高锰酸钾、75%酒精、糖、石膏、过磷酸钙。

3. 材料 杂木屑、米糠或麦麸、甘蔗渣、棉籽壳或秸秆粉、聚丙烯塑料袋、颈圈、皮筋等。

4. 器具 高压蒸汽灭菌器、常压灭菌灶、接种箱、接种室、接种铲、镊子等。

三、方法步骤

1. 栽培配方

(1) 杂木屑 78%、米糠或麦麸 20%、糖 1%、石膏 1%、水适量。

(2) 棉籽壳 97.6%、石膏 1%、过磷酸钙 1%、尿素 0.4%、水适量。

(3) 甘蔗渣 39%、木屑 39%、麦麸 20%、石膏 1%、过磷酸钙 1%、水适量。

(4) 秸秆粉 78%、米糠或麦麸 20%、糖 1%、石膏 1%、水适量。

(5) 玉米芯 80%、米糠或麦麸 10%、玉米面 5%、饼肥 3%、石膏 1%、过磷酸钙 1%、水适量。

以上配方仅供参考，各地可根据当地的材料来源按照平菇对营养的要求进行组合，力求达到材料来源广、成本低、产量高的目的。

2. 栽培方法

(1) 塑料袋选择。选用 17.000 cm×33.000 cm×0.005 cm 的聚丙烯塑料折角袋，也可将高压聚丙烯塑料薄膜用电熨斗或塑料封口器粘成袋子。

(2) 装袋。人工装袋时，左手撑开袋口，右手抓料，装料至袋长的 2/3，将料面压实整平，用圆锥形捣木在中间扎一个通气孔，然后在袋口外面套上一直径为 3.5 cm、高 3.0 cm 的颈圈。袋口塞上棉塞，包上防潮纸（或在颈圈上先盖两张报纸，再盖上塑料膜，用橡皮筋扎紧）。

(3) 灭菌。高压聚丙烯塑料袋料可选择高压灭菌，121 ℃灭菌 2 h，也可将料袋置于常压 100 ℃的灭菌灶内，灭菌 10 h。

(4) 接种。灭菌后，待料温降至 30 ℃左右时，可移入接种箱或接种室进行接种。

(5) 发菌管理。将已接种的料袋搬进培养室的培养架上，23～25 ℃培养。若室温偏低，可重叠排放，并盖薄膜；若室温偏高则应单层排放，要留间隙，并控制培养室内湿度在 60%～70%。培养一段时间后应进行翻堆，把上面的调到下面，把外面的调到里面，目的在于让菌袋各部分发菌一致，并在翻堆时挑出污染袋。经过 30 d 左右的培养，菌丝可长满培养料。

（6）出菇管理。料袋长满菌丝后应立即搬到出菇室进行出菇管理。出菇阶段菇房温度控制在 15～25 ℃，根据栽培季节和所用的温型选择适宜的温度。温度超过 30 ℃，可向空间和料面各喷一次重水，保持空气相对湿度在 90%左右。为减少栽培袋水分蒸发，可在菌墙上面覆盖一层遮阳网，每天向遮阳网上喷水。这样不仅能提高保湿效果，还可以避免喷水对菌丝的直接损伤。

（7）采收及采后管理。早秋平菇生长快，子实体从现蕾到成熟只需 3～4 d。所以，早秋栽培的平菇要早采、勤采。菇盖展开度达八成、菌盖边缘没有完全平展时就要及时采收。一般隔一天采收一次。采收前喷一次轻水，使菇盖保持新鲜干净，并能减少破碎。采收时连基部整丛起收，轻拿轻放，防止损伤菇体。

一潮菇采完后，要清除死菇、残菇，停止喷水 3～4 d，待菌丝恢复生长后再进行水分和通气管理。经 7～10 d，菌袋表面长出再生菌丝，发生第二批菇蕾。在出过二潮菇后，培养料的含水量严重下降，应及时补水。

四、实训报告/思考题

1. 完成实训报告。
2. 平菇熟料袋栽的关键是什么？
3. 可以通过何种措施来提高平菇的产量？

实训二　参观微生物农药生产企业

一、实训目的

了解 Bt（苏云金杆菌）杀虫剂的生产工艺和生产流程。

二、材料与用具

1. 材料　生产企业资料。
2. 用具　交通工具、相机、笔、记录本等。

三、方法步骤

1. 确定参观时间、集合地点，准备好笔记本、照相机、摄像机等。
2. 前往目的地。
3. 了解企业的发展历史及发展前景，了解企业产品的主要特色及市场（公司简介）。
4. 了解工厂的建设环境及生产过程的基本特点。
5. 了解 Bt 杀虫剂的杀虫机制及优点。
6. 了解工厂各种机器和设备的特点及作用。
7. 了解产品的生产工艺及流程。

四、实训报告/思考题

1. 完成实训报告（过程、收获、体会，谈谈自己对微生物农药发展前景的看法）。
2. 该企业的产品有什么特点？生产的先进性如何？

实训三 参观市郊生态村沼气池

一、实训目的

了解“猪-沼-果”生态模式沼气池的应用。

二、材料与用具

1. 材料 生态村沼气池的相关资料。
2. 用具 交通工具、照相机、笔、记录本等。

三、方法步骤

1. 确定参观时间、集合地点，准备好笔记本、照相机、摄像机等。
2. 乘车前往目的地。
3. 在沼气池技术负责人的带领下边看边介绍“猪-沼-果”生态模式沼气池的建造和应用情况；生态农业领域沼气池项目的开发和建设；沼气池的应用原理、清洁能源、环境保护、生态效益、对新农村建设的作用等。
4. 完成参观任务后安全从生态村返回学校。
5. 完成实训报告。

四、实训报告/思考题

1. 完成实训报告。
2. 了解“猪-沼-果”生态模式沼气池的应用原理。
3. 如何以沼气池建设为纽带提高新农村建设？

实训四 参观金针菇工厂化栽培企业

一、实训目的

了解金针菇工厂化生产的设计方案、设备配置、工艺流程、管理措施。

二、材料与用具

1. 材料 生产企业资料。
2. 用具 交通工具、相机、笔、记录本等。

三、方法步骤

1. 确定参观时间、集合地点，准备好笔记本、照相机、摄像机等。

2. 乘车前往目的地。

3. 在企业技术员的带领下参观金针菇工厂化生产工艺流程，介绍金针菇生长情况、销售情况、价格情况、场地租金等。参观基质培养车间、灭菌车间、接种车间、育菇车间、加工车间、保鲜车间，就项目规划设计、生产工艺流程、设备运转性能、员工绩效管理等方面进行详细介绍。

4. 完成参观任务后安全从企业返回学校。

5. 完成实训报告。

四、实训报告/思考题

1. 完成实训报告。

2. 说明金针菇工厂化栽培的工艺流程。

3. 简述金针菇工厂化栽培的关键技术。

项目小结

本项目设计了4个任务，从几个领域阐述了微生物在农业上的应用，主要有微生物农药、微生物肥料、微生物饲料、微生物能源和食用菌。微生物在能源上的应用更是我们应该研究的领域，沼气在农村的应用对农村建设具有广泛的社会意义。

1. 微生物农药　微生物农药就是利用微生物或其代谢产物来防治植物病虫害的一种农药，它是通过筛选昆虫病原体或病菌拮抗微生物，人工培植、收集、提取而成的。按照用途，可将其分为微生物杀虫剂、农用抗生素、微生物除草剂、微生物激素等。

(1) 微生物杀虫剂。可分为3类：①细菌杀虫剂，有苏云金芽孢杆菌、球形芽孢杆菌杀虫剂和金龟子芽孢杆菌制剂。②白僵菌、绿僵菌与拟青霉是真菌杀虫剂，白僵菌杀虫剂推广面积最大、应用最广。③病毒杀虫剂，应用最多的有核型多角体病毒和颗粒体病毒。

(2) 农用抗生素。农用抗生素是微生物发酵过程中产生的次级代谢产物，可抑制或杀灭作物的病、虫、草害及调节作物生长发育。阿维菌素、浏阳霉素和多杀霉素用于杀虫；井冈霉素和春雷霉素、农抗120、公主岭霉素等用于杀菌。

(3) 微生物除草剂。微生物除草剂是将杂草病原菌活体或其代谢产物加工成一定的剂型，在适宜的防治时期（杂草易感病时期）进行杂草防治。常用的有炭疽病毒（鲁保一号制剂可防治菟丝子)、黑腐病菌（选择性强，用于草坪草除杂草)。

(4) 微生物激素。许多微生物分泌激素物质，其中有部分对植物生长具有刺激作用。有赤霉素（赤霉酸，GA)、脱落酸（ABA）和比洛尼素等。

2. 微生物肥料与饲料

(1) 微生物肥料。微生物肥料是指含有活的微生物并在使用后能获得特定肥料效应增加植物产量或提高产品质量的微生物制剂。有固氮菌肥料、根瘤菌肥料、磷细菌肥料、钾细菌肥料、“5406”菌肥等。施用微生物肥料对于生产安全无公害的绿色食品、发展高产优质的高效农业具有重要作用。

(2) 微生物饲料。微生物饲料是以微生物、复合酶为生物饲料发酵剂菌种，将饲料原

料转化为微生物菌体蛋白、生物活性小肽类氨基酸、微生物活性益生菌、复合酶制剂的生物发酵饲料，主要有单细胞蛋白饲料、菌体蛋白饲料、发酵秸秆饲料等。

3. 微生物能源　主要是沼气发酵，充分利用农村废弃物有效地解决农村能源问题。沼气是有机物质在厌氧条件下经过微生物发酵作用而生成的以甲烷为主的可燃气体，它是一种高热值燃气能源。用作沼气发酵原料的有机物种类繁多，包括畜禽粪便、作物秸秆、食品加工废物和废水以及酒精制取后的废料等。沼气发酵剩余物是一种高效有机肥料和养殖辅助营养料，可与农业主导产业相结合进行综合利用。本教材简单阐述了沼气发酵的原理、沼气发酵的条件和沼气发酵工艺，介绍了几种沼气发酵新型生态模式。

4. 食用菌　食用菌是指能够形成大型肉质、胶质的子实体或菌核组织并供人们食用或药用的一类大型真菌，由菌丝体和子实体两部分组成。食用菌多属担子菌门。营养类型有腐生型、寄生型、共生型，大部分食用菌属于腐生菌。需要的营养物质有碳源、氮源、无机盐类、维生素等，生产上多用农副产品及下脚料作为原料。食用菌生长要求的环境因素有温度、水分和空气相对湿度、空气（氧气和二氧化碳）、光照、酸碱度等。食用菌菌种是指经人工培养并供进一步扩大繁殖的食用菌的纯菌丝体，分为母种（一级种）、原种（二级种）、栽培种（三级种）。母种是由孢子萌发或由菇体组织分离得到的纯菌丝体，原种是指将母种转接到瓶中原种培养基上培养形成的菌种，栽培种是指将原种扩大至与原种相同或类似的培养基上形成的菌种。三级菌种制作流程：制作培养基→消毒灭菌→菌种分离和菌种培养等。食用菌人工栽培是利用锯末、秸秆、棉皮、玉米芯等农产品下脚料生产味道鲜美、营养丰富的优质食品的过程。栽培方法有多种，有袋栽、床栽、层架栽，有棚栽、温室栽等，生料、熟料、发酵料均可以。本教材介绍了平菇、双孢蘑菇的栽培技术，供大家学习。

思考题

1. 什么是微生物农药？微生物农药的主要种类有哪些？请举例说明。
2. 什么是农用抗生素？农用抗生素有何特性？怎样使它广泛地为农业生产服务？
3. 微生物肥料可分为哪几类？各有什么功能？
4. 发酵秸秆饲料的原理是什么？
5. 试述沼气发酵的条件及过程。
6. 试述食用菌正常生长需要的营养物质及适宜的环境条件。

探究与拓展

1. 沼气发酵在生态农业中有什么作用？
2. 食用菌的发展前景如何？
3. 试一试利用学到的技能栽培一种食用菌。

参考文献

常金梅，蔡芷荷，吴清平，等，2008. 菌种冷冻干燥保藏的影响因素［J］. 微生物学通报，35（6）：959-962.

陈敏，2011. 微生物学实验［M］. 杭州：浙江大学出版社.

陈玮，董秀芹，2007. 微生物学及实验实训技术［M］. 北京：化学工业出版社.

刁治民，魏克家，陈占全，2007. 农业微生物工程学［M］. 西宁：青海人民出版社.

刁治民，周富强，2008. 农业微生物生态学［M］. 成都：西南交通大学出版社.

高志强，2011. 农业生态与环境保护［M］. 北京：中国农业出版社.

洪健，周雪平，2006. ICTV第八次报告的最新病毒分类系统［J］. 中国病毒学，21（1）：84-96.

黄秀梨，2009. 微生物学［M］. 北京：高等教育出版社.

黄亚东，时小艳，2013. 微生物实验技术［M］. 北京：中国轻工业出版社.

黄毅，2008. 食用菌栽培［M］. 3版. 北京：高等教育出版社.

江宁，2008. 微生物生物技术［M］. 北京：化学工业出版社.

李登煜，梁如玉，2001. 农业微生物应用技术［M］. 成都：四川大学出版社.

李阜棣，胡正嘉，2016. 微生物学［M］. 6版. 北京：中国农业出版社.

李志香，张家国，2014. 微生物学及其技能训练［M］. 北京：中国轻工业出版社.

马迪根，2009. Brock微生物生物学：上册［M］. 北京：科学出版社.

山西省原平农业学校，1992. 农业微生物学［M］. 2版. 北京：农业出版社.

山西省原平农业学校，1997. 农业微生物［M］. 北京：中国农业出版社.

沈萍，陈向东，2007. 微生物学实验［M］. 4版. 北京：高等教育出版社.

沈萍，陈向东，2016. 微生物学［M］. 8版. 北京：高等教育出版社.

宋伟，2006. 微生物在农业生产及农业环保中的应用［J］. 中国农村小康科技（3）：18-19.

宋渊，2010. 农业微生物学［M］. 北京：中央广播电视大学出版社.

檀耀辉，赵玉莲，1984. 酿造微生物基本知识讲座第八讲：菌种的衰退、复壮和保藏［J］. 调味副食品科技（6）：32－34.

万国福，2019. 微生物检测技术［M］. 北京：化学工业出版社.

王镜岩，朱圣庚，徐长法，等，2013. 生物化学：上册［M］. 3版. 北京：高等教育出版社.

韦革宏，王卫卫，2007. 微生物学［M］. 北京：科学出版社.

魏明奎，2010. 微生物学［M］. 北京：中国轻工业出版社.

吴敏，1992. 食用菌菌种衰退的防止与菌种保藏［J］. 生物学通报（1）：15-16.

叶颜春，2017. 食用菌生产技术［M］. 2版. 北京：中国农业出版社.

佚名，2009. 菌种为什么会衰退？怎样防止菌种衰退［J］. 发酵科技通讯（1）：55.

袁红莉，王贺祥，2009. 农业微生物及实验指导［M］. 北京：中国农业大学出版社.

袁龙刚，张军林，2006. 微生物资源在现代农业中的应用［J］. 陕西农业科学（5）：84-86.

战忠玲，2009. 农业微生物［M］. 北京：化学工业出版社.

张爱梅，郭大城，王建丽，等，2011. 国内菌种保藏材料及保藏方法研究现状［J］. 河南预防医学杂志，22（6）：405-412.

张瑞颖，胡丹丹，左雪梅，等，2010. 食用菌菌种保藏技术研究进展［J］. 食用菌学报，17（4）：84-88.

张彤，方汉平，2003. 微生物分子生态技术：16SrRNA/DNA 方法［J］. 微生物学通报，30（2）：97-101.

赵金海，2012. 微生物学基础［M］. 北京：中国轻工业出版社.

郑毅，武占省，李艳宾，2016. 农业微生物及技术应用［M］. 长春：吉林大学出版社.

周德庆，2015. 微生物学教程［M］. 3 版. 北京：高等教育出版社.

周德庆，徐德强，2013. 微生物学实验教程［M］. 3 版. 北京：高等教育出版社.

周奇迹，2001. 农业微生物［M］. 北京. 中国农业出版社.

诸葛健，2006. 工业微生物育种学［M］. 北京：化学工业出版社.

J. P. 哈雷，2012. 图解微生物实验指南［M］. 谢建平，等译. 北京：科学出版社.

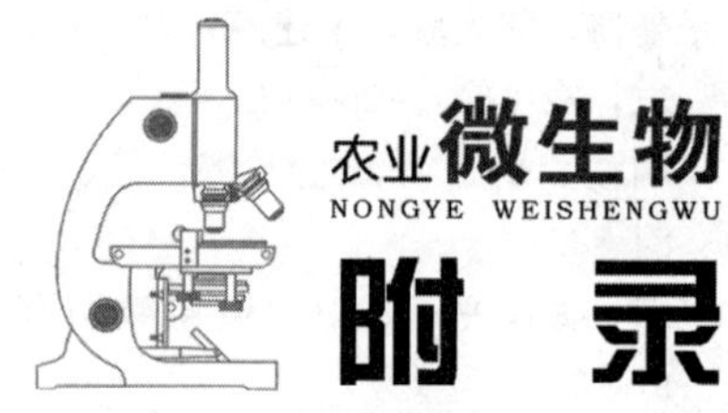

附录一　实验室常用仪器的使用及注意事项

一、普通冰箱

在实验中普通冰箱主要被用来储藏化学试剂、菌种、培养基等。使用冰箱时应注意以下事项：

（1）冰箱应放置在通风阴凉的房间内，离墙壁要有一定的距离，利于散热。冰箱严禁储存或靠近易燃、易爆、有腐蚀性物品及易挥发的气体、液体。

（2）使用时应将温度调节至所需的温度，通常冰箱冷藏温度为 3～5 ℃。

（3）储存在冰箱内的所有容器上应贴好标签密封保存，上面注明内装物品的名称、储存日期和储存者的姓名。未标明的或废旧物品应当高压灭菌后再丢弃。

（4）打开冰箱存取物品时，要尽量缩短时间，防止外界环境对内部的影响；较热的物品不能立即放入冰箱。

（5）冰箱应定期除霜，以免阻碍传热。冰箱内应保持清洁干燥，如内部被污染，应先把电路关闭再进行内部清理，然后用福尔马林熏蒸消毒后再使用。

二、恒温培养箱

恒温培养箱亦称培养箱，是培养微生物的主要设备。常用的是以电力作为热源的电热恒温培养箱，使用方法：

（1）接通电源，开启电源开关。

（2）调节调节器按钮至调节温度挡，并调节至所需温度，点击确认按钮，加热指示灯亮，培养箱进入升温状态，最终达到指定温度进入恒温状态。

（3）打开箱门，将培养物放入培养箱内。

（4）培养结束后，关闭电源开关。取出物品后，用布擦干培养箱内部，保持培养箱内外清洁。

注意事项：

（1）培养箱内物品不宜放置过满，应使空气流动畅通，保持箱内平均受热。

（2）培养箱内外应保持清洁，每次使用完毕应当进行清理。

（3）放取培养物时，动作要敏捷。用毕应关好箱门，以免温度发生较大波动而影响微生物的正常生长。

(4) 经常观察培养箱上所指示的温度是否与所设温度相符。

三、热风干燥箱

热风干燥箱亦称烘箱，常用于玻璃器皿如试管、锥形瓶、烧杯、玻璃吸管等的灭菌。热风干燥箱的使用方法及注意事项如下：

(1) 将准备灭菌的玻璃器皿洗净干燥后，用牛皮纸进行包装或装入灭菌盒后放入烘箱内。注意避免放置过满，以免影响热空气流通。

(2) 关闭箱门，打开通气孔，接通电源加热。

(3) 待烘箱内空气排出到一定程度时关闭通气孔，继续加热，当温度达到 160～170 ℃时，保持 2 h 即可。

(4) 使用结束，切断电源，此时切勿马上打开烘箱门，以免玻璃器皿骤然遇冷而爆裂。待烘箱内的温度自然下降至 60 ℃以下时才能开门，取出灭菌物品。

四、高压蒸汽灭菌器

高压蒸汽灭菌器简称高压灭菌锅，可分为手提式高压灭菌锅和立式高压灭菌锅。它利用电热丝加热水产生蒸汽，并维持一定压力，从而达到灭菌效果。耐高温和潮湿的物品，如玻璃器皿、培养基、药液、纱布、棉花敷料及工作服等均可用它进行灭菌。具体使用方法如下：

(1) 使用前要向高压灭菌锅的外桶加蒸馏水到水位线。

(2) 将需要灭菌的培养基、蒸馏水或其他器皿放入高压灭菌锅，关闭锅盖，打开电源，高压灭菌锅开始工作。

(3) 高压灭菌锅压力指针首次升至 0.05 MPa 时，打开放气阀放冷气，一定要充分排尽锅内冷空气。待压力表指针降至“0”后，关闭放气阀，使压力继续上升。

(4) 压力升至 0.15 MPa、温度为 121 ℃时，高压灭菌锅自动切断电源，此时开始计时，维持此压力，灭菌 15～20 min。也可在 0.10～0.15 MPa 压力下维持 25～30 min。

(5) 达到规定的灭菌时间后，关闭电源，让灭菌锅自然冷却至室温，打开放气阀，揭盖取出灭菌物品。

注意事项：

(1) 堆放灭菌物品时，严禁堵塞安全阀的出气孔，必须留出空间保证其畅通放气。

(2) 每次使用前必须检查外桶内水量是否保持在水位线。

(3) 灭菌结束后，让高压灭菌锅自然冷却至室温，再打开放气阀，以防止压力急速下降使容器中液体滚沸而从容器中溢出。

(4) 使用完毕，如长时间不用，应将锅内剩余水全部放出，以免生锈。

五、超净工作台

超净工作台可以在特定的空间内处理工作区内部的空气中的尘埃颗粒和生物，以形成无菌的高洁净的工作环境，被广泛应用于无菌室实验、无菌微生物检验、植物组培接种等需要局部洁净无菌的工作环境。超净工作台的使用方法如下：

（1）用超净工作台时，应提前 50 min 开机，同时开启紫外杀菌灯，杀灭操作区内表面积累的微生物，30 min 后关闭紫外杀菌灯，打开可见光源，启动风机。

（2）工作台面上，不要存放不必要的物品，以保持工作区内的洁净气流不受干扰。

（3）操作结束后，清理工作台面，收集各种废弃物，关闭风机及照明开关，用清洁剂及消毒剂擦拭消毒。

（4）最后开启工作台紫外杀菌灯，照射 30 min 后，关闭紫外杀菌灯，切断电源。

注意事项：

（1）操作区内尽量避免做明显扰乱气流的动作。

（2）要经常用纱布蘸上酒精将紫外线杀菌灯表面擦干净，保持其表面清洁，否则会影响其杀菌能力。

（3）操作者应穿着洁净的工作服、工作鞋，戴好口罩、帽子，以保证工作区洁净卫生。

（4）正常使用情况下，建议 3～6 个月进行一次渗漏检查和气流速度检查。

附录二　实验室常用指示剂的性能及配制

实验室常用指示剂的性能及配制见附表 2-1。

附表 2-1　实验室常用指示剂的性能及配制

名称	pH 范围	颜色变化	配制方法
甲基红	4.2～6.2	红→黄	将 0.10 g 甲基红溶于 3.72 mL 0.02 mol/L 氢氧化钠溶液中，加蒸馏水稀释至 250 mL
甲酚红	7.2～8.8	黄→红	将 0.10 g 甲酚红溶于 13.10 mL 0.02 mol/L 氢氧化钠溶液中，加蒸馏水稀释至 250 mL
溴酚蓝	3.0～4.6	黄→蓝紫	将 0.10 g 溴酚蓝溶于 13.60 mL 0.02 mol/L 氢氧化钠溶液中，加蒸馏水稀释至 250 mL
百里酚蓝（麝香草酚蓝）	1.2～2.8	红→黄	将 0.10 g 百里酚蓝溶于 10.75 mL 0.02 mol/L 氢氧化钠中，加蒸馏水稀释至 250 mL
酚酞	8.0～10.0	无→红	将 0.10 g 酚酞溶于 60.00 mL 乙醇中，加蒸馏水稀释至 100 mL
酚红	6.8～8.2	黄→红	将 0.10 g 酚红溶于 14.20 mL 0.02 mol/L 氢氧化钠溶液中，稀释至 250 mL
溴甲酚紫	5.2～6.8	黄→红紫	将 0.10 g 溴甲酚紫溶于 9.25 mL 0.02 mol/L 氢氧化钠溶液中，加蒸馏水稀释至 250 mL
溴百里酚蓝（溴麝香草酚蓝）	6.0～7.6	黄→蓝	将 0.10 g 溴百里酚蓝溶于 8.00 mL 0.02 mol/L 氢氧化钠溶液中，加蒸馏水稀释至 250 mL
中性红	6.8～8.0	红→黄	将 0.04 g 中性红溶于 28 mL 95%乙醇中，加蒸馏水稀释至 100 mL

附录三　实验室常用染色液的配制

一、吕氏（Loeffler）碱性亚甲蓝染色液

A 液：亚甲蓝（methylene blue）0.6 g，95%乙醇 30 mL。

B 液：KOH 0.01 g，蒸馏水 100 mL。

分别配制 A 液和 B 液，配好后混合即可。

二、齐氏（Ziehl）石炭酸复红染色液

A 液：碱性复红（basic fuchsin）0.3 g，95%乙醇 10 mL。

B 液：石炭酸 5.0 g，蒸馏水 95 mL。

将碱性复红在研钵中研磨后，逐渐加入 95%乙醇，继续研磨使其溶解，配成 A 液；将石炭酸溶解于水中，配成 B 液；混合均匀 A 液和 B 液，通常可将此混合液稀释 5～10 倍使用，稀释液易变质，一次不宜多配。

三、革兰氏（Gram）染色液

1. 草酸铵结晶紫染色液

A 液：结晶紫（crystal violet）2.0 g，溶于 20 mL 95%乙醇中。

B 液：草酸铵（ammonium oxalate）0.8 g，蒸馏水 80 mL。

将结晶紫研磨后，加入 95%乙醇使之溶解，配成 A 液；将草酸铵溶解于蒸馏水中，配成 B 液；混合均匀 A 液和 B 液，静置 48 h 后使用。

2. 卢戈氏（Lugol）碘液　碘片 1.0 g，碘化钾 2.0 g，蒸馏水 300 mL。

先将碘化钾溶于少量水中，再将碘片溶解在碘化钾溶液中，待碘全溶后，加蒸馏水至 300 mL 即可。

3. 番红复染液　番红 2.5 g，95%乙醇 100 mL。将番红溶于 95%乙醇溶液中，再取配好的番红乙醇溶液 10 mL 与 80 mL 蒸馏水混匀即可。

四、芽孢染色液

1. 孔雀绿染色液　孔雀绿（malachitegreen）5.0 g，蒸馏水 100 mL。

2. 番红水溶液　番红 0.5 g，蒸馏水 100 mL。

五、荚膜染色液

黑色素水溶液　黑色素 5 g，福尔马林（40%）0.5 mL，蒸馏水 100 mL。

取黑色素在蒸馏水中煮沸 5 min，然后加福尔马林作为防腐剂。

番红染色液与上述革兰氏染色液中的番红复染液相同。

六、鞭毛染色液

1. 硝酸银鞭毛染色液

A液：单宁酸 5.0 g，$FeCl_3$ 1.5 g，蒸馏水 100 mL，福尔马林（15%）2.0 mL，NaOH（1%）1.0 mL。将单宁酸和 $FeCl_3$ 溶于水后加入福尔马林和 NaOH，混合均匀备用。于冰箱内可保存 3～7 d，延长保存期会产生沉淀，但用滤纸除去沉淀后仍能使用。

B液：$AgNO_3$ 2 g，蒸馏水 100 mL。待 $AgNO_3$ 溶解后，取出 10 mL 备用，向其余的 90 mL $AgNO_3$ 中滴入浓一水合氨使之成为浓的悬浮液，再继续滴加一水合氨，直到新形成的沉淀又重新刚刚溶解为止。再将备用的 10 mL $AgNO_3$ 慢慢滴入，出现薄雾，轻轻摇动后，薄雾状沉淀消失，继续滴入 $AgNO_3$，直到摇动后仍呈现轻微而稳定的薄雾状沉淀为止。于冰箱内保存，通常可使用 7 d，如有银盐沉淀则不宜使用。

2. Leifson 鞭毛染色液

A液：碱性复红 1.2 g，95%乙醇 100 mL。

B液：单宁酸3 g，蒸馏水 100 mL。

C液：NaCl 1.5 g，蒸馏水 100 mL。

临用前将 A、B、C 液等量混合均匀后使用。3 种溶液分别于室温条件下保存，可保存几周，若置于冰箱中保存，可保存数月。

七、乳酸石炭酸棉蓝染色液

石炭酸 10 g，乳酸（密度为 1.21 g/cm^3）10 mL，甘油 20 mL，棉蓝 0.02 g，蒸馏水 10 mL。

将石炭酸加在蒸馏水中加热溶解，然后加入乳酸和甘油，最后加入棉蓝，使其溶解即可。

八、瑞氏（Wright）染色液

瑞氏染料 0.3 g，甘油 3 mL，甲醇 97 mL。

将瑞氏染料置于干燥的乳钵内研磨，先加甘油，后加甲醇，放在玻璃瓶中过夜后过滤即可。

九、姬姆萨（Giemsa）染色液

姬姆萨染料 0.5 g，甘油 33 mL，甲醇 33 mL。

将姬姆萨染料研细，然后边加入甘油边继续研磨，最后加入甲醇混匀，于 56 ℃下放置 1～24 h 后，即为姬姆萨贮有液。临用前在 1 mL 姬姆萨贮存液中加入 pH 7.2 磷酸缓冲液 20 mL，配成使用液。

附录四　实验室常用试剂及溶液的配制

一、V－P 试剂

1. 5% α－萘酚无水乙醇溶液　称取 α－萘酚 5 g，溶于 100 mL 无水乙醇即可。

2. 40% KOH 溶液　称取 KOH 40 g，溶于 100 mL 蒸馏水即可。

使用时将 1 和 2 中的溶液等体积混合均匀即可。

二、吲哚试剂

对二甲基氨基苯甲醛 2 g，95%乙醇 190 mL，浓盐酸 40 mL。

将对二甲基氨基苯甲醛溶解于 95%乙醇中，再缓慢加入浓盐酸，混匀即可。

三、无菌生理盐水（0.9% NaCl 溶液）

NaCl 9.0 g，蒸馏水 1 000 mL。

称取 9.0 g NaCl 溶于 1 000 mL 蒸馏水中，121 ℃高压灭菌 15 min，备用。

四、1 mol/L NaOH 溶液

NaOH 40 g，蒸馏水 1 000 mL。

称取 40 g NaOH，溶解于 1 000 mL 蒸馏水中。

五、1 mol/L HCl 溶液

浓盐酸 90 mL，蒸馏水 910 mL。

取 90 mL 浓盐酸，用蒸馏水稀释至 1 000 mL。

六、3%酸性乙醇溶液

浓盐酸 3 mL，95%乙醇 97 mL。

将浓盐酸加入 95%乙醇中，混匀即可。

七、洗涤液

洗涤液类型、配方及配制方法见附表 4－1。

附表 4－1　洗涤液

洗涤液类型	配方	配制方法
浓溶液	重铬酸钠或重铬酸钾（工业用）50 g，自来水 150 mL，浓硫酸（工业用）800 mL	将重铬酸钠或重铬酸钾先溶解于自来水中，可慢慢加温，使溶解，冷却后徐徐加入浓硫酸，边加边搅动。储存于有盖容器内
稀溶液	重铬酸钠或重铬酸钾（工业用）50 g，自来水 850 mL，浓硫酸（工业用）100 mL	

使用注意事项：

（1）洗涤液中的硫酸具有强腐蚀作用，玻璃器皿浸泡时间太长会使玻璃变质，因此应将器皿浸泡后及时取出进行冲洗。衣服和皮肤沾上洗涤剂应立即用水冲洗，再用苏打水或氨液洗。如果溅在桌椅上，应立即用水洗去或用湿布抹去。

（2）投入的玻璃器皿应尽量干燥，避免洗涤液被稀释。

（3）有大量有机质的器皿应先行擦洗，然后再加入洗涤液，以防有机质导致洗涤液失效。

（4）此洗涤液不适用于金属和塑料器皿，只适用于玻璃和瓷质器皿。

（5）将洗涤液储存于有盖容器内，以防洗涤液氧化变质。

（6）洗涤液可反复使用，但当其变为墨绿色时即已失效，不能再用。

附录五　实验室常用缓冲液的配制

一、磷酸缓冲液的配制

甲液：0.2 mol/L Na_2HPO_4。称取 35.61 g $Na_2HPO_4 \cdot 2H_2O$，溶于 1 000 mL 水中。
乙液：0.2 mol/L NaH_2PO_4。称取 31.21 g $NaH_2PO_4 \cdot 2H_2O$，溶于 1 000 mL 水中。
用时甲、乙两液各按不同配比混合，即可得所需 pH 的缓冲液（附表 5-1）。

附表 5-1　不同 pH 磷酸缓冲液甲、乙液配比

pH	甲液/mL	乙液/mL	pH	甲液/mL	乙液/mL
5.8	8.0	92.0	7.0	61.0	39.0
5.9	10.0	90.0	7.1	67.0	33.0
6.0	12.3	87.7	7.2	72.0	28.0
6.1	15.0	85.0	7.3	77.0	23.0
6.2	18.5	81.5	7.4	81.0	19.0
6.3	22.5	77.5	7.5	84.0	16.0
6.4	26.5	73.5	7.6	87.0	13.0
6.5	31.5	68.5	7.7	89.5	10.5
6.6	37.5	62.5	7.8	91.5	8.5
6.7	43.5	56.5	7.9	93.0	7.0
6.8	49.0	51.0	8.0	94.7	5.3
6.9	55.0	45.0			

二、磷酸氢二钠-柠檬酸缓冲液

甲液：0.2 mol/L Na_2HPO_4。称取 35.61 g $Na_2HPO_4 \cdot 2H_2O$，溶于 1 000 mL 水中。
乙液：0.1 mol/L $C_6H_8O_7$。称取 21.01 g $C_6H_8O_7 \cdot H_2O$，溶于 1 000 mL 水中。
用时甲、乙两液各按不同配比混合，即可得所需 pH 的缓冲液（附表 5-2）。

附表 5-2　不同 pH 磷酸氢二钠-柠檬酸缓冲液甲、乙液配比

pH	甲液/mL	乙液/mL	pH	甲液/mL	乙液/mL
2.2	0.40	19.60	3.2	4.94	15.06
2.4	1.24	18.76	3.4	5.70	14.30
2.6	2.18	17.82	3.6	6.44	13.56
2.8	3.17	16.83	3.8	7.10	12.90
3.0	4.11	15.89	4.0	7.71	12.29

（续）

pH	甲液/mL	乙液/mL	pH	甲液/mL	乙液/mL
4.2	8.28	11.72	6.2	13.22	6.78
4.4	8.82	11.18	6.4	13.85	6.15
4.6	9.35	10.65	6.6	14.55	5.45
4.8	9.86	10.14	6.8	15.45	4.55
5.0	10.30	9.70	7.0	16.47	3.53
5.2	10.72	9.28	7.2	17.39	2.61
5.4	11.15	8.85	7.4	18.17	1.83
5.6	11.60	8.40	7.6	18.73	1.27
5.8	12.09	7.91	7.8	19.15	0.85
6.0	12.63	7.37	8.0	19.45	0.55

三、柠檬酸-柠檬酸钠缓冲液

甲液：0.1 mol/L $C_6H_8O_7$。称取 21.01 g $C_6H_8O_7 \cdot H_2O$，溶于 1 000 mL 水中。

乙液：0.1 mol/L $Na_3C_6H_5O_7$。称取 29.41 g $Na_3C_6H_5O_7 \cdot 2H_2O$，溶于 1 000 mL 水中。

用时甲、乙两液各按不同配比混合，即可得所需 pH 的缓冲液（附表 5－3）。

附表 5－3　柠檬酸-柠檬酸钠缓冲液甲、乙液配比

pH	甲液/mL	乙液/mL	pH	甲液/mL	乙液/mL
3.0	18.6	1.4	5.0	8.2	11.8
3.2	17.2	2.8	5.2	7.3	12.7
3.4	16.0	4.0	5.4	6.4	13.6
3.6	14.9	5.1	5.6	5.5	14.5
3.8	14.0	6.0	5.8	4.7	15.3
4.0	13.1	6.9	6.0	3.8	16.2
4.2	12.3	7.7	6.2	2.8	17.2
4.4	11.4	8.6	6.4	2.0	18.0
4.6	10.3	9.7	6.6	1.4	18.6
4.8	9.2	10.8			

四、乙酸-乙酸钠缓冲液

甲液：0.2 mol/L HAC。称取 12.01 g HAC，溶于 1 000 mL 水中。

乙液：0.2 mol/L NaAC。称取 27.22 g $NaAC \cdot 3H_2O$，溶于 1 000 mL 水中。

用时甲、乙两液各按不同配比混合，即可得所需 pH 的缓冲液（附表 5－4）。

附表 5-4　乙酸-乙酸钠缓冲液甲、乙液配比

pH	甲液/mL	乙液/mL	pH	甲液/mL	乙液/mL
3.6	0.75	9.25	4.8	5.90	4.10
3.8	1.20	8.80	5.0	7.00	3.00
4.0	1.80	8.20	5.2	7.90	2.10
4.2	2.65	7.35	5.4	8.60	1.40
4.4	3.70	6.30	5.6	9.10	0.90
4.6	4.90	5.10			

附录六　实验室常用消毒剂的配制

实验室常用消毒剂的配制见附表 6－1。

附表 6－1　实验室常用消毒剂的配制

名称	配制方法	应用范围
甲醛（福尔马林）	1 m^3 空间用 2～6 mL 加热熏蒸	接种室和接种箱消毒
5％甲醛溶液	甲醛原液（35％）100 mL，蒸馏水 600 mL	桌面和玻璃器皿消毒
双氧水	30％过氧化氢原液 100 mL，蒸馏水 900 mL。密闭、避光、低温保存	物体表面消毒
75％乙醇	95％乙醇 75 mL，蒸馏水 20 mL	皮肤和器皿消毒
2％煤酚皂溶液（来苏水）	煤酚皂溶液 40 mL，蒸馏水 960 mL	浸泡用过的移液管等玻璃器皿、皮肤消毒
0.25％苯扎溴铵	苯扎溴铵（5％）50 mL，蒸馏水 950 mL	用过的盖玻片、载玻片及器皿消毒、皮肤消毒
醋酸	1 m^3 空间 3～5 mL 加热熏蒸	接种室和接种箱消毒
1％～3％石灰水	1～3 g 石灰，蒸馏水 100 mL	地面或粪便、畜舍消毒
0.1％氯化汞	氯化汞 0.1 g，浓盐酸 0.2 mL，蒸馏水 100 mL	物体表面消毒
0.1％的 $KMnO_4$	$KMnO_4$ 1 g，蒸馏水 1 000 mL	玻璃器皿消毒
5％苯酚溶液	苯酚 5 g，蒸馏水 100 mL	空气（喷雾）、地面、桌面、器皿消毒
2％～5％漂白粉液	20～50 g 漂白粉，蒸馏水 1 000 mL	接种室和培养室消毒

附录七　教学常用培养基配方

一、牛肉膏蛋白胨培养基（培养细菌）

牛肉膏 3 g，蛋白胨 10 g，NaCl 5 g，琼脂 15～20 g，加水定容至 1 000 mL。

配制时，将上述成分溶于水中，调 pH 至 7.2～7.4，121 ℃湿热灭菌 20 min。

二、高氏Ⅰ号培养基（培养放线菌）

可溶性淀粉 20 g，KNO_3 1 g，NaCl 0.5 g，$K_2HPO_4 \cdot 3H_2O$ 0.5 g，$MgSO_4 \cdot 7H_2O$ 0.5 g，$FeSO_4 \cdot 7H_2O$ 0.01 g，琼脂 15～20 g，水 1 000 mL。

配制时，先用烧杯装少量水将可溶性淀粉调匀，在火上加热，边搅拌边加水及其他成分，溶化后，补足水分至 1 000 mL，调 pH 至 7.2～7.6，121 ℃湿热灭菌 20 min。

三、马丁（Martin）培养基（分离土壤真菌）

葡萄糖 10 g，1%孟加拉红水溶液 3.3 mL，蛋白胨 5 g，琼脂 15～20 g，KH_2PO_4 1 g，$MgSO_4 \cdot 7H_2O$ 0.5 g，蒸馏水 1 000 mL。

配制时，将上述成分溶于蒸馏水中，自然 pH，115 ℃灭菌 30 min。由于链霉素受热容易分解，临用时，将培养基溶化后待温度降至 45～50 ℃时，在 100 mL 培养基中加 1%链霉素液 0.3 mL，使每毫升培养基中含链霉素 30 μg。

四、查氏（Czapek）培养基（培养霉菌）

$NaNO_3$ 2 g，$FeSO_4 \cdot 7H_2O$ 0.01 g，KH_2PO_4 1.0 g，蔗糖 30 g，KCl 0.5 g，琼脂 15～20 g，$MgSO_4 \cdot 7H_2O$ 0.5 g，水 1 000 mL。

配制时，将上述成分溶于水中，自然 pH，121 ℃湿热灭菌 20 min。

五、马铃薯培养基（PDA 培养基）（培养真菌）

马铃薯（去皮）200 g，蔗糖（或葡萄糖）20 g，琼脂 15～20 g，水 1 000 mL，自然 pH。

配制时，将去皮马铃薯切成小块后，放入适量水煮沸 30 min，然后用双层纱布过滤，取其滤液，加糖、琼脂溶解，再补足水至 1 000 mL，自然 pH，121 ℃湿热灭菌 20 min。

六、豆芽汁葡萄糖培养基（培养真菌）

黄豆芽 100 g，葡萄糖 10～30 g，水 1 000 mL，琼脂 15～20 g。

配制时，将洗净的黄豆芽放入适量水中煮沸 30 min，然后用双层纱布过滤，取其滤液，加糖、琼脂溶解，再补足水至 1 000 mL，自然 pH，121 ℃湿热灭菌 20 min。

将此培养基的 pH 调至 7.2～7.4，可用来培养细菌和放线菌。

七、葡萄糖蛋白胨水培养基（用于 V－P 反应和甲基红试验）

葡萄糖 5 g，蛋白胨 5 g，K_2HPO_4 2 g，水 1 000 mL。

配制时，将上述各成分溶于水中，调 pH 至 7.0～7.2，过滤。分装试管，每管 10 mL，112 ℃灭菌 30 min。

八、葡萄糖发酵培养基

葡萄糖 10 g，NaCl 5 g，蛋白胨 10 g，K_2HPO_4 0.2 g，水 1 000 mL，1.6%溴甲酚紫乙醇溶液 1～2 mL。

配制时，将蛋白胨、K_2HPO_4 和 NaCl 溶于热水中，调 pH 至 7.6，再加入 1.6%溴甲酚紫乙醇溶液，加入葡萄糖，分装试管，并将杜氏小管倒置其中，115 ℃灭菌 20 min。

九、蛋白胨水培养基（吲哚试验）

蛋白胨 10 g，NaCl 5 g，水 1 000 mL。

配制时，将上述成分溶于水中，调 pH 至 7.6，121 ℃湿热灭菌 20 min。

十、明胶培养基

牛肉膏 5 g，蛋白胨 10 g，NaCl 5 g，明胶 120 g，水 1 000 mL。

配制时，在烧杯中将水加热至沸腾，加入其他成分，调 pH 至 7.2～7.4，121 ℃灭菌 20 min。

十一、淀粉培养基（淀粉水解试验）

牛肉膏 5 g，蛋白胨 10 g，NaCl 5 g，可溶性淀粉 2 g，琼脂 15～20 g，蒸馏水 1 000 mL。

配制时，将可溶性淀粉先放入小烧杯中用少量冷水调匀，在火上加热，边搅拌边加水及其他成分，溶化后，补足水分至 1 000 mL，调 pH 至 7.2，121 ℃湿热灭菌 20 min。

十二、伊红亚甲蓝培养基（EMB 培养基）

蛋白胨 10 g，乳糖 10 g，K_2HPO_4 2 g，琼脂 15～20 g，2%伊红水溶液 20 mL，0.5%亚甲蓝水溶液 10 mL。

配制时，将蛋白胨、乳糖、K_2HPO_4 和琼脂分别加热溶解后，调 pH 至 7.4，115 ℃湿热灭菌 20 min，冷却至 60 ℃时加入已灭菌的伊红溶液和亚甲蓝溶液，充分混匀，立即倒平板。

十三、复红亚硫酸钠培养基（远藤氏培养基）

蛋白胨 10 g，乳糖 10 g，无水 Na_2SO_3 5 g 左右，K_2HPO_4 3.5 g，5%碱性复红乙醇溶液 20 mL，琼脂 20～30 g，蒸馏水 1 000 mL。

配制时，先将琼脂加入 900 mL 蒸馏水中，加热溶解，再加入 K_2HPO_4 及蛋白胨，溶解后补蒸馏水至 1 000 mL，调 pH 至 7.2～7.4。加入乳糖，混匀溶解后，115 ℃灭菌 20 min。称取 Na_2SO_3 置于一无菌空试管中，加入少许无菌水使之溶解，再水浴煮沸 10 min 后，立刻滴加于 20 mL 5%碱性复红乙醇溶液中，直到深红色褪成淡粉红色为止。将此混合液全部加至上述已灭菌的且保持熔化状态的培养基中，充分混匀，倒平板，放冰箱中备用。储存时间不宜超过 2 周。

附录八 接 种 室

一、接种室的构造和设置

接种室又称无菌室，是分离和移接菌种的小房间。接种室应分里外两间，里面为接种间，面积 5～6 m^2；外间为缓冲间，面积 2～3 m^2，高度为 2.0～2.5 m。接种室空间不宜过大，否则不易保持无菌状态。内外间的门不宜对开，出入口要求装上推拉门。接种室上方应设通气窗，接种后灭菌前开启，以流通空气。

二、接种室设备及用具

接种室里的地板、墙壁、天花板要平整、光滑，以便擦洗消毒。房间内工作台上方和缓冲间天花板上安装紫外线灯。室内应有专用的工作鞋帽、工作衣、口罩、盛有来苏水的瓷盆和毛巾、手持喷雾器和 5%苯酚溶液。工作台上有酒精灯、接种工具、不锈钢刀、剪刀、镊子、75%酒精棉球、载玻片、玻璃蜡笔、火柴、记录本、铅笔和废物筐等。

三、接种室工作规程

接种室应保持清洁，用煤酚皂液擦洗台面及墙壁，定期用乳酸或甲醛熏蒸。每次使用前，均应用紫外线灯灭菌 30 min。接种人员进入接种室前，先用肥皂洗手，在缓冲间内要更换工作鞋帽、工作衣、戴口罩，然后用 2%来苏水洗手 2 min。接种前，双手用 75%酒精棉球消毒，操作过程不离开酒精灯火焰，接种工具使用前后均需火焰灭菌。工作结束后，立即将台面收拾干净，开启紫外线灯照射 30 min。

四、接种室的灭菌

1. 化学药剂喷雾消毒 使用常用的化学杀菌剂 2%～3%来苏水、2%～5%漂白粉、0.25%苯扎溴铵、5%苯酚等进行空间喷雾灭菌，配量根据空间大小按 3 mL/m^3 确定。

2. 化学药剂熏蒸消毒 甲醛和高锰酸钾熏蒸法，每立方米空间用 8～10 mL 40%甲醛和 5～7 g 高锰酸钾，先将高锰酸钾倒入陶瓷或玻璃容器内，再加入甲醛；加入甲醛后人立即离开，密闭房间消毒 20～30 min。

3. 紫外线灭菌 将接种室内的紫外线灯打开，为增加其消毒效果，打开灯之前可先在室内喷洒 5%的苯酚溶液或其他消毒剂，然后开灯照射 30 min，操作人员不宜在紫外线下工作，也不宜直视紫外线灯。紫外线对细菌消毒较可靠，对霉菌消毒的可靠性较差。

五、接种室无菌程度检查

平板检测法：检测时，在消过毒的空间内将分别盛有细菌、放线菌、真菌培养基的培养皿打开，5 min 后盖好，另设一个不开盖的作为对照，28～30 ℃培养 48 h 后检验有无杂菌生长。要求无任何菌落产生。

附录九 相关表格

常用原料的营养成分见附表 9-1。

附表 9-1 常用原料营养成分

类别	原料名称	水分/%	粗蛋白/%	粗脂肪/%	粗纤维/%	无氮浸出物/%	粗灰分/%	钙/%	磷/%
秸秆类	谷草	14.1	2.6	1.30	36.60	35.30	9.10	0.32	0.68
	小麦秸	10.3	3.1	1.30	32.60	43.90	0.13	0.16	0.81
	大麦秸	12.8	6.4	1.60	33.40	37.80	7.85	0.13	0.02
	燕麦秸	14.3	1.4	1.60	33.20	41.00	7.90	0.26	0.32
	荞麦秸	6.1	7.5	2.60	25.50	36.40	20.00	1.56	0.34
	豆秸（红小豆）	9.5	3.0	0.90	45.00	37.30	4.26	0.08	0.06
	豆秸（绿豆）	7.8	16.2	2.30	21.40	42.50	9.38	0.23	0.19
	稻草	13.4	1.8	1.50	28.00	42.40	12.40	0.43	0.07
	玉米秆	11.2	3.5	0.80	33.40	42.30	8.41	0.39	微
	高粱秆	10.2	3.2	0.50	33.00	48.30	4.62	0.18	微
	菜籽秆	9.6	2.1	2.30	46.10	31.00	7.63	0.65	0.02
	胡麻秆	10.1	3.5	2.20	50.50	27.30	6.23	0.04	0.13
	糜秆	21.4	3.7	1.30	25.00	40.10	7.85	0.37	0.18
	棉秆	12.6	4.9	0.70	41.30	36.60	3.82	0.07	0.01
	花生藤	13.1	1.1	1.70	34.20	42.30	6.60	0.95	0.05
	甘薯藤	11.0	4.7	3.60	25.70	44.20	9.34	1.53	0.01
秕壳类	稻壳	9.0	2.9	1.20	42.70	29.50	14.70	—	—
	花生壳	10.1	7.7	5.90	58.90	10.30	6.05	1.08	0.07
	大麦壳	14.5	2.9	1.50	29.90	38.40	12.80	—	—
	小麦壳	16.0	4.7	1.70	30.40	37.10	10.10	—	—
	棉铃壳	14.7	6.1	1.40	34.40	36.10	5.90	1.29	0.11
	油菜荚壳	12.3	3.1	4.70	36.90	36.80	6.20	—	—
	粟壳	10.8	7.7	1.90	18.70	53.90	6.68	0.25	0.07
	玉米芯	8.7	2.0	0.70	28.20	58.20	2.02	0.10	0.08
	蚕豆荚	11.2	8.4	1.00	32.80	40.90	5.70	—	—
	黄豆荚	17.4	5.7	1.60	32.50	33.30	8.10	0.22	0.18

（续）

类别	原料名称	水分/%	粗蛋白/%	粗脂肪/%	粗纤维/%	无氮浸出物/%	粗灰分/%	钙/%	磷/%
糠麸类	米糠	9.0	9.4	14.50	10.50	44.50	9.60	0.08	1.42
	高粱糠	12.5	10.9	9.50	3.20	59.40	3.56	0.10	0.84
	豆皮	9.0	18.8	2.60	25.10	38.50	5.10	0.44	0.46
	玉米皮	12.1	10.1	4.90	13.80	56.70	2.14	0.09	0.17
	麦麸	12.1	13.5	3.80	10.10	54.40	4.80	0.22	1.08
渣糟类	酒糟（高粱）	30.0	15.3	9.60	13.10	24.30	7.15	0.18	0.37
	酒糟（啤酒）	76.6	6.8	2.20	4.20	8.70	1.16	0.12	0.12
	酒糟（甘薯）	65.0	8.7	0.80	1.70	22.60	1.11	0.02	0.07
	粉渣（绿豆）	86.0	2.1	0.10	2.80	8.70	0.31	0.06	0.03
	豆腐渣	85.0	5.0	1.80	2.10	5.40	0.60	0.09	0.01
	甘薯渣	89.7	1.2	0.10	1.40	7.40	0.21	0.06	0.03
油粕类	米糠饼	15.5	12.9	5.90	8.70	44.50	11.10	0.18	1.42
	豆饼	12.1	35.7	6.90	4.60	34.70	5.10	0.27	0.63
	菜籽饼	4.5	36.8	11.10	10.00	29.30	5.60	0.24	2.46
	花生饼	10.3	43.5	5.60	3.70	30.60	5.40	0.33	0.57
	棉籽饼	13.8	16.1	6.50	16.60	41.70	4.80	0.24	0.26
树叶类	榕树叶	76.6	4.0	0.70	5.90	11.10	1.60	0.04	0.06
	榆树叶	68.4	6.8	1.90	4.10	13.0	4.80	0.97	0.13
	槐树（嫩叶）	74.4	7.5	3.30	3.10	4.20	7.49	—	0.01
	白杨叶	70.7	4.6	2.30	4.60	14.40	2.74	0.51	0.15
	柳叶	66.5	5.2	2.00	4.20	18.50	3.20	0.41	0.09
青干草类	芨芨草	7.2	6.4	2.80	32.60	43.60	6.37	0.92	0.11
	秋白草	9.5	3.3	2.20	35.60	41.20	8.20	—	—
	伏草	8.0	5.2	2.20	38.30	42.20	4.10	—	—
青绿饲料类	马铃薯秧	71.6	4.6	0.50	5.90	11.50	5.90	—	—
	萝卜叶	89.2	2.7	0.10	1.50	4.20	1.90	0.19	0.21
	黄豆叶	70.2	6.0	1.80	4.00	14.70	2.30	0.93	0.07
	棉叶	75.4	5.4	1.40	2.80	12.00	3.00	—	—
	水芹菜	88.6	1.4	0.30	2.10	5.60	1.75	0.18	0.07
	鸭舌草	93.9	1.2	0.20	1.10	2.30	1.30	—	—
	革命草	93.6	1.1	0.30	1.30	1.80	1.60	0.17	0.13
	向阳花草	78.4	4.8	1.10	1.80	9.20	3.80	0.80	0.10
	四季猪草	84.3	3.6	1.00	3.30	5.50	2.00	0.27	0.03
	稗草	90.0	1.4	0.60	1.20	4.40	2.20	0.16	0.04

（续）

类别	原料名称	水分/%	粗蛋白/%	粗脂肪/%	粗纤维/%	无氮浸出物/%	粗灰分/%	钙/%	磷/%
青绿饲料类	喜旱莲子草	77.5	3.2	0.30	2.60	12.00	4.40	—	—
	菊芋茎草	81.7	2.0	1.10	4.50	7.70	2.90	0.07	0.03
	野青草（禾本科）	72.8	1.9	0.80	7.70	14.70	2.10	—	
	苕子	84.4	4.2	0.70	4.10	5.40	1.16	0.12	0.02
	红花苕子（初花期）	90.2	2.8	0.50	1.30	4.40	0.80	—	—
	浮萍	92.6	1.6	0.90	0.70	2.70	1.30	0.16	0.04
	红浮萍	87.7	1.4	0.20	1.80	7.00	1.70	0.17	0.03
	水浮莲	89.3	2.2	1.00	1.80	3.80	1.70	0.15	0.05
	灰菜	84.6	4.2	0.40	1.30	5.80	3.70	—	—
	苋菜	86.6	1.7	0.26	3.40	6.40	1.10	0.36	0.18
	野苋菜	83.2	3.4	0.30	2.50	6.60	3.40	0.50	0.10
	马齿苋	81.8	5.4	0.60	0.90	8.10	2.10	1.10	—
	蒲公英	84.7	4.5	0.80	2.00	4.90	3.10	—	—
	牛皮菜	91.5	2.0	0.20	1.20	3.10	1.70	0.25	0.05
多汁类饲料	马铃薯	68.5	2.6	0.10	0.86	26.70	1.20	0.02	0.02
	甘薯	75.2	1.1	0.20	0.80	21.70	0.80	0.09	0.11
	胡萝卜	90.6	0.8	0.20	0.80	6.70	0.80	0.06	0.04
	南瓜	84.3	2.0	1.50	1.80	9.20	1.12	—	0.08
	西瓜皮	93.4	0.6	0.20	1.30	3.45	1.05	0.03	0.02
	菊芋	87.8	1.4	1.00	1.10	7.20	1.40	0.07	0.03
	蕉藕	84.1	1.3	0.10	0.50	13.10	0.90	—	—

注：“—”表示目前无测定数据。

蒸汽压力与蒸汽温度对照见附表 9－2。

附表 9－2 蒸汽压力与蒸汽温度对照

压力/MPa	温度/℃	压力/MPa	温度℃	压力/MPa	温度/℃	压力/MPa	温度/℃	压力/MPa	温度/℃
0.001	6.69	0.009	43.41	0.045	78.26	0.085	94.64	0.350	138.13
0.002	17.20	0.010	45.45	0.050	80.86	0.090	96.17	0.400	142.91
0.003	23.77	0.015	53.59	0.055	83.24	0.095	97.66	0.450	147.19
0.004	28.66	0.020	59.66	0.060	85.45	0.100	98.08	0.500	151.11
0.005	32.55	0.025	64.55	0.065	87.51	0.150	110.78	0.550	155.41
0.006	35.28	0.030	68.67	0.070	89.44	0.200	119.61	0.600	158.07
0.007	38.66	0.035	71.75	0.075	91.26	0.250	126.78	0.650	161.82
0.008	41.16	0.040	75.41	0.080	92.98	0.300	132.87	0.700	164.17

（续）

压力/MPa	温度/℃	压力/MPa	温度℃	压力/MPa	温度/℃	压力/MPa	温度/℃	压力/MPa	温度/℃
0.750	167.50	2.900	230.89	5.300	266.34	7.700	290.96	10.200	309.91
0.800	169.60	3.000	232.76	5.400	267.52	7.800	291.27	10.400	312.41
0.850	172.61	3.100	234.57	5.500	268.68	7.900	292.23	10.600	313.82
0.900	174.53	3.200	236.34	5.600	269.83	8.000	293.60	10.800	315.21
0.950	177.29	3.300	238.08	5.700	270.96	8.100	284.47	11.000	316.58
1.000	179.03	3.400	239.76	5.800	272.08	8.200	295.32	11.200	317.93
1.100	183.20	3.500	241.42	5.900	273.19	8.300	296.17	11.400	319.26
1.200	187.08	3.600	243.03	6.000	274.27	8.400	297.01	11.600	320.57
1.300	190.71	3.700	244.62	6.100	275.35	8.500	297.85	11.800	321.87
1.400	194.13	3.800	246.17	6.200	276.41	8.600	298.67	12.000	323.15
1.500	197.36	3.900	247.68	6.300	277.46	8.700	299.49	12.200	324.41
1.600	200.43	4.000	249.17	6.400	278.50	8.800	300.30	12.400	325.60
1.700	203.35	4.100	250.63	6.500	279.52	8.900	301.11	12.600	326.89
1.800	206.14	4.200	252.07	6.600	280.53	9.000	301.80	12.800	328.10
1.900	208.82	4.300	253.48	6.700	281.53	9.100	302.69	13.000	329.31
2.000	212.63	4.400	254.68	6.800	282.52	9.200	303.48	14.000	336.63
2.100	213.85	4.500	256.22	6.900	283.50	9.300	304.26	15.000	342.12
2.200	216.23	4.600	257.56	7.000	284.17	9.400	305.03	16.000	347.32
2.300	219.25	4.700	258.87	7.100	285.42	9.500	305.79	17.000	352.26
2.400	220.75	4.800	260.16	7.200	286.37	9.600	306.55	18.000	359.96
2.500	222.90	4.900	261.44	7.300	287.31	9.700	307.30	19.000	361.44
2.600	224.99	5.000	262.09	7.400	288.23	9.800	308.05	20.000	365.71
2.700	228.00	5.100	263.92	7.500	289.15	9.900	309.52	21.000	369.79
2.800	228.98	5.200	265.14	7.600	290.06	10.000	309.74	22.000	373.68

相对湿度对照见附表 9－3。

附表 9－3　相对湿度对照

干球温度/℃	不同干湿球温度差（℃）条件下的相对湿度/%															
	0.5	1.0	1.5	2.0	2.5	3.0	3.5	4.0	4.5	5.0	5.5	6.0	6.5	7.0	7.5	8.0
50	97	94	92	89	87	84	82	79	77	74	72	70	68	66	63	61
49	97	94	92	89	86	84	81	79	77	74	72	70	67	65	63	61
48	97	94	92	89	86	84	81	79	76	74	71	69	67	65	62	60
47	97	94	92	89	86	83	81	78	76	73	71	69	66	64	62	60
46	97	94	91	89	86	83	81	78	76	73	71	68	66	64	62	59

（续）

干球温度/℃	不同干湿球温度差（℃）条件下的相对湿度/%															
	0.5	1.0	1.5	2.0	2.5	3.0	3.5	4.0	4.5	5.0	5.5	6.0	6.5	7.0	7.5	8.0
45	97	94	91	88	86	83	80	78	75	73	70	68	66	63	61	59
44	97	94	91	88	86	83	80	78	75	72	70	67	65	63	61	58
43	97	94	91	88	85	83	80	77	75	72	70	67	65	62	60	58
42	97	94	91	88	85	82	80	77	74	72	69	67	64	62	59	57
41	97	94	91	88	85	82	79	77	74	71	69	66	64	61	59	56
40	97	94	91	88	85	82	79	76	73	71	68	66	63	61	58	56
39	97	94	91	87	84	82	79	76	73	70	68	65	63	60	58	55
38	97	94	90	87	84	81	78	75	73	70	67	64	62	59	57	54
37	97	93	90	87	84	81	78	75	72	69	67	64	61	59	56	53
36	97	93	90	87	84	81	78	75	72	69	66	63	61	58	55	53
35	97	93	90	87	83	80	77	74	71	68	65	63	60	57	55	52
34	96	93	90	86	83	80	77	74	71	68	65	62	59	56	54	51
33	96	93	89	86	83	80	76	73	70	67	64	61	58	56	53	50
32	96	93	89	86	83	79	76	73	70	66	64	61	58	55	52	49
31	96	93	89	86	82	79	75	72	69	66	63	60	57	54	51	48
30	96	92	89	85	82	78	75	72	68	65	62	59	56	53	50	47
29	96	92	89	85	81	78	74	71	68	64	61	58	55	52	49	46
28	96	92	88	85	81	77	74	70	67	64	60	57	54	51	48	45
27	96	92	88	84	81	77	73	70	66	63	60	56	53	50	47	43
26	96	92	88	84	80	76	73	69	66	62	59	55	52	48	46	42
25	96	92	88	84	80	76	72	68	64	61	58	54	51	47	44	41
24	96	91	87	83	79	75	71	68	64	60	57	53	50	46	43	39
23	96	91	87	83	79	75	71	67	63	59	56	52	48	45	41	38
22	95	91	87	82	78	74	70	66	62	58	54	50	47	43	40	36
21	95	91	86	82	78	73	69	65	61	57	53	49	45	42	38	34
20	95	91	86	81	77	73	68	64	60	56	52	58	44	40	36	32
19	95	90	86	81	76	72	67	63	59	54	50	56	42	38	34	30
18	95	90	85	80	76	71	66	62	58	53	49	44	41	36	32	28
17	95	90	85	80	75	70	65	61	56	51	47	43	39	34	30	26
16	95	89	84	79	74	69	64	59	55	50	46	41	37	32	28	23
15	94	89	84	78	73	68	63	58	53	48	44	39	35	30	26	21
14	94	89	83	78	72	67	62	57	52	46	42	37	32	27	23	18
13	94	88	83	77	71	66	61	55	50	45	40	34	30	25	20	15
12	94	88	82	76	70	65	59	53	47	43	38	32	27	22	17	12

（续）

干球温度/℃	不同干湿球温度差（℃）条件下的相对湿度/%															
	0.5	1.0	1.5	2.0	2.5	3.0	3.5	4.0	4.5	5.0	5.5	6.0	6.5	7.0	7.5	8.0
11	94	87	81	75	69	63	58	52	46	40	36	29	25	19	14	8
10	93	87	81	74	68	62	56	50	44	38	33	27	22	16	11	5
9	93	86	80	73	67	60	54	48	42	36	31	24	18	12	7	1
8	93	86	79	72	66	59	52	46	40	33	27	21	15	9	3	
7	93	85	78	71	64	57	50	44	37	31	24	18	11	5		
6	92	85	77	70	63	55	48	41	34	28	21	13	3			
5	92	84	76	69	61	53	46	36	28	24	16	9				
4	92	83	75	67	59	51	44	36	28	20	12	5				
3	91	83	74	66	57	49	41	33	25	16	7	1				
2	91	82	73	64	55	46	38	29	20	12	1					
1	90	81	72	62	53	43	34	25	16	8						
0	90	80	71	60	51	40	30	21	12	3						

读者意见反馈

亲爱的读者：

感谢您选用中国农业出版社出版的职业教育教材。为了提升我们的服务质量，为职业教育提供更加优质的教材，敬请您在百忙之中抽出时间对我们的教材提出宝贵意见。我们将根据您的反馈信息改进工作，以优质的服务和高质量的教材回报您的支持和爱护。

地　　址：北京市朝阳区麦子店街 18 号楼（100125）

中国农业出版社职业教育出版分社

联系方式：QQ（1492997993）

教材名称：　　　　　　　　　　ISBN：

个人资料

姓名：________________所在院校及所学专业：________________

通信地址：________________________________

联系电话：________________电子信箱：________________

您使用本教材是作为：□指定教材□选用教材□辅导教材□自学教材

您对本教材的总体满意度：

从内容质量角度看□很满意□满意□一般□不满意

改进意见：________________________________

从印装质量角度看□很满意□满意□一般□不满意

改进意见：________________________________

本教材最令您满意的是：

□指导明确□内容充实□讲解详尽□实例丰富□技术先进实用□其他____________

您认为本教材在哪些方面需要改进？（可另附页）

□封面设计□版式设计□印装质量□内容□其他________________

您认为本教材在内容上哪些地方应进行修改？（可另附页）

____

____

本教材存在的错误：（可另附页）

第______页，第______行：____________应改为：____________

第______页，第______行：____________应改为：____________

第______页，第______行：____________应改为：____________

您提供的勘误信息可通过 QQ 发给我们，我们会安排编辑尽快核实改正，所提问题一经采纳，会有精美小礼品赠送。非常感谢您对我社工作的大力支持！

图书在版编目（CIP）数据

农业微生物/战忠玲主编. —北京：中国农业出版社，2023.9
ISBN 978-7-109-30852-7

Ⅰ.①农… Ⅱ.①战… Ⅲ.①农业-应用微生物学-中等专业学校-教材 Ⅳ.①S182

中国国家版本馆 CIP 数据核字（2023）第 118421 号

中国农业出版社出版
地址：北京市朝阳区麦子店街 18 号楼
邮编：100125
责任编辑：吴 凯　　文字编辑：郝小青
版式设计：王 晨　　责任校对：周丽芳
印刷：中农印务有限公司
版次：2023 年 9 月第 1 版
印次：2023 年 9 月北京第 1 次印刷
发行：新华书店北京发行所
开本：787mm×1092mm 1/16
印张：16.5
字数：392 千字
定价：42.00 元
